石油钻柱失效分析及预防

李鹤林 李平全 冯耀荣 编著

石油工业出版社

内 容 提 要

本书介绍了失效分析的基本思路和方法,论述了钻柱服役条件及主要失效类型,重点讨论了钻柱脆性断裂、疲劳、腐蚀、腐蚀疲劳、应力腐蚀开裂等的失效特点、机制、影响因素,并提出相应的预防措施。总结了国内外石油钻柱构件科学研究与失效分析的实践和最新成果,力求深入浅出。

本书可作为钻柱构件生产、使用、管理人员及失效分析与预防工作者的重要参考书,也可供石油院校高年级学生、研究生和教师参考。

图书在版编目(CIP)数据

石油钻柱失效分析及预防/李鹤林等编著.
北京:石油工业出版社,1999.12
ISBN 978-7-5021-2839-5

Ⅰ.石…
Ⅱ.李…
Ⅲ.①油气钻井—钻柱—失效分析
②钻柱—损伤(力学)—预防
Ⅳ.TE921.01

中国版本图书馆CIP数据核字(1999)第53991号

石油工业出版社出版
(100011 北京安定门外安华里二区一号楼)
石油工业出版社印刷厂排版印刷
新华书店北京发行所发行
*
850×1168毫米 32开本 9.625印张 270千字 印1501—4500
1999年12月北京第1版 2009年8月北京第2次印刷
定价:36.00元

序

失效分析是判断机械零部件或器材的失效性质、分析失效原因、研究失效事故处理方法和预防措施的技术活动与管理活动。机械零部件或器材的失效分析和预防，是从失败入手着眼于成功和发展的科学，是从过去入手着眼于未来的科学。

在石油工业的发展历程中，许多重大工程技术问题的解决都与失效分析密切相关。1966年，四川威远气田的开发，需建威远至成都输气管线。在威远气田内部集输干线建成后进行试压时，4天时间内连续爆裂3次。经失效分析及再现试验，确认爆裂是由于天然气所含硫化氢在含水条件下应力腐蚀造成的。根据这一结论，采取了相应的预防措施，使类似事故得到了抑制，这是我国石油工业运用失效分析解决重大工程技术问题的重要开端。1977年，华北油田某井接连发生3起德国G105钻杆断裂事故，严重影响了正常的钻井生产。经失效分析确认，在处理卡钻事故时向井内注入盐酸解卡，但没有使用缓蚀剂是造成钻杆发生应力腐蚀失效的主要原因。根据这一结论，当时的石化部石油勘探开发组规定：在使用高强度钻杆时，应尽量避免注酸解卡，但在迫不得已时，注酸解卡必须加入有效的缓蚀剂。从此，很少发生类似事故。1985年，在进行钻杆失效事故调查时，发现70%的事故发生于内加厚过渡区。经失效分析，认为是由于内加厚过渡区结构不合理造成应力集中和腐蚀集中引起的早期腐蚀疲劳失效。在此基础上，采用有限元分析方法对内加厚过渡区结构进行了优化设计，使钻杆实际使用寿命提高2~3倍。1989年"全国钻具失效分析网"成立后，经过近年来的工作，使全国油田重大钻具失效事故率由原来的1000起/年左右下降到目前的250起/年左右。上述事例说明，石油装备和器材的失效分析伴随着石油工业的发展而诞生,并随着石油工业的发展而得到了很大的发展。失效分析可以防止或减少重大失效事故的重复发生,减少经济损失和人员伤亡,提高石油装备和器材质量,促进科技进步。随着我国石油工业的进一步发展,失效分析在石油工业中的地位和作用也愈加重要。

石油钻具的失效分析与预防是石油装备与器材失效分析与预防工作的重要组成部分。《石油钻柱失效分析及预防》是作者根据石油工业的实际需要,在长期从事石油钻柱科学研究和失效分析实践的基础上编写的。该书反映了国内外钻柱构件科学研究和失效分析的最新成果,是国内第一部关于石油钻柱失效分析与预防方面的专著。该书的出版,对于进一步普及钻具失效分析知识,提高钻具的失效分析水平,推动钻具失效分析、预防及研究工作的进一步开展,具有重要的现实意义。

本书重视理论与实践的紧密结合,在失效分析的理论和实践两方面都有不少创新和发展,内容十分丰富。它适用于从事石油和地质钻井、钻具失效分析及预防、钻具生产管理和使用的工程技术人员,也可作为石油院校高年级学生、研究生和教师的参考用书,希望各方面的读者都继续关心和支持这项工作并运用这项技术去解决自己所面临的实际问题。

李天相

1998.12.1

前言

失效分析是一门新兴的学科。通过失效分析,找出造成机械零部件或器材失效的主要原因,并采取相应的措施,防止同类失效事故的再次发生,不但具有很大的技术价值,而且具有重大的经济意义。

石油部门是国内开展失效分析最早的部门之一。自1981年成立石油管材研究所后,失效分析工作有了较大的发展,每年完成失效分析近百项,解决了一大批石油工程中的重要技术问题。石油钻柱是石油钻井的重要工具,其失效事故频繁,损失严重,对石油工业影响很大。为了将失效分析工作进一步引向深入,我们以石油钻具为突破口,成立了钻具失效分析网。为了使网员掌握失效分析的基本知识,我们编写了《石油钻柱失效分析及预防》讲义,在原中国石油天然气总公司举办的钻具失效分析学习班上多次进行了讲授,反映良好。为了满足更多的石油科技人员的需要,我们将其进行修改补充予以出版。

参加本书编写工作的主要有李平全、冯耀荣。张海洋参加了书中部分章节的编写工作。全书由李鹤林审定。

本书是在我所多年来开展失效分析工作的基础上编写的,书中引用了我所大量的研究资料和技术报告。参加这些研究和实践工作的主要人员除本书的作者外,还有宋治、韩勇、郭平、赵克枫、吕拴录、安丙尧、李宝进、帅亚民、张国正等同志,石万里、徐瑛、赵国仙同志负责了书中图片的制作,赵国仙同志承担了本书的校对工作,在此表示衷心感谢。

由于我们水平有限,经验不足,书中难免有错误和不妥之处,敬请广大读者批评指正。

编著者
1998.12

目　录

1 概述 ……………………………………………………………… (1)
　1.1 失效的基本概念 …………………………………………… (1)
　1.2 失效分析的意义与任务 …………………………………… (2)
　1.3 失效分析及预测预防工作发展概况 ……………………… (4)
2 失效分析的思路及程序 ………………………………………… (7)
　2.1 失效分析的思路 …………………………………………… (7)
　2.2 失效分析的程序和步骤 …………………………………… (10)
　2.3 失效分析的辩证方法 ……………………………………… (16)
　参考文献 ………………………………………………………… (17)
3 钻柱服役条件及主要失效类型 ………………………………… (18)
　3.1 钻柱的服役条件分析 ……………………………………… (18)
　3.2 钻柱的主要失效类型 ……………………………………… (29)
　参考文献 ………………………………………………………… (40)
4 钻柱脆性断裂失效分析及预防 ………………………………… (41)
　4.1 脆性断裂概述 ……………………………………………… (41)
　4.2 脆性断裂的特点与分类 …………………………………… (41)
　4.3 决定钻柱构件脆性断裂的因素 …………………………… (46)
　4.4 钻柱构件的脆性断裂失效分析 …………………………… (54)
　4.5 钻柱构件的安全韧性判据 ………………………………… (61)
　参考文献 ………………………………………………………… (66)
5 钻柱疲劳失效分析及预防 ……………………………………… (68)
　5.1 材料的疲劳现象及钻柱的疲劳问题 ……………………… (68)
　5.2 疲劳断口特征 ……………………………………………… (78)
　5.3 疲劳应力集中系数和缺口敏感度系数 …………………… (85)
　5.4 钻杆内加厚过渡区应力集中引起的疲劳失效 …………… (88)

5.5 钻杆接头的疲劳失效 (97)
5.6 钻铤螺纹连接处的应力集中与疲劳失效 (109)
参考文献 (120)

6 钻柱的腐蚀疲劳失效分析及预防 (122)
6.1 腐蚀疲劳及其特点 (122)
6.2 腐蚀疲劳裂纹和断口形貌特征 (123)
6.3 腐蚀疲劳机理 (129)
6.4 钻杆腐蚀疲劳失效过程 (131)
6.5 钻杆腐蚀疲劳的主要影响因素和预防措施 (143)
6.6 钻杆的累积腐蚀疲劳损伤 (152)
参考文献 (157)

7 钻柱腐蚀损伤和应力腐蚀开裂的失效分析及预防 (158)
7.1 钻柱腐蚀损伤和应力腐蚀开裂概述 (158)
7.2 钻柱使用和存放的腐蚀环境 (161)
7.3 钻柱的腐蚀损伤及控制 (167)
7.4 含 H_2S 钻井液环境中钻柱硫化物应力腐蚀开裂和氢损伤失效分析及预防 (194)
7.5 无磁钻铤应力腐蚀开裂失效及其预防 (207)
参考文献 (212)

8 钻柱其它类型失效的分析及预防 (214)
8.1 钻柱的过量变形失效分析 (214)
8.2 钻柱的机械损伤失效分析及预防 (215)
8.3 钻柱的过载断裂失效分析 (217)
8.4 钻柱的磨损失效分析及预防 (218)
8.5 钻柱的冲蚀失效分析及预防 (222)

9 钻柱的适用性评价 (232)
9.1 概述 (232)
9.2 失效评价图与断裂评定方法 (235)
9.3 钻柱适用性评价方法 (238)
9.4 钻柱构件适用性评价举例 (253)

参考文献······(261)
10 钻柱使用管理与失效预防······(262)
10.1 钻柱构件的合理选择与使用······(262)
10.2 钻柱构件的修复······(269)
10.3 钻柱的维护与管理······(275)
参考文献······(279)
11 钻柱失效数据库及计算机辅助失效分析······(280)
11.1 全国钻柱失效分析网······(280)
11.2 钻柱失效案例库和综合统计分析库······(283)
11.3 计算机辅助钻柱失效分析系统······(292)
参考文献······(297)

1 概 述

1.1 失效的基本概念

1.1.1 失效的定义

美国《金属手册》认为，机械产品的零件或部件处于下列3种状态之一时，就可定义为失效：(1) 当它完全不能工作时；(2) 仍然可以工作，但已不能令人满意地实现预期的功能时；(3) 受到严重损伤不能可靠而安全地继续使用，必须立即从产品或装备上拆下来进行修理或更换时。

1.1.2 失效类型及失效机理

失效类型就是失效的外在表现形式，它相当于医学上的"病症"。机械产品或装备常见的失效类型包括变形失效、损伤失效和断裂失效3大类。

失效机理是指引起产品、部件或装备或其零部件失效的物理、化学变化等内在原因或过程。失效机理相当于医学上的"病理"。失效类型和失效机理的关系就是宏观与微观的关系。只有把两者紧密地结合起来，才能由表及里地揭示产品或装备失效的本质，提出有效的预防措施。

1.1.3 失效过程与分类

机械产品或装备的失效是一个由萌生（损伤）、扩展（积累）直至破坏的发展过程。不同失效类型其发展过程不同，过程的各个阶段发展速度也不相同。例如疲劳破断失效过程一般较长，发展速度较慢，而解理断裂失效过程则很短，速度很快等等。

机械产品或装备在整个使用寿命期内故障发生的规律可用"寿命特性曲线"来说明，即以失效率（λ）——单位时间内发生失效的比率来描述失效的发展过程。那么在不进行预防性维修

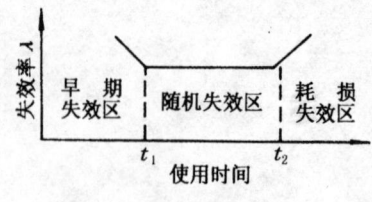

的情况下,产品或装备的失效率(λ)与其工作(使用)时间(t)之间具有图1-1所示的典型失效曲线,俗称"浴盆曲线"。

按照"浴盆曲线"的形状,即按照产品或装备使用的过程,可将失效分为3类。

图1-1 失效率浴盆曲线

(1)早期失效:是在使用初期,由于设计和制造上的缺陷而诱发的失效。因为使用初期,容易暴露上述缺陷所导致的失效,因此早期失效率往往较高,但随着使用时间的延长,其失效率则很快下降。假若在产品或装备出厂前即进行旨在剔除这类缺陷的过程,即进行可靠性试验,则在产品或装备以后使用时,从一开始便可使失效率大体保持恒定值。

(2)随机失效:在理想的情况下,产品或装备发生损伤或老化之前,应是无"失效"的。但是由于环境的偶然变化、操作时的人为差错、或者由于管理不善造成的"潜在缺陷",仍可能产生随机失效或称偶然失效。产品或装备的偶然失效率是随机分布的,很低而且基本上是恒定的。这一时期是产品或装备的最佳工作时间,偶然失效率(λ)的倒数即为失效的平均时间。

(3)耗损失效:又称损伤累积失效。经过随机失效期后,产品或装备中的零部件已到了寿命终止期,于是失效开始急剧增加,这种失效叫做耗损失效或损伤累积失效。如果在进入耗损失效期之前进行必要的预防维修,它的失效率仍可保持在随机失效率附近,从而延长产品或装备的随机失效期。

1.2 失效分析的意义与任务

1.2.1 失效分析及其意义

按一定的思路和方法判断失效性质、分析失效原因、研究失效事故处理方法和预防措施的技术活动及管理活动,统称失效分析。其意和作用在于：

（1）失效分析可减少和预防产品或装备同类失效现象重复发生，从而减少经济损失和提高产品质量。

（2）失效是产品质量控制网发生偏差的反映，失效分析是可靠性工程的重要基础技术工作，是产品全面质量管理中的重要组成部分和关键技术环节。

（3）失效分析可为技术开发、技术改造、科学技术进步提供信息、方向、途径和方法。

（4）失效分析可为裁决事故责任、侦破犯罪案件、开展技术保险业务、修改和制订产品质量标准等提供可靠的科学技术依据。

（5）失效分析可为各级领导进行宏观经济和技术决策提供重要的科学的信息来源。

1.2.2 失效分析的任务

失效分析预测预防的总任务就是不断降低产品或装备的失效率，提高可靠性，防止重大失效事故的发生，促进经济高速持续稳定发展。从系统工程的观点来看，失效分析的具体任务可归纳为：

（1）失效性质的判断；

（2）失效原因的分析；

（3）采取措施提高材料或产品的失效抗力。

失效性质的判断，就是根据具体失效分析判断失效机理，解释失效类型。其主要依据有：

（1）失效形貌特征；

（2）失效应力状态；

（3）失效材料实际强度；

（4）失效环境因素；

（5）失效相关因素（含误用性和受累性）。

近代材料科学和工程力学对破断、腐蚀、磨损及其复合型（或混合型）的失效类型和失效机理做了相当深入的研究，积累了大量的统计资料,为失效类型的判断、失效机理及失效原因的解释奠定了基础,发展中的可靠性工程及完整性与适用性评价就是预测、预防和控制失效的技术工作和管理工作。可靠性工程是运用系统工程的思想和方法,权衡经济利弊,研究把设备(系统)的失效率降到可接受程度的措施。完整性和适用性评价则是研究结构或构件中原有缺欠和使用中新产生的或扩展缺陷对可靠性的影响,判断结构的完整性及能否适合于继续使用,或是按预测的剩余寿命监控使用,或是降级使用,或是返修或报废的定量评价。

产品或装备失效分析的目的不仅在于失效性质的判断和失效原因的明确,而更重要的还在于为积极预防重复失效找到有效的途径。通过失效分析,找到造成产品或装备失效的真正原因,从而建立结构设计、材料选择与使用、加工制造、装配调整、使用与保养方面主要的失效抗力指标与措施,特别是确定这种失效抗力指标随材料成分、组织、状态的变化规律,运用金属学、材料强度学、工程力学等方面的研究成果,提出增强失效抗力的改进措施。既能做到提高产品或装备承载能力和使用寿命,又可做到充分发挥产品或装备的使用潜力,使材尽其用,这是产品或装备失效分析、预测预防研究的重要目的与内容。

1.3　失效分析及预测预防工作发展概况

一切发达国家均高度重视失效分析预测预防工作。美国有300个研究所从事这方面的工作,对于涉及国防及尖端部门的军工、核工业、宇航等的失效分析在国家的研究机构(如橡树岭国立研究所、肯尼迪中心、约翰逊中心、西南研究院等)进行。民用工业的失效分析是在大公司的研究机构(如 Amoco 的研究中心)进行的。同时美国还有一大批商业性的失效分析公司,著名学者 A.Tetelman 就创办过这种公司,A.McEvily 任公司顾问。据资料介绍,美国每年由于断裂事故及有关的失效分析耗资达

1140亿美元,相当于国民经济总产值的4%。英国有国立工程研究所(NEL)、国立物理研究所(NPL)、焊接研究所(WL)、中央电力局(CEGB)、英国石油公司(BP)、英国煤气天然气公司(BG)等许多世界著名的研究机构从事失效分析预测预防工作,并自1994年出版《工程失效分析》国际性刊物。德国有500个研究机构及保险公司专门从事失效分析工作,可称为失效分析工作组织化程度最高的国家。国家投资建设一批材料检验中心(MPA)。德国的技术监督部门规定机器设备发生失效事故后必须申报备案。德国有专门的"机械失效"杂志,在国际上享有崇高声誉。日本的东京大学、东京工业大学、东北大学以及国立的日本原子力研究所、金属材料技术研究所、产业安全研究所等,均积极从事失效分析预测预防的研究工作。例如1985年自东京到大阪航线发生的有520人丧生的波音747空难事件就是由东京工业大学小林英男教授主持进行失效分析的,结论是尾部机舱隔板的疲劳断裂。

我国从70年代起在全国范围加强了失效分析工作。1980~1993年先后召开了8次全国失效分析学术会议并出版了论文集。1987年中国机械工程学会成立了失效分析与预防工作委员会,在全国范围组建了"失效分析网点"机构。1989年国务院令第34号发布了"特别重大事故调查程序暂行规定",并同时组建了"全国安全生产委员会专家组"。该专家组进行了许多特大事故的分析和安全隐患评估工作,其中包括1994年西北航空公司图154飞机的爆炸事故。1992年和1998年由多个学会和机构联合召开了"全国机电装备失效分析预测预防战略研讨会",并出版了概括失效分析各个领域现状的论文集。1994年7月中国科协组建了有24个一级学会参加的最高权威机构"全国失效分析与预防中心"。

石油管材及装备的服役条件复杂恶劣,失效事故频繁,而且往往造成很严重的后果。"七五"、"八五"规划执行期间及"九五"以来,在各级领导关怀指导和各油田的积极支持下,石油管材研究所作为我国石油天然气工业的失效分析中心,十几年来坚持为油田提供失效分析及预防服务,累计已完成 700 多例失效分析,基本覆盖了全行业。在"失效分析与反馈"的正确思路及科学研究、技术监督和失效分析三位一体的技术路线指导下,取得了一系列重大成果,收到了可观的经济和社会效益。其中钻杆失效分析及加厚过渡区优化设计项目获国家科技进步二等奖、部级一等奖,并得到美国石油学会(API)标准化委员会的高度评价。

自 1989 年以来,全国钻具失效分析网开展了大量钻具失效分析与预测预防工作,包括开发了钻柱失效案例库和计算机辅助失效分析系统,对于钻具的安全使用和延长寿命,促进油田建设方面发挥了巨大作用。全国钻具失效分析网共召开 4 次学术交流会议及 6 次工作会议,先后举办了 3 期失效分析学习班及 3 期现场失效分析学习班,普及了失效分析基础知识,宣传了失效分析工作的重大意义,构成了职业教育、继续教育的重要部分。

2 失效分析的思路及程序

2.1 失效分析的思路

2.1.1 失效分析及防止失效的基本思路

失效分析及失效的防止好比医生治病,正确的诊断,配合对症下药才能将病治好,这是紧密联系的两个方面。其基本思路是:

(1) 对具体服役条件下的零部件进行具体分析,从中找出主要的失效形式及主要失效抗力指标。

(2) 运用金属学、材料强度学和断裂物理、化学、力学的研究成果,深入分析各种失效现象的本质,揭示失效机理。

(3) 在对零部件力学条件、环境条件、产品质量和使用情况进行综合分析研究的基础上,确定造成零部件失效的原因。

(4) 研究主要失效抗力指标与材料因素、工艺因素、结构因素、载荷与环境条件及使用因素的关系,提出预防失效再发生的措施。

2.1.2 故障(失效)树分析思路

故障树分析概念是早在 1960 年为估价"民兵"导弹发射控制系统的安全性发展起来的。现在,这种分析思想已用于工程结构破坏和断裂过程的分析中,促进了失效分析技术水平的提高。故障树是一种图解技术,它以模式图的形式,对于给定的失效方式(称为系统)的可能原因依照逻辑推理门予以组合,从而系统严密地描述了各种因素的作用,提出了可能的破坏路线示意图。当把它与断口学、金相学及系统所用的数据结合起来时,就能够选定最可能的破坏路线。

图 2-1 是高强度低合金钢构件破坏的故障树。它是通过断

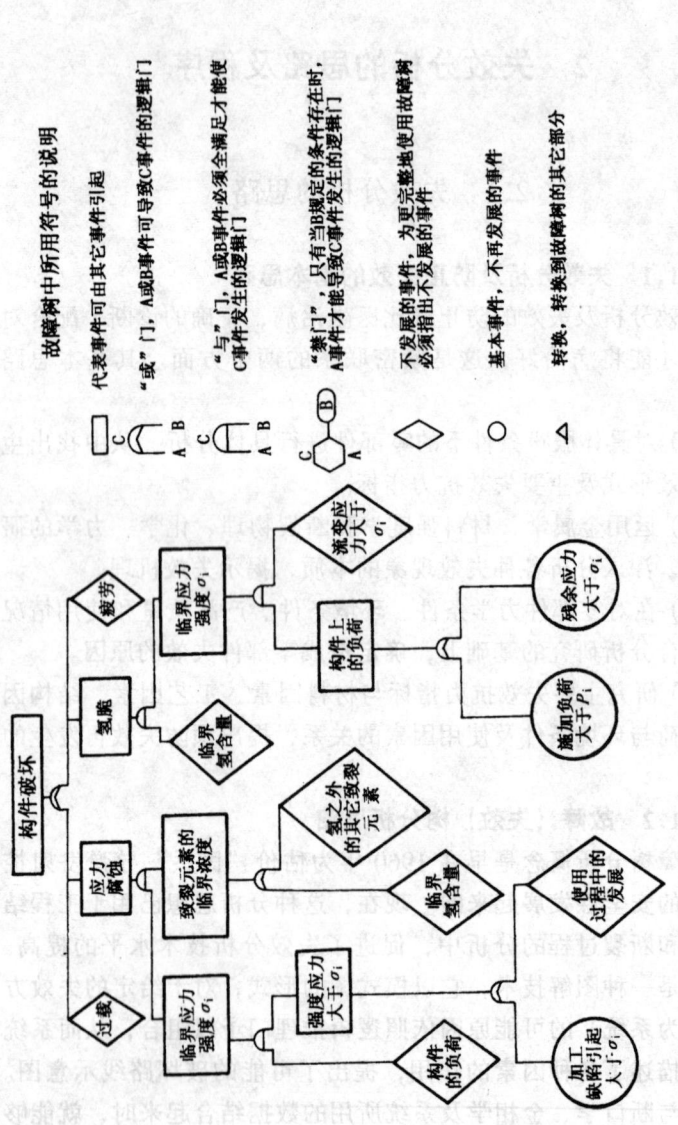

图 2-1 高强度低合金钢构件破坏的故障树

口分析排除了过载和疲劳两种断裂方式后做出的,提供了如何区分应力腐蚀还是氢脆的方法。

显然,故障树的建立有赖于对各种断裂机制研究的理论成果,有赖于实际经验的积累。将故障树分析思路作为失效分析的程序思路的必要补充,将是较完善的分析思路。

2.1.3 特性要因图的思路——失效鱼骨

在国内外,尤其是日本,在产品质量管理(其中包括失效分析)活动中,广泛采用特性要因图的分析思路。

(1) 在失效分析中,"特性"是指失效或异常现象(结果),"要因"是指引起失效(或故障)或异常现象的因素(原因)。

(2) 特性要因图的结构:特性要因图,又称"鱼骨",或称"失效(故障)鱼骨",如图2-2(a)所示。表示"特性"的正中间的粗箭头叫做"背骨",将表示"要因"的箭头,按从大到小的顺序,分别叫做"大骨"、"中骨"和"小骨"。此外,还可以把特性要因图看作是树枝,因此也可叫作"树枝图",其中各枝的位置和名称如图2-2(b)所示。

(3) 特性要因图的绘制:首先,确定"特性"(失效或故障)

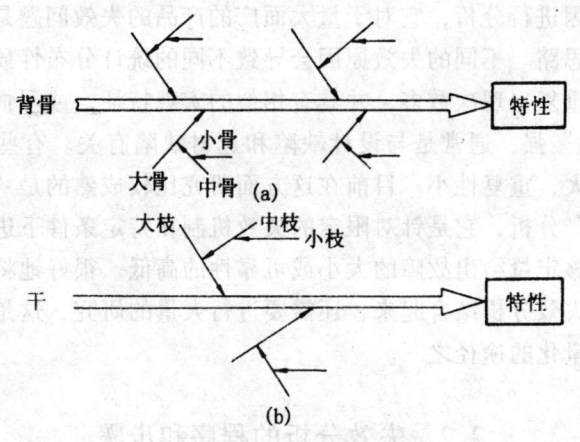

图 2-2 特性要因图的结构
(a) 鱼骨结构;(b) 树枝结构

作为背骨，用粗箭头画到图上，再把认为是引起故障的原因，从大的方面分成几类，把它们作为大骨，用箭头分别画到图上，大骨的数目以 4~8 个为宜。然后，针对每一个大骨，将可能引起失效的原因作为中骨，并用箭头画到图上。进一步针对每一个中骨，把认为构成失效原因的各种因素作为小骨用箭头画到图上。对影响大的重点原因要加上记号。

为了确定各类要因，从事失效分析的人员应作深入调查研究，做到充分掌握设计、材料、加工制造、机体实际运行状态、环境因素的影响等方面的原始资料、实验数据及结果。对这些资料、数据及结果进行充分分析研究，确定其中哪些要因属于大骨、中骨或小骨。

2.1.4 概率统计分析思路

它也可以称为偶然性—必然性分析思路。任何事故的发生以及用于事故分析的各种数据，如材料性能数据、零部件实际承载数据等都是具有统计性的随机事件。将它们孤立起来看待则表现了偶然性，若在一个大的统计集合中看待则具有服从统计规律的必然性。概率统计分析思路就是以概率论和数理统计为基础，对事故原因进行分析，它对于量大面广的产品的失效问题是很重要的分析思路。不同的失效原因会导致不同的统计分布性质，即有些事故重复出现次数多，并具有相似的宏观特征，或习惯上称为"规律性"强，通常是与设计缺陷和选材缺陷有关。有些事故则偶然性大，重复性小。目前在这方面研究比较成熟的是"产品的可靠性"分析，它是针对限定的失效机制在特定条件下进行的分析，能够定量给出故障的大小或可靠性的高低。很好地将可靠性分析及失效分析结合起来，还需要进行大量的研究，这是使失效分析定量化的途径之一。

2.2 失效分析的程序和步骤

进行失效分析，对于具体零部件要具体对待，不能企求有统

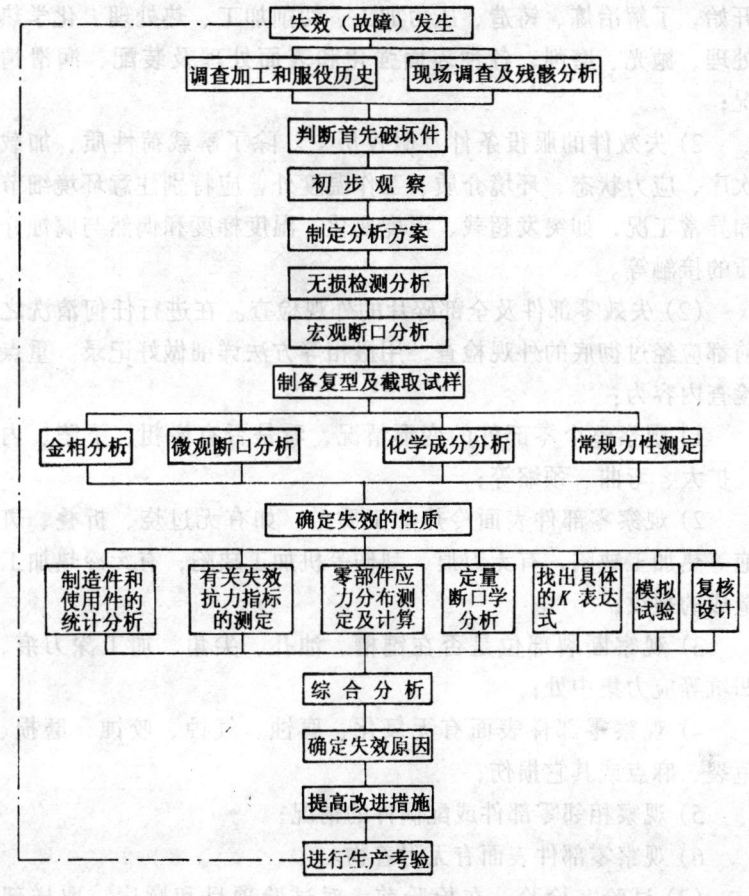

图 2-3 失效分析程序图

一的方法。图 2-3 是一般失效分析程序。在整个失效分析过程中，应重点抓住以下几个环节：

(1) 收集失效件的背景数据。除了解失效零部件在机器中的部位和作用、材料牌号、处理状态等基本情况外，应着重收集下面两方面的资料：

1) 失效件全部制造工艺历史。从取得有关图纸和技术标准开始，了解冶炼、铸造、压力加工、切削加工、热处理、化学热处理、抛光、磨削、各种表面强化和表面处理及装配、润滑情况；

2）失效件的服役条件及服役历史。除了解载荷性质、加载次序、应力状态、环境介质、工作温度外，应特别注意环境细节和异常工况，如突发超载、温度变化、温度梯度和偶然与腐蚀介质的接触等。

(2) 失效零部件及全部碎片的外观检查。在进行任何清洗之前都应经过彻底的外观检查，用摄相等方法详细做好记录。重点检查内容为：

1）观察整个零部件的变形情况，看是否有镦粗、下陷、内孔扩大、弯曲、颈缩等；

2）观察零部件表面冷热加工质量，如有无过烧、折叠、斑疤等热加工缺陷，有无刀痕、刮伤等机加工缺陷，有无冷热加工造成的裂纹；

3）观察断裂部位是否在键槽、油孔、尖角、加工深刀痕、凹坑等应力集中处；

4）观察零部件表面有无氧化、腐蚀、气蚀、咬蚀、磨损、龟裂、麻点或其它损伤；

5）观察相邻零部件或配偶件的情况；

6）观察零部件表面有无附着物。

(3) 试验室检验。在检验前，对试验项目和顺序、取样部位、取样方法、试样数量等均应全面、周密地考虑。一般采用的分析手段有下列各项：

1）化学分析。目的是鉴定零部件用材料是否符合原定要求，有无用错材料或成分出格，必要时可分析微量元素或进行微区成分分析。当表面有腐蚀产物时，也应分析腐蚀产物成分；

2）宏观（低倍）分析。主要用于检查原材料或零部件质量，揭示各种宏观缺陷；

3）断口分析。对于断裂失效零部件，断口分析是最重要的一环。断口形貌真实地反映了断裂过程中材料抵抗外力的能力，记录了对材料断裂起决定作用的主裂缝所留下的痕迹。通过对断口形貌特征的分析，不仅可以得到有关零部件使用条件和失效特点的资料，还可以了解断口附近材料的性质和状况，进而可以判明断裂源，裂纹扩展方向和断裂顺序，确定断裂的性质，从而找出断裂的主要原因。断口分析先用肉眼或低倍实体显微镜和立体显微镜从各个角度来观察断口表面的纹理和特征，然后用电子显微镜（特别是扫描电镜）对有代表性的部位进行深入观察，以了解断口的微观特征；

4) 微观组织分析。即用金相显微镜、电子显微镜鉴定失效件的显微组织，观察非金属夹杂物，分析组织对性能的影响，检查铸、锻、焊和热处理等工艺是否恰当，从而由材料的内在因素分析导致失效的原因；

5) 机械性能试验。在必要时可以进行某些项目的机械性能试验，包括断裂韧性试验，以校验该零部件的实际性能是否符合技术要求；

6) 其它检测项目。如用 X 射线衍射仪进行定相（如 σ 相）或定量（如残余奥氏体含量）分析，对受力复杂的零部件进行实验应力分析等等。

(4) 判定失效原因。进行了上述环节后，把所得的资料进行综合分析，搞清失效的过程和规律，这是失效分析的重要环节。失效原因的分析过程见图 2-4。一般要从影响零部件失效的结构设计因素、材料因素、工艺因素、装配因素和服役条件因素中进行全面分析，真正找到导致该零部件早期失效的主导因素。重大的失效分析项目，在初步确定失效原因后，还应及时进行重现性试验（模拟试验），以验证初步结论的可靠性。

(5) 失效分析的反馈。积极的失效分析，其目的不仅在于失效性质和原因的分析判断，更重要的是反馈到生产实践中去。由于失效原因涉及到结构设计、材料设计、加工制造及装配使用、维护保养等各个方面，失效分析结果也要相应地反馈到这些环

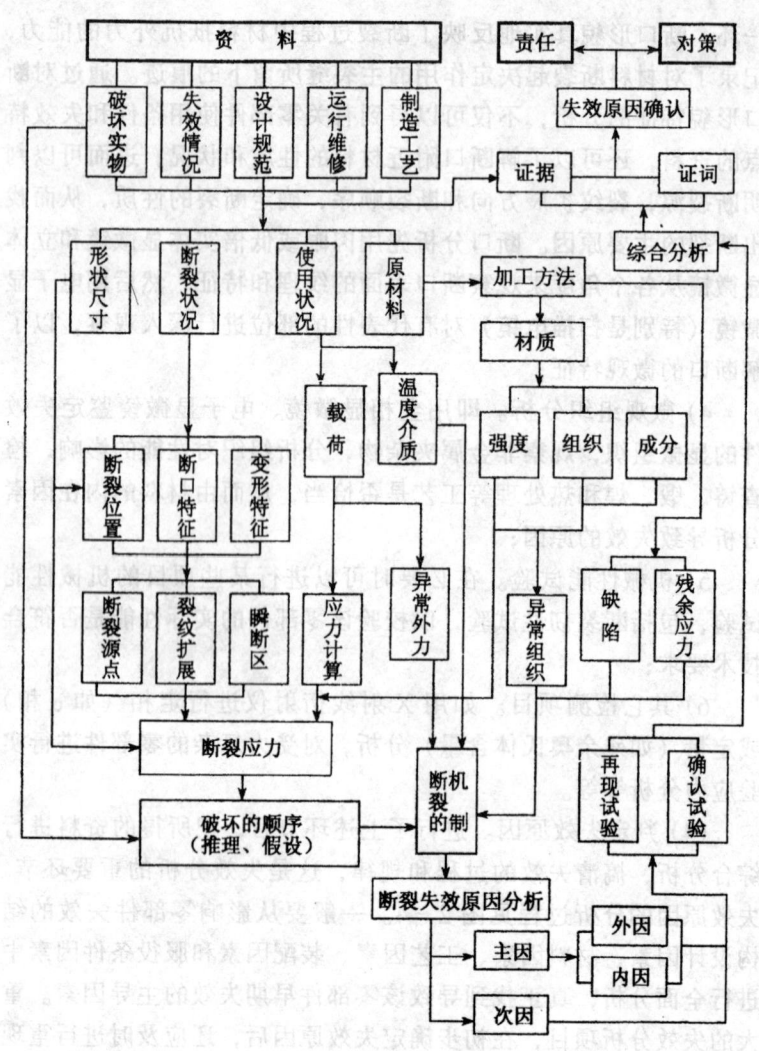

图 2-4 破损原因分析程序

节。在一般情况下,失效分析反馈可按图 2-5 所示的基本思路进行,即从失效分析的结论中获得反馈信息,据以确定提高失效抗力的途径(形成反馈试验方案),并通过试验选择出最佳改进措施。反馈的结果可能是改进设计结构、材料、工艺、现场操作规程,也可能是综合改进。

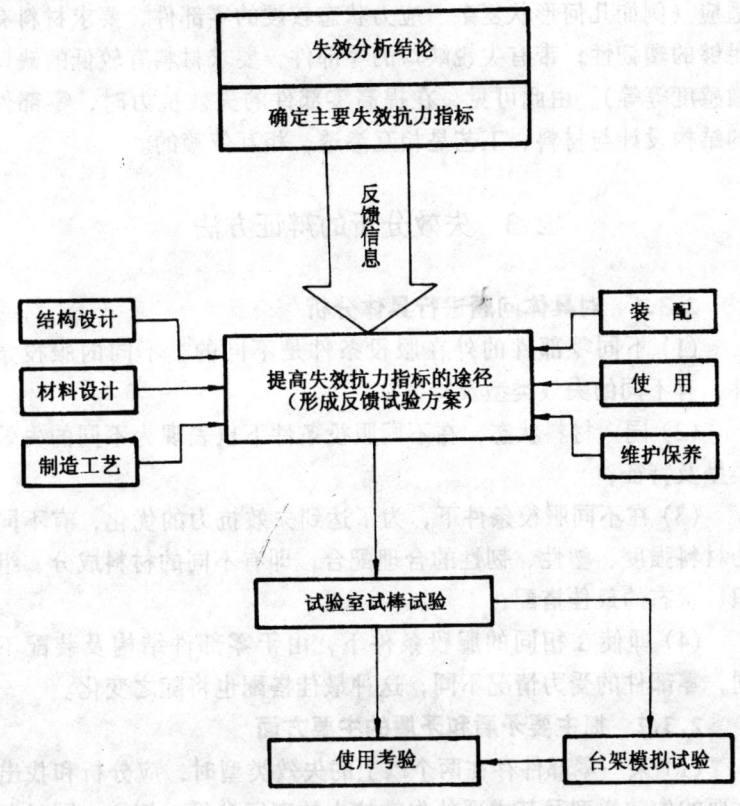

图 2-5 失效分析反馈的思路

对于机械产品或零部件的设计制造单位,应着重于在结构设计、材料选择和制造工艺方面的反馈,特别是结构、材料、工艺上的综合反馈,因为这三者往往很难截然分开。例如在考虑结构因素对零部件强度的影响时,一般要联系到材料因素和工艺因素;同样,在考虑材料强度的影响时,亦必须考虑零部件的结构设计,主要是应力集中对材料强度的影响。在某些情况下,通过改进零部件的形状、尺寸来提高其失效抗力较之改进材料和工艺更为有效。而当设计结构的改进受到限制时,零部件的应力水平、应力分布和应力状态又要求制造零部件的材料和工艺与之相适应(例如几何形状复杂、应力状态较硬的零部件,要求材料有足够的塑韧性;带有尖锐缺口的零部件,要求材料有较低的缺口敏感度等等)。由此可见,在提高零部件的失效抗力时,零部件的结构设计与材料、工艺是相互渗透,相互依赖的。

2.3 失效分析的辩证方法

2.3.1 对具体问题进行具体分析

(1) 不同零部件的外在服役条件是不同的,不同的服役条件,有不同的失效类型及特征;

(2) 同一材料状态,在不同服役条件下也表现为不同的失效类型及特征;

(3) 在不同服役条件下,为了达到失效抗力的优化,有不同的材料强度、塑性、韧性的合理配合,即有不同的材料成分、组织、状态的最佳搭配;

(4) 即使在相同的服役条件下,由于零部件结构及装配不同,零部件的受力情况不同,这种最佳搭配也将随之变化。

2.3.2 抓主要矛盾和矛盾的主要方面

(1) 某一零部件存在两个以上的失效类型时,应分析和找出主要的失效类型及其主要的失效抗力的表征参量,例如,同时存在断裂及磨损时,前者是"急性病",后者一般为"慢性病",因此应首先抓断裂失效的分析及防止。

(2) 抓造成主要失效类型的原因综合分析,从造成失效的内因与外因中找出主导因素,即矛盾的主要方面。

2.3.3 注意矛盾的转化

(1) 当主要的失效类型解决后,可能原来次要的失效类型上升为影响零部件寿命的主要矛盾,或者出现新的失效类型;

(2) 当对某一零部件进行结构和工艺改进后,该零部件容易失效的薄弱环节转移，对此要有预见。

参 考 文 献

1 胡世炎等编著．机械失效分析手册．四川科学技术出版社．成都：1989年4月第1版

2 ASM Metals Handbook, Vol 10

3 李鹤林．论石油矿场机械的失效分析及其反馈．石油矿场机械，1983（6）

4 石油管材研究中心失效分析研究室．1988年全国油田钻具失效情况调查报告．见：石油专用管论文集，327～336．西安：陕西科技出版社，1993年1月第1版

3 钻柱服役条件及主要失效类型

3.1 钻柱的服役条件分析

开展钻柱失效分析，必须掌握钻柱失效的客观规律，即钻柱在各种外加载荷和环境下发生的变形、断裂、表面损伤等现象及其发展过程，以及随外部服役条件和材料内在因素而变化的规律。因此，在进行失效分析时首先要搞清楚钻柱的服役条件。

钻柱的服役条件包括：钻柱所承受的载荷性质（静载荷、交变载荷、冲击载荷）、加载次序（载荷谱）、应力状态（拉、压、弯、扭、剪、接触及各种复合应力）、温度、环境介质（空气、水、钻井液、H_2S、CO_2、$NaCl$）等。

3.1.1 作用在钻柱上的基本载荷

钻柱的受力状态与所选用的钻井方式有关，在不同的工作状态和不同的位置上作用着不同的载荷。

概括起来，钻柱上有以下几种基本载荷：

（1）轴向力。处于悬挂状态下的钻柱，在自重作用下，由上到下均受拉力。最下端的拉力为零，井口处的拉力最大。在钻井液中钻柱将受到浮力的作用，浮力使钻柱受拉减小。起钻过程中，钻柱与井壁之间的摩擦力以及遇阻、遇卡，均会增大钻柱上的拉伸载荷。下钻时钻柱的承载情况与起钻时相反。循环系统在钻柱内及钻头水眼上所耗损的压力，也将使钻柱承受的拉力增大。

钻铤以自重给钻头加钻压，造成钻柱下部处于压缩状态。

（2）径向挤压力。应用卡瓦进行起下钻作业时，由于卡瓦有一定的锥角，在钻柱上引起一定的挤压力。中途测试时，钻柱上也要承受管外液柱的挤压力。

(3) 弯曲力矩。弯曲力矩的产生是因钻柱上有弯曲变形存在。引起钻柱弯曲变形的主要因素是给定的钻压值超过了钻柱的临界值。在转盘钻井中,钻柱在离心力的作用下,亦会造成弯曲。由于钻柱在弯曲井眼内工作,也将产生弯曲。在弯曲状态,钻柱如绕自身轴线旋转,则会产生交变的弯曲应力。

(4) 离心力。钻柱在钻压的作用下会产生弯曲,在一定的条件下,弯曲钻柱会围绕井眼中心线旋转而产生离心力,促使钻柱更加弯曲。

(5) 扭矩。钻头破碎岩石的功率是由转盘通过方钻杆传递给钻柱的。由于钻柱与井壁和钻井液有摩擦阻力,因而钻柱所承受的扭矩井口比井底大。但在使用井底动力钻具(涡轮钻具、迪纳钻具等)时,作用在钻柱上的反扭矩,井底大于井口。

(6) 振动载荷。使钻柱产生振动的干扰力也是作用在钻柱上的重要载荷(图3-1)。钻柱的振动有:

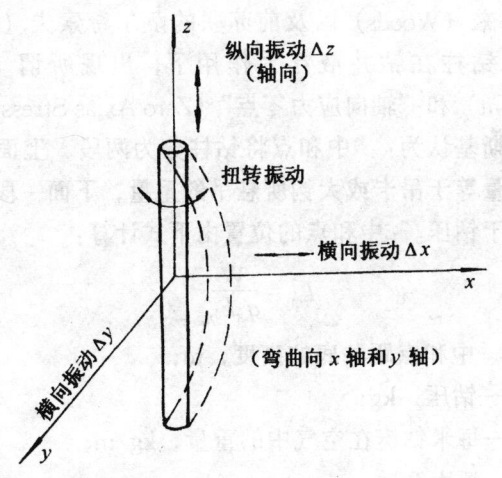

图3-1 钻柱的振动

1) 纵向振动:由于牙轮钻头的结构特点,井底常存在三个突起,牙轮钻头的牙齿交替地引起钻柱纵向跳动。当外界的周期干扰力与钻柱的固有频率相同时,钻柱发生共振,出现剧烈跳钻。跳钻易引起钻柱疲劳破坏。

2) 扭转振动:由于钻头结构、地层、钻压等因素的变化,井底的反扭矩也将随之变化。变化着的扭矩将引起扭振。当转速达到某一临界值时,钻柱也可能出现扭转共振现象。用刮刀钻头钻进软硬交错的地层时,钻柱上受到剧烈的扭振,出现所谓"蹩跳"。

3) 横向摆振:在某一临界转速下,钻柱将出现摆振,其结果是使钻柱进行公转,引起钻柱严重偏磨。

由以上分析得知,井口和井底附近的钻柱所承受的拉力、扭矩、弯曲和冲击力等均较大。同时也要注意到上述几种载荷有些是同时出现的,使钻柱的受力呈现复杂状态。

3.1.2 钻柱中和点和轴向应力零点的概念及其位置变化

在分析和研究井下钻柱受力状态时,美国的鲁宾斯基(Lubinski)和乌兹(Woods)以及前苏联的萨尔奇索夫(Саркисов)等人提出了钻柱在钻井液浮力作用下,出现所谓"中和点"(Neutral Point)和"轴向应力零点"(Zero Axias Stress Point)的概念。鲁宾斯基认为:"中和点将钻柱分为两段,上面一段在钻井液中的重量等于吊卡或大钩所悬吊的重量,下面一段在钻井液中的重量等于钻压。"中和点的位置由下式计算:

$$L_n = \frac{W}{q_a k_b} \qquad (3-1)$$

式中　L_n——中和点距井底的高度,m;
　　　W——钻压,kg;
　　　q_a——每米钻铤在空气中的重量,kg/m;
　　　k_b——浮力系数。

实际上,中和点上的受力并不为零,而承受着压力,其大小可按下式计算:

$$F_n = \left[(h - L_n) A_c + \sum_{i=1}^{n} A_i h_i \right] \times 0.981 \gamma_m \qquad (3-2)$$

式中 F_n——中和点上所承受的压力，N；
A_c——钻铤横截面积，cm^2；
h——钻铤长度，m；
γ_m——钻井液的相对密度；
A_i——各段钻柱的横截面积，cm^2；
h_i——各段钻柱的长度，m。

液体中多段管柱的组成如图 3-2 所示。

轴向应力零点是指在工作状态（加钻压）下，钻柱上不承受拉压的那一点，如图 3-2 所示。假定轴向应力零点在紧靠钻铤的钻杆上，根据力的平衡原理，可得到轴向应力零点距井底的距离为：

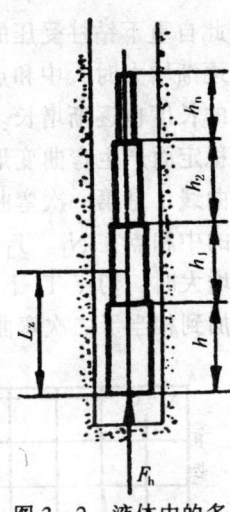

图 3-2 液体中的多截面管柱

$$L_z = \frac{W + 0.981\gamma_m \left(hA_c + \sum_{i=1}^{n} h_i A_i\right) - (q_a + W_a)h}{W_a} \quad (3-3)$$

式中 W_a——单位长度钻杆在空气中的重量，kg/m。

如钻柱仅由钻铤与钻杆组成，(3-3) 式变成：

$$L_z = \frac{W + 0.981\gamma_m (H-h) A_L - (q_a - W_a)h + 0.981\gamma_m hA_c}{W_a}$$

$$(3-4)$$

式中 H——井深，m。

如希望轴向应力零点落在钻铤上，此时钻铤的临界长度 $h_{min} = L_z$，代入 (3-4) 式便可得到：

$$h_{min} = \frac{W + 0.981 H A_c \gamma_m}{q_a - 0.981\gamma_m (A_c - A_L)} \quad (3-5)$$

当钻铤的长度大于 h_{min} 时，轴向应力零点的位置由下式计算

$$L_z = \frac{W + [(H-h)A_L + hA_c] \times 0.981\gamma_m}{q_a} \quad (3-6)$$

从 (3-1) 式可见，当钻压较小时，中和点靠近井底，因

此自重下钻柱受压的长度不大,所以钻柱保持直线状态。当钻压逐渐增大时,中和点距井底的距离也逐渐增加,自重下受压钻柱的长度也逐渐增长。当钻压增至某一临界值时,受压钻柱将丧失稳定而产生弯曲变形。钻柱弯曲后的形状如图3-3所示。图中曲线1是第一次弯曲,相应的钻压称为第一临界钻压,此时钻柱的中和点在 N_1。T_1 是钻柱弯曲后与井壁的切点。当钻压进一步增大时,切点 T_1 下移到 T_2 点,中和点上升到 N_2 点。当钻压增加到相当于二次弯曲的临界值时,钻柱将作一次新的弯曲,其形状如图3-3中的曲线4。此时,中和点在 N_4,切点在 T_4。中和点位置依钻压变化而移动。

由于地层硬度的变化,纵向振动和冲击负荷使钻压极不稳定,钻柱下部受压部分长度忽大忽小。轴向应力零点 N 的位置不断上下移动。例如当钻压为 W_1 时,轴向应力零点在 N_1 位置(图3

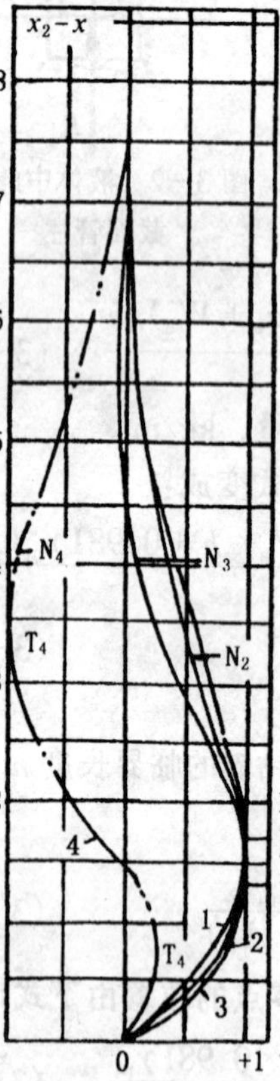

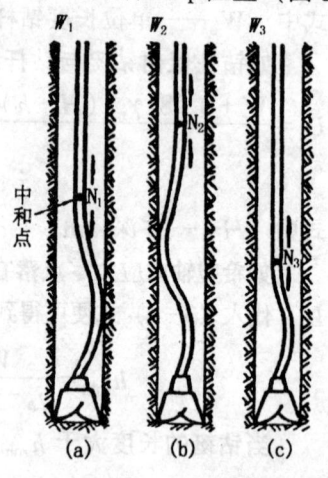

图3-3 钻柱的弯曲形状

图3-4 中和点位置变化示意图
$W_3 < W_1 < W_2$

-4 (a)),N_1 点以上钻柱受拉力,N_1 点以下钻柱受压力。当钻压由 W_1 增大到 W_2 时,下部受压钻柱增长,轴向应力零点上移到 N_2 位置(图 3-4 (b)),这时原轴向应力零点 N_1 以上部分的钻柱由原来受拉力变为受压力。若钻压减小到 W_3,那么下部受压钻柱长度减少,轴向应力零点将下移至 N_3 位置(图 3-4 (c)),原来受压的钻柱又转变为受拉。由于轴向应力零点 N 的位置上下移动,使其附近钻柱承受交变拉压应力。轴向应力零点一般位于钻铤上,由于钻压变化,钻铤上方的若干根钻杆或加重钻杆最易遭受这种交变载荷的作用,这种交变载荷是随机的疲劳应力循环。

3.1.3 钻柱弯曲及弯曲交变载荷

前已述及,当钻压达到某一临界值时,钻柱将发生弯曲。如果继续增大钻压,钻柱将发生更高次的弯曲。在分析钻柱弯曲问题时,鲁宾斯基假定:(1)钻柱的正常运动是围绕其自身轴线旋转的,因此分析中可以略去离心力的影响;(2)近似认为钻柱弯曲后在同一平面内,即可以当作二维问题来处理。

选定 $X-Y$ 坐标系统。X 轴与井眼中心相重合,坐标原点在钻柱的中和点上(图 3-5)。

在上述条件下,鲁宾斯基建立了钻柱的弯曲微分方程:

$$EI\frac{d^3Y}{dX^3}+q_L\frac{dY}{dX}+F_L=0 \qquad (3-7)$$

式中 q_L——每米钻铤在钻井液中的有效重量,kg/m;

F_L——在钻头上的水平反力;

E——弹性模数;

I——截面惯性矩。

经对钻柱弯曲微分方程的解析,钻柱发生一、二次弯曲的临界钻压分别是

$W_1=L_1q_L$; $W_2=L_2q_L$

式中 L_1、L_2——钻柱一、二次弯曲时中和点距钻头的长度,m;

q_L——单位长度钻柱在钻井液中的重量，kg/m。

$$L_1 = 0.24\text{m}; \quad L_2 = 4.05\text{m} \tag{3-8}$$

m 按下式计算：

$$m = \sqrt[3]{\frac{10EI}{q_L}} \tag{3-9}$$

将 (3-9) 式代入 (3-8) 式后得到

$$\left.\begin{aligned} W_1 &= 2.04 m q_L = 2.04 \sqrt[3]{10EIq_L^2} \\ W_2 &= 4.05 m q_L = 4.05 \sqrt[3]{10EIq_L^2} \end{aligned}\right\} \tag{3-10}$$

常用钻铤和钻杆的 m 值及临界钻压已列入表 3-1 内。表内的临界钻压系在钻井液相对密度为 1.2 时所得。

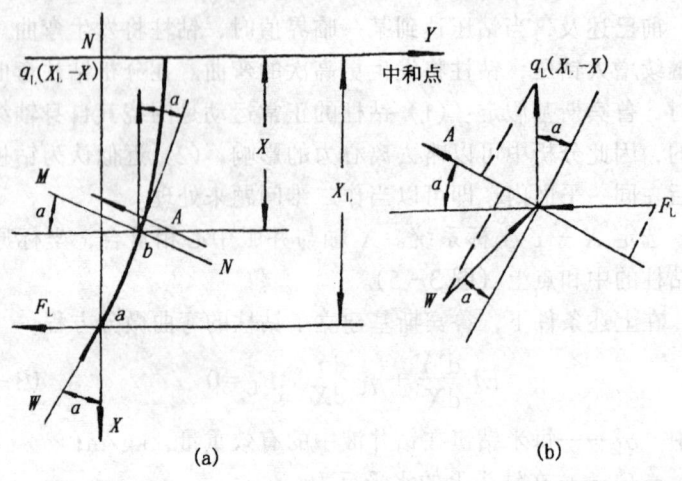

图 3-5 直井内钻柱弯曲变形及其坐标系统

从表 3-1 可见，钻柱产生一次弯曲的临界钻压并不大，因此在目前旋转钻井所用的钻压条件下，如果不采取其它措施，钻柱将不可避免地发生轴向弯曲。在正常旋转钻进过程中，由于有离心力，这更加剧了钻柱的弯曲，弯曲钻柱在钻进过程中的旋转便产生了交变弯曲应力，在井眼偏斜，方位变化大的情况下和定向井的钻进过程中，在弯曲井段，钻柱承受的交变弯曲应力更大。

表3-1 钻铤、钻杆临界钻压

钻柱	钻柱尺寸			空气中的重量 kg/m	横截面惯性矩 cm⁴	无因次单位的长度 m	第一次弯曲临界钻压 W_1, kN	第二次弯曲临界钻压 W_2, kN	第三次弯曲临界钻压 W_3, kN
	通称直径 mm	外径 mm	内径 mm						
钻铤	203.2	203.2	100	192	7854	21.6	70.63	140.28	174.62
	178	178	80	156	4508	19.3	51.01	101.04	126.55
	159	159	57	135	3065	17.9	40.22	80.05	102.02
	146	146	75	97	2078	17.5	28.45	56.90	71.61
钻杆	168	168	150	43	1421	20.7	13.73	26.49	37.28
	127	127	112	24.2	1009	21.8	8.83	17.66	22.56
	114	114	94	30	445	15.3	7.85	15.70	19.62
	89	89	71	21	182	12.7	4.91	9.81	10.79

图3-6为在定向井钻进中钻柱承受弯矩示意图。让我们考虑在均匀弯矩下钻柱上A、B两点的受力情况。这时，A点和B点的应力大小相同但符号相反。转动时，应力大小和符号发生变化。对于钻柱上的某一点而言，每旋转一周，应力的变化完成一个循环。因此，钻柱上的每一点均承受着对称旋转弯曲交变载荷。

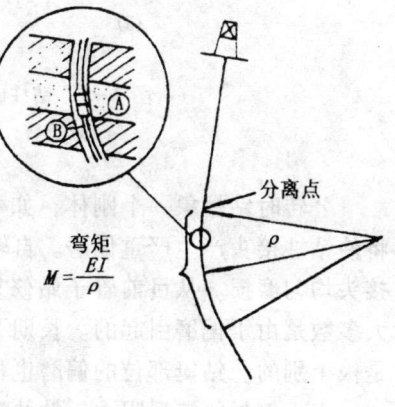

图3-6 在定向钻进中钻柱承受弯矩示意图

在实际钻井条件下，钻柱的弯曲及其交变载荷并非如此简单。大多数研究工作者认为，钻柱的压缩段弯曲成螺旋形式，压缩段全长与井壁接触，上部受拉的钻柱部分，在绝大多数工作状态下为一种波动的平面曲线。在交变弯曲应力与扭转、冲击及振动等载荷的交互作用下，钻柱的受力状态将更为复杂。

3.1.4 钻柱在井眼内的旋转形式与接头偏磨

钻柱在井眼内的旋转形式是个比较复杂的问题。由于井眼直径比钻柱直径大，因此在旋转钻井钻进时，钻柱可能存在着绕自身轴线、绕井眼中心线和在绕井眼中心线的同时又绕自身轴线旋转三种方式。绕自身轴线称为自转，绕井眼中心线称为公转（图3-7）。

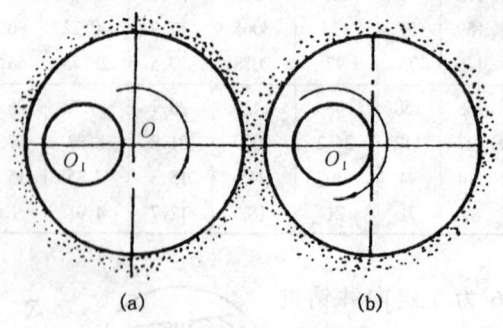

图 3-7 钻柱的公转与自转
(a) 公转；(b) 自转

公转时钻柱象一个刚体，如弯曲挠度足够大到与井壁接触，将使钻柱接头产生严重偏磨。自转的钻柱相当于一根软轴，钻柱接头均匀磨损。从目前管子站修复的钻杆接头的实际情况来看，大多数是由于偏磨引起的。长期下井使用的钻柱接头，没有偏磨是极个别的。钻铤部位的偏磨也相当严重。

由于钢材的滞后阻力、钻井液阻力及井壁摩擦力对弯曲钻柱旋转方式的影响，实际钻柱同时存在着自转和公转两种情况。钻柱的刚度越小，弯曲挠度越大，公转的可能性越大。在钻铤部分只可能有少量的公转，而自转是主要的。与钻铤相连接的钻杆部分，由于拉力较小，容易在离心力下造成弯曲并与井壁接触，因公转而偏磨接头。上部钻柱在强大拉力下工作，不易弯曲，主要在自转下工作，但是，当转速接近钻柱横摆固有频率时，将导致弓状旋转（公转）。因此，同一钻柱上，在同一时间内，不同的部位可能存在自转、公转和以公转为主有少量自转以及以自转为主有少量公转的四种运动形式。公转和自转在同一截面内同时存在，是一种不稳定的形式。

一般认为，自转引起均匀磨损，公转引起偏磨。在井眼偏斜、方位变化大的弯曲井段和定向井中，偏磨非常严重。

如果钻柱或接头已经偏磨，再次下井后会在原偏磨处进一步偏磨，这是与大量偏磨钻具的现场观察相一致的。在待修复的钻具中，尚未发现在同一个偏磨接头上同时存在两个大的偏磨带。

即使再次下井的偏磨钻铤，旋转时并不与井壁接触，但由于钻柱将在最小挠曲刚度的平面内弯曲（已经偏磨的一侧），如果要在弯曲情况下，绕自身轴线自转，则包含了一个挠曲面的旋转，需要更大的能量，因而只能公转。

研究表明，钻柱外表面的磨损主要表现为磨料磨损，其磨损机理主要为显微切削。对于这种磨损，硬度是决定其耐磨性的主要因素。井壁地层与钻柱的相对硬度越高，钻柱磨损越严重。

3.1.5 钻柱的工作介质分析

钻柱在正常工作过程中处于钻井液中。钻井液是由固体、液体和化学处理剂组成的复杂混合液，一般均具有一定的腐蚀性。钻井液的腐蚀性取决于它的组成，根据添加剂的不同，其 pH 值可在很大范围内变化。用于油气井钻进的多数钻井液碱性较高，pH 值多在 8~12 之间。钻柱在工作过程中，由于钻井液和其它腐蚀介质与钻柱的相互作用，会严重地降低钻柱的使用寿命，钻井液的 pH 值越低，对钻柱的腐蚀越严重。除钻井液外，钻井过程中经常遇到的腐蚀介质有氧气、二氧化碳、硫化氢、溶解盐类及各种酸类。以下分别作一简要介绍。

（1）氧气：在溶解气体中，氧的危害最大，它是钻柱腐蚀的主要原因。即使钻井液中的溶解氧浓度很低（$<10^{-6}$），也能对

钻柱产生严重的腐蚀。

(2) 二氧化碳：二氧化碳可以借钻井液添加水、气层气流、溶解盐类和有机处理剂的热分解，或钻井液添加水或有机处理剂的细菌作用而进入钻井液中。二氧化碳与钻井液中的水反应后会形成碳酸，使钻井液的pH值下降，腐蚀性增大，它的腐蚀性比氧弱，但如与氧混合在一起时，腐蚀性增大。

(3) 硫化氢：硫化氢可以从钻井液添加水、气层气流、溶解硫酸盐类的细菌作用或含硫有机处理剂的热分解作用而进入钻井液中。硫化氢很容易溶于水，溶解后呈弱酸性，对钻具产生腐蚀作用。硫化氢与二氧化碳或氧气同时存在时比单独硫化氢存在时具有更大的侵蚀性。硫化氢的主要腐蚀作用是促使钻柱产生由氢脆机理诱导的硫化物应力腐蚀破裂。

(4) 溶解盐类：氧化物、碳酸盐和硫酸钠、钙、镁会从钻井液添加水、地层水、钻井液处理剂或钻进的某种地层（如盐层、石膏层、无水石膏层）进入到钻井液中。由于大部分的腐蚀过程都有显著的电化学作用，而各种溶解盐类又会增加钻井液的导电率，所以溶解盐会加速腐蚀作用。此外，某些溶解盐能使钻柱发生点蚀和应力腐蚀破裂。

(5) 各种酸类：有机酸（甲酸、醋酸等）可凭借细菌作用和有机处理剂的热分解作用而形成。无机酸如盐酸有时用来进行某些特殊处理。一般来说，酸类的腐蚀作用主要是降低钻井液的pH值，破坏钻柱的表面保护膜，并且形成氢脆的氢源。因此，溶解于钻井液中的氧气会显著地加速酸类的腐蚀作用。

上述几种腐蚀介质常常同时存在，这会过早地引起钻柱的腐蚀损伤，导致使用过程中的早期失效。

上面分析了钻柱在工作过程中的受力情况及工作介质。除此之外，在寒冷地区工作的钻柱，要经受地面$-40℃$以下温度及井底$200℃$以上温度的考验。随着高压喷射钻井技术的发展，钻柱管内压力增至$25MPa$。海洋石油钻井其钻柱的服役条件更加恶化。

3.2 钻柱的主要失效类型

根据上面对钻柱服役条件的分析,钻柱的受力状态十分复杂。既有静载,又有冲击载荷,而且拉、压、弯、扭无一不有,并且大部分都是交变载荷。工作时又要受腐蚀、磨损、温度及压力的影响。由于其服役条件非常苛刻,所以其失效形式也多种多样。归纳起来,其主要失效形式可分为过量变形、断裂和表面损伤三类。

3.2.1 过量变形

它是由于工作应力超过材料的屈服极限引起的。如钻杆接头在受载情况下螺纹部分的伸长(图3-8),钻杆本体的弯曲及扭转(图3-9)。

图3-8 在受载情况下钻杆接头螺纹
部分产生过量变形,螺纹伸长达20.7mm

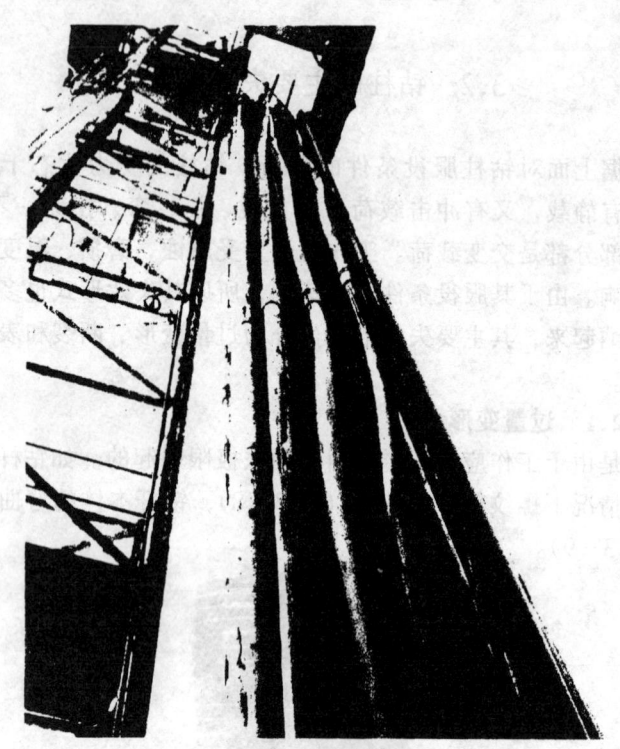

图3-9 扭曲钻杆

3.2.2 断裂

断裂在钻柱失效事故中所占的比例较大，危害也较严重。主要断裂形式有过载断裂、低应力脆断、应力腐蚀、氢脆、疲劳和腐蚀疲劳等。

（1）过载断裂：它是由于工作应力超过材料的抗拉强度引起的。如钻杆遇卡提升时焊缝热影响区的断裂（图3-10）及蹩钻时的钻杆管体折断（图3-11）。

图3-10 钻杆焊缝热影响
区过载断裂

(2) 低应力脆断：在整个钻柱失效中占有相当大的比例。钻杆、钻铤和钻柱转换接头中均有低应力脆断发生。如钻杆焊缝的脆性断裂（图3-12）和钻铤及钻柱转换接头螺纹部位的脆性断裂（图3-13、图3-14、图3-15）。低应力脆断一般与表面或内部存在缺陷及不良的显微组织有关（图3-16、图3-17）。

(3) 应力腐蚀：它是钻柱失效的常见形式。如钻柱在含硫油气井中工作时的硫化物应力腐蚀破裂及钻柱接触某些腐蚀介质（如盐酸、特定盐类）时的应力腐蚀开裂（图3-18、图3-19）。

图3-11 钻杆管体过载折断

图3-12 钻杆焊缝的脆性断裂

图 3-13 钻铤螺纹部分的脆性断裂

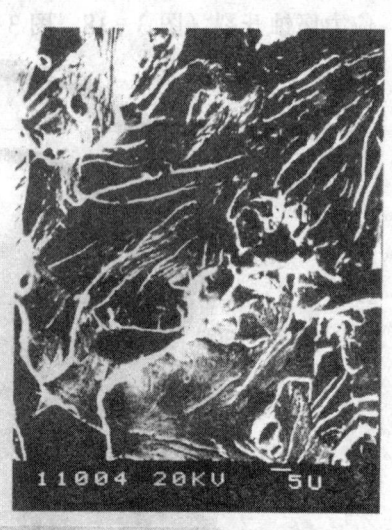

图 3-14 转换接头螺纹部分　　图 3-15 转换接头冲击断口
　　　　脆性断裂　　　　　　　　　　　微观形貌

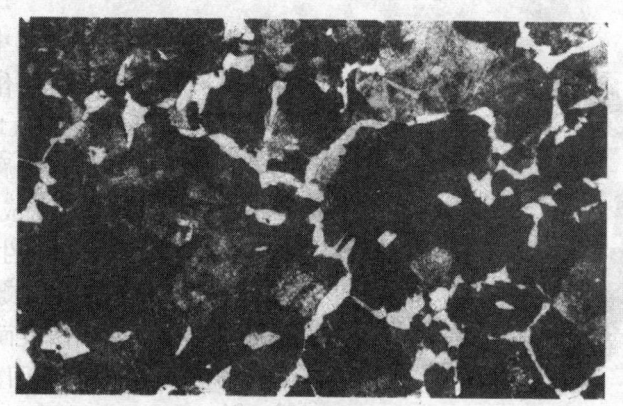

图 3-16 转换接头的金相组织 50×

图 3-17 钻铤本体的脆性断裂，
其表面存在补焊缺陷

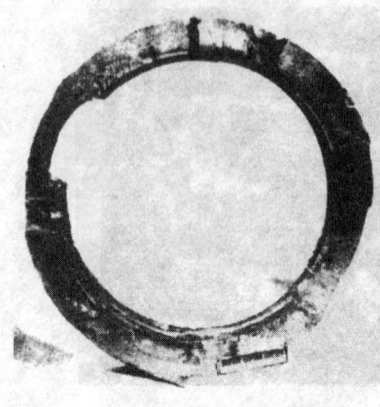

（4）氢脆：当金属中存在过多的氢时，在拉应力的作用下可使材料产生氢脆。实际上，由硫化氢和盐酸引起的应力腐蚀其本质也是由于氢的作用造成的。

（5）疲劳：一般发生于钻杆接头、钻铤和转换接头螺纹部位等截面变化区域或因表面损伤而造成的应力集中区（图3-20、图3-21）。

图3-18 钻铤在H_2S介质中的应力腐蚀断裂

（6）腐蚀疲劳：是交变载荷和钻井液等腐蚀介质联合作用的

图3-19 钻杆接触HCl介质时的应力腐蚀断裂

结果；在钻柱失效中约占40%，且以钻杆为主。统计表明，在钻杆失效中，约80%为腐蚀疲劳。与普通疲劳一样，裂纹一般产生于应力集中严重部位或以表面腐蚀坑等为源萌生裂纹并扩展（图3-22、图3-23、图3-24）。

3.2.3 表面损伤

包括腐蚀、磨损和机械损伤三方面。

图3-20 钻杆接头螺纹根部的疲劳断裂　　图3-21 钻铤螺纹根部发生的疲劳断裂

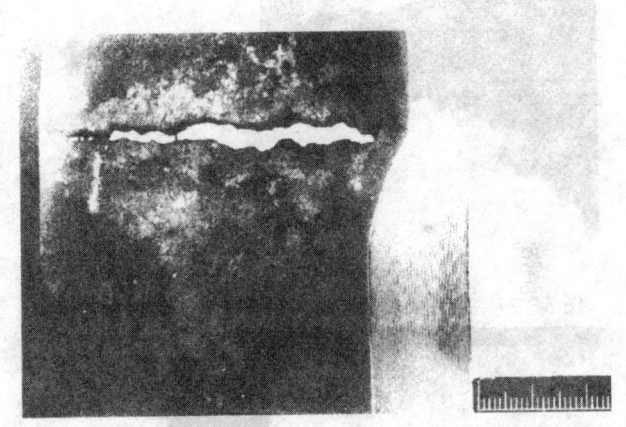

图3-22 钻杆内加厚过渡区的腐蚀疲劳裂纹

(1) 腐蚀:

1) 均匀腐蚀。是由化学或电化学反应造成的金属暴露的全部表面或大部分表面上发生的腐蚀,如钻具锈蚀等。

2) 小孔腐蚀(点蚀)。如钻杆存放或使用过程中内外表面的腐蚀,如图3-25所示。小孔腐蚀常常会诱导腐蚀疲劳和应力腐蚀裂纹或脆性断裂(图3-24、图3-25)。

图 3-23　钻杆接头 90°吊卡台肩根部的腐蚀疲劳裂纹

图 3-24　腐蚀疲劳裂纹以表面腐蚀坑为源萌生并扩展

图 3-25　存放不当在钻杆外表面产生点
　　　　　蚀坑、裂纹及孔洞

3) 缝隙腐蚀。如钻杆内加厚过渡区表面皱折处的钻井液腐蚀。

（2）磨损：

1) 粘着磨损。如钻杆接头、钻铤及转换按头螺纹部位的磨损（图3-26、图3-27）。

图3-26　钻杆接头螺纹部位的粘着磨损失效

图3-27　粘着磨损严重时可在表面形成马氏体白亮层

2) 磨料磨损。如井壁地层对钻柱的磨损（图3-28）。

3) 冲蚀磨损。如钻柱内外表面及螺纹连接部分受到钻井液

图 3-28 钻杆接头与井壁接触发生偏磨，属磨料磨损失效

的冲蚀磨损（图 3-29、图 3-30）。

图 3-29 钻杆内表面的冲蚀坑及孔洞

(3) 机械损伤：

如表面碰伤、烧伤、大钳卡瓦及其它工具咬伤等（图 3-31、图 3-32）。表面损伤常常会诱发疲劳、腐蚀疲劳或脆性断裂。

应当指出，上述几种失效形式常常同时存在并交互作用。因

图 3-30 钻杆接头螺纹部分的冲蚀失效

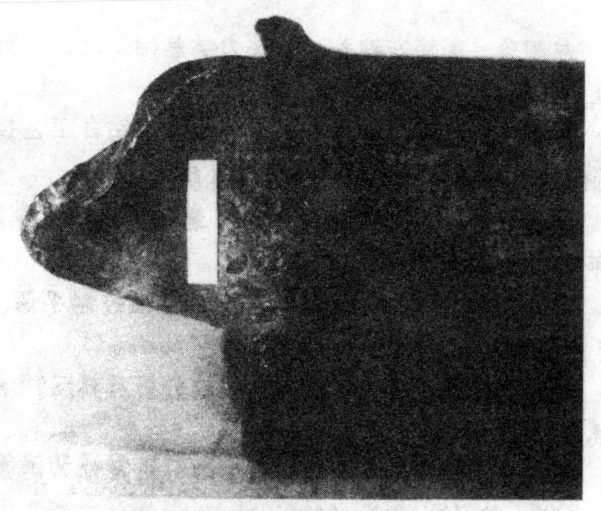

图 3-31 钻杆摩擦焊接修复时焊机夹持部分夹紧
力过大造成管体表面损伤

此在进行钻柱失效分析时应根据各种失效形式的特点加以区别，分清主要的失效形式和次要的失效形式，以及各种失效形式之间的区别与联系，从而采取积极有效的措施，防止或减少钻柱的失效事故。

图 3-32 钻杆沿大钳咬伤伤痕处发生纵向开裂

参 考 文 献

1 赵国珍，龚伟安编著．钻井力学基础．北京：石油工业出版社，1988年2月第1版

2 [美] P.L 穆尔等著．刘希圣等译．钻井工艺技术．北京：石油工业出版社，1982年8月第1版

3 陈理中等译．美国钻井手册．北京：石油工业出版社，1980年2月第1版

4 [美] A.G. 奥斯特罗夫等著．腐蚀控制手册．北京：石油工业出版社，1988年10月第1版

5 李鹤林．论石油矿场机械的失效分析及其反馈．石油矿场机械，1983（6）

6 李鹤林，冯耀荣．石油钻柱失效分析及预防措施．石油机械，1990，18（8）：38～44

4 钻柱脆性断裂失效分析及预防

4.1 脆性断裂概述

脆性是从能量的角度评价材料机械性能的术语。脆性断裂是指材料断裂前不产生或仅仅产生很小的塑性变形，断裂过程中单位体积所消耗能量很低的断裂过程。与之相对的韧性断裂，则指断裂前产生显著的塑性变形，单位体积消耗的能量较高的断裂过程。这种根据断裂前塑性变形量和吸收能量的大小来划分断裂类型的方法，只有宏观的、表象上的相对意义，它取决于究竟取多大的塑性变形量来作为划分韧脆断裂的标准。在工程上大量使用的金属材料中，很少出现绝对脆性断裂的情况。从断口的微观分析看，通常解理断裂总是脆性断裂，但在有些情况下，解理断裂前也呈现出较大塑性；晶间断裂多数属于脆性的，但也有塑性的。穿晶断裂既可以是塑性的，也可以是脆性的。所以脆性断裂主要是从宏观的尺度上划定的。

脆性断裂失效在钻柱构件的失效中占有相当大的比例。由于脆性断裂没有任何预兆，断裂事故往往是突发性的，危害很大。由钻柱构件脆性断裂造成的落井事故除了带来停钻损失外，还带来昂贵的打捞作业，严重时甚至导致井毁人亡。这是我们应尽量避免的失效方式。

4.2 脆性断裂的特点与分类

4.2.1 脆性断裂的特点

钻柱构件脆性断裂的主要特点是：
（1）脆断时的使用应力很低，一般低于其屈服强度，故亦称

之为低应力脆断;

(2) 易从应力集中严重处断裂,受冲击载荷时,尤为显著;

(3) 宏观断口齐平,结构粗糙,有放射状花样或人字纹,无明显塑性变形;

(4) 失效事故常常与材料韧性低或使用温度低于其韧脆转变温度有关;

(5) 焊缝脆断常与焊缝存在焊接缺陷有关;

(6) 钻柱构件的脆断还与构件存在裂纹源(如疲劳裂纹、淬火裂纹等)有关。

4.2.2 脆性断裂分类

依照裂纹扩展路径,可将脆性断裂分为穿晶断裂和沿晶断裂。

4.2.2.1 穿晶脆性断裂

穿晶断口有解理、准解理和微坑、疲劳等几种形态。

(1) 解理断裂:钻柱构件的穿晶解理断裂是最常见的脆性断裂。解理断裂是一种低能断裂,断裂沿着确定的、低晶面指数的晶面扩展,这种晶面称解理面,有时解理面也可以是滑移面或孪晶面。解理断裂是断裂的微观机制,其主要特征是由解理台阶组成的河流花样(图4-1)。理想晶体的解理面是一个平坦的完整晶面,但实际材料晶体总是存在缺陷,断裂并不沿单一晶面解

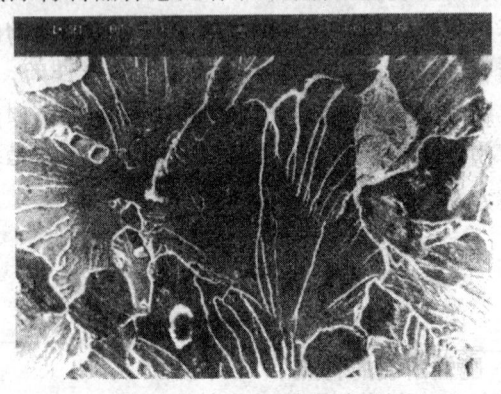

图4-1 解理河流花样

理,而是沿一组平行的晶面解理,断裂向前发展时,由于解理面的相互联接,在不同高度上平行的解理面之间就形成所谓的解理台阶,许多小解理台阶的组合就形成河流花样。河流的顺流方向就是解理台阶的汇合方向,也就是裂纹的传播方向。因此当要确定裂纹源位置时,就应沿着河流的逆方向去寻找,这与宏观的人字纹花样相反。

解理河流花样有时呈扇形或羽毛花样,有时解理裂纹穿过小角度倾斜晶界时只改变走向,其河流花样变化不大;有时解理裂纹穿过大角度晶界或扭转晶界时河流花样骤增。

"舌状"花样也是解理断口的一种常见特征,低碳钢在低温下拉伸或冲击时断口上常可见到此种舌状花样。这些"舌头"是孪晶在断口上的露头,是解理裂纹遇到孪晶和基体的交界面时裂纹改变走向后形成的,而孪晶则是裂纹在高速扩展过程中,在裂纹前沿的高速变形诱发产生的。

(2) 准解理断裂:准解理断裂在宏观上看通常表现为脆性断裂。有人认为准解理断裂属于解理断裂范畴,但也有人认为它是一种独立的断裂形式。实际上就断裂机制来说,准解理并不是独立的,它是解理断裂机制和微孔聚合这两种机制的混合。这种断裂形貌是由解理台阶逐渐过渡到撕裂棱,断裂面由平直的解理面逐渐过渡到凹凸的韧窝,这种过渡是渐变的,没有明显的分界。

准解理断裂这种断裂形式常见于淬火回火钢中。从断口的电镜组织中可看到许多呈辐射状的河流花样位于断裂小平面内;还可看到许多撕裂棱分布在小平面内和小平面之间(图 4-2)。

准解理断裂和解理断裂主要有两点不同:准解理断裂是起始于断裂小平面内部,这些小裂纹逐渐长大,被撕裂棱连接起来,而解理裂纹则起始于断裂的一侧,向另一侧延伸扩展直至断裂;准解理断裂是通过解理台阶和撕裂棱把解理和微孔聚合两种机制联系在一起的。

3) 微坑型低能量撕裂:微坑型断口是穿晶断口又一种基本的微观形态。韧性断裂的断口通常总可以看到微坑(韧窝),但

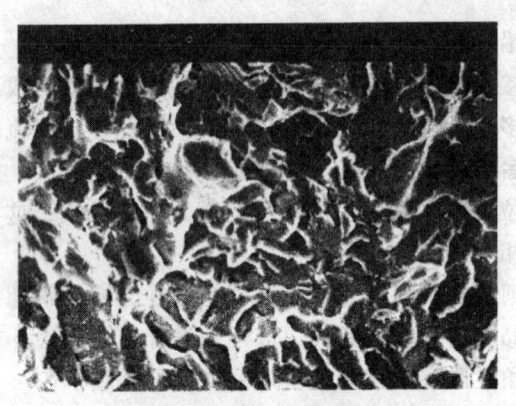

图 4-2 准解理断裂

是断口上有韧窝不一定代表韧性断裂。这是因为韧窝的存在只说明材料在局部微小区域内曾发生过强烈的剪切变形,此变形只限于断裂路径穿过的一个很小的体积内,即断口两侧的微观区域内,至于宏观范围内材料是否表现出很大塑性,并不能由此而定。例如某些高强度材料在满足平面应变条件下,裂纹作快速的不稳定的低能量扩展,此时,就整个构件而言未曾发生过普遍屈服,所以破坏是脆性的,但断口两侧的微观区域内却发生很大剪切变形,其断裂是微坑型低能量撕裂。

4.2.2.2 沿晶脆性断裂

沿晶脆性断裂是晶界分离产生的断裂,其断裂机制包括沿晶

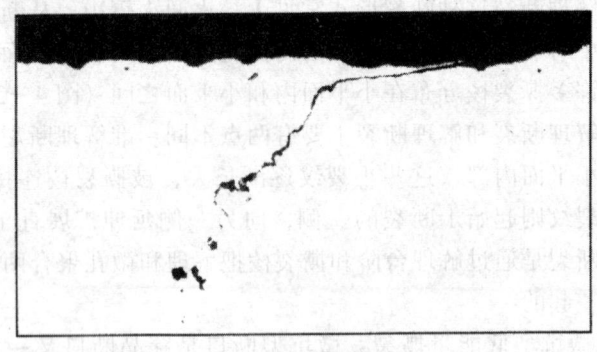

图 4-3 淬火裂纹

解理和沿晶纤维状断裂。沿晶脆性断裂也是钻柱构件常见的失效形式。

沿晶解理断裂的微观特征是断口比较平滑，无明显的变形痕迹，呈典型的岩石或冰糖块状，如淬火裂纹（图4-3）、晶界存在脆性第二相、晶界弱化等情况出现的断口形貌。晶界弱化主要

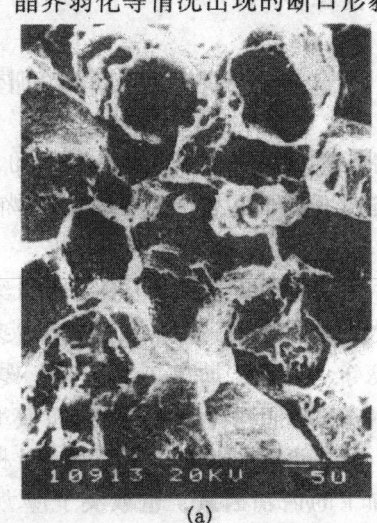

(a)

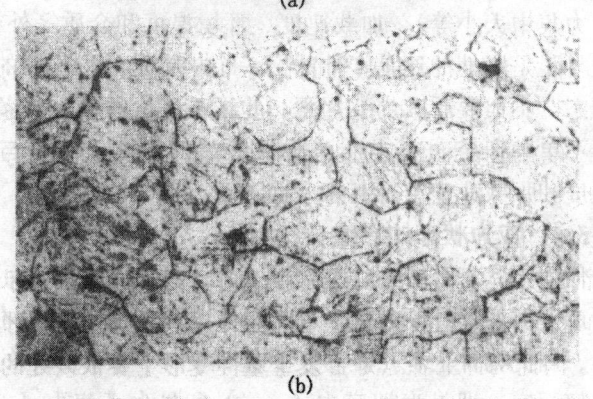

(b)

图4-4 LN16井转换接头脆断沿晶断裂
（10g 苦味酸+100ml 二甲苯+10ml 酒精浸蚀）
(a) 回火脆沿晶断裂形貌；(b) 回火脆沿晶界显示

是微量元素在晶界偏析或晶界和环境介质作用的结果,前者如钢中的 P、As、Sn 等微量元素在晶界偏析造成的回火脆沿晶断口(图 4-4),后者如应力腐蚀开裂氢脆断口。

沿晶纤维状断裂断口微观特征是沿晶界界面上有大量叠波,说明晶界局部有塑性变形。

4.3 决定钻柱构件脆性断裂的因素

脆性断裂对于钻柱构件的安全是极为有害的,因此人们非常关心钻柱构件是否处于脆性状态?决定断裂类型的因素到底是什么?

经分析表明,常见脆性断裂的原因是:由于结构设计或焊接工艺不良造成很大的截面突变,出现应力集中或裂纹;环境温度的降低;材料的成分、冶炼、加工工艺不当;残余应力未消除等。但同一材料制成的不同构件在不同环境下服役时,其失效方式可能是脆性的,也可能是韧性的,它既取决于材料的成分、冶炼、热处理等热加工的内在因素,也取决于应力状态(多轴应力、应力集中大小等)、加载速度、环境温度和介质等外在因素。因此,材料是脆性的还是塑性的?一个材料是处于脆性的或是韧性的状态?不但要看其内在因素,也要看其服役的外在条件。所以下不单独研究材料本质对脆性断裂的影响,而是与应力状态、温度和加载速度结合起来一起讨论。

4.3.1 应力状态的影响

任何应力状态都可用切应力和正应力两种成分来表示,这两种应力成分对变形和断裂起着不同的作用。只有切应力才引起塑性变形,因此构件上各点是否发生塑性变形主要依该处的切应力成分如何而定,即最大切应力(τ_{max})和最大正应力(σ_{max})的比值 α(α 为应力状态软性系数,$\alpha = \tau_{max}/\sigma_{max}$)的大小而定。切应力既是位错运动的推动力,也决定在位错运动的障碍物前最终可能导致裂纹萌生的塞积位错的数目,因此切应力对变形和断裂的发生和发展都起作用，而正应力则只影响断裂的发展过程，因为只有拉应力才使裂纹扩展。因此，当材料一定时，任何增加最大正应力（σ_{max}）对最大切应力（τ_{max}）的比率的应力状态，即使 $\alpha = \tau_{max}/\sigma_{max}$ 比值减少的应力状态都将增加金属材料的脆性。这就是说，就材料而言，并不存在本质上绝对脆性或绝对塑性的材料。实际上，任何金属材料都可以产生韧性断裂，也可以产生脆性断裂。

从位错的观点来看，引起塑性变形的切变发展过程是位错不断增值并沿整个滑移面运动的过程，而断裂的发展过程则是位错不断聚积和消失的过程。当金属开始屈服时，大量的位错在运动过程中，由于受到障碍物的阻挡或产生某种位错反应模型而被塞积起来，造成巨大的应力集中，如果这个应力集中被变形过程所松驰，则断裂过程被抑制，变形继续进行，材料显示出良好的塑、韧性；反之若这个应力集中是以裂纹的发生和扩展来松驰，则变形过程被抑制，脆性断裂便发生了。

为了简明定性地说明应力状态对断裂类型的影响，引入金属材料力学状态示意图（图 4-5）来说明。图中 τ_y 和 τ_f 分别代表材料的切变屈服强度和切断强度，σ_f 代表材料的脆断强度。如图 4-5 所示，在一定加载方式下，一定类型的应力状态（即 σ_1、σ_2、σ_3 三个主应力保持一定比值）可以用通过原点、斜率为 α 的直线（$\alpha = \tau_{max}/\sigma_{max}$）来表示，图中的 $\alpha < 0.5$，$\alpha = 0.5$，$\alpha = 0.8$，$\alpha = 2$ 四条射线分别代表三向不等拉伸、单向拉伸、扭转、单向压缩的应力状态。图中画出的屈服线 τ_y 和切断线 τ_f 平行于横坐标，即假定一定加载速度和温度时，材料的切变抗力 τ_y、切断抗力 τ_f 是一常数（实际上，对大多数金属材料而言，τ_y、τ_f 并非常数，而是或多或少地随应力状态变化的）。而切断线 σ_f 在 τ_y 线以下与纵坐标平行，超过 τ_y 线后是斜线则表示 σ_f 在 τ_y 线以下是一个常数，在 τ_y 线以上则随塑性变形量的增大而增大（实际上，σ_f 难于确切定义和测定）。τ_y、τ_f、σ_f 线分别代表材料发生屈服、切断和正断所需的极限应力。τ_y、τ_f、σ_f 三条

线在图中划出了表示材料力学性能的两个区域,即在屈服线以下,正断线以左的是弹性变形区,屈服线以上,切断线以下的是弹塑性变形区。如图4-5所示,材料在三向不等拉伸(如缺口拉伸)的情况下,如果代表该应力状态的射线($\alpha < 0.5$)直接与σ_f线相交,则可知材料断裂前只发生弹性变形,表现为宏观正断式的脆性断裂;当此材料在单向拉伸($\alpha = 0.5$)时,代表该应力状态的射线在与σ_f线相交前与τ_y线相交,则可知材料在断裂前将发生塑性变形,但断裂仍表现为宏观正断方式,即正断式韧性断裂。若材料受扭转或单向压缩,代表这两种应力状态的射线先与τ_y线相交再与τ_f线相交,则可知其断裂前有宏观塑性变形,表现为切断式韧性断裂。图4-5联合了两个强度理论,把材料的性能指标、应力状态、破坏方式等辩证地联系起来,可以定性地表示应力状态和材料脆性、塑性状态的关系。

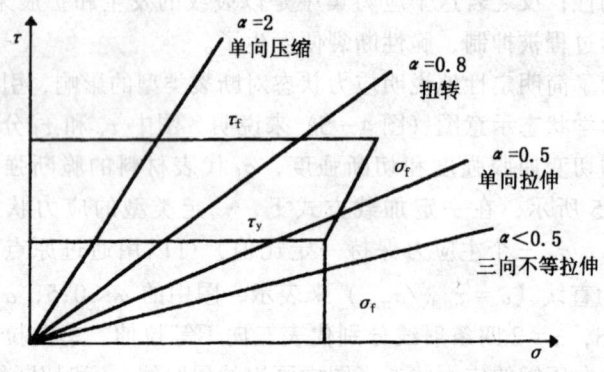

图4-5 力学状态图

对同一材料,改变其应力状态就可以改变其断裂类型,反之,如果应力状态一定而改变材料性能(τ_y、τ_f、σ_f),也必将引起断裂类型的改变。可见,断裂类型是由材料本质和应力状态共同决定的。

4.3.1.1 缺口作用和对脆化趋势的影响

钻柱构件上不可避免地存在各种类型的缺口和应力集中（如台阶、螺纹、加工刀痕、补焊和焊接带来的未焊透和裂纹、淬火裂纹、疲劳裂纹等），这些缺口有的是结构设计上所不可避免的，有的是原材料或制造和使用过程中造成的。由于缺口的存在，会引起受载后在缺口处的应力集中、应变集中，并且形成二轴或三轴应力状态，增加材料脆化的趋势。缺口的存在导致材料脆化的原因是：产生高的应力集中、产生多轴应力状态、产生高的局部应变硬化和裂纹及引起高的应变率。

4.3.1.2 材料的缺口敏感性

上述分析说明，即使塑韧性良好的材料，在有缺口存在时也可能会脆化，那么通常认为塑韧差的材料，自然对缺口更为敏感，因此材料本质是影响材料脆性倾向的基本因素。实际上为防止脆断，从设计上应尽可能减少截面突变和应力集中，从制造工艺上应尽量减少缺陷，但这些方法并不能完全消除材料的脆性倾向，因此，问题最后仍然要归结到从材料本质出发，通过提高材料的抗力指标来防止脆断。为评价材料本质，人们采用多种方法来测定材料对缺口的敏感性，并将这些试验结果作为设计选材、确定材质的依据。测定材料缺口敏感性的方法有静载荷下的缺口拉伸（包括缺口偏斜拉伸）试验、缺口弯曲试验和冲击载荷下缺口冲击韧性试验、落锤试验等。

(1) 拉伸缺口敏感度通常用缺口强度比 NSR，即缺口试样抗拉强度与光滑试样（试样直径与缺口根部截面直径相等）的抗拉强度之比来表示。一般认为当 NSR＞1 时，材料对缺口不敏感；NSR＜1 时，材料对缺口敏感。在缺口偏斜拉伸试验时，缺口截面上的应力极不均匀，能更灵敏地反映出材料的缺口敏感度。缺口敏感度与材料的热加工处理状态关系密切。

(2) 静力韧度定性指标即缺口静弯曲试验的载荷（P）—挠度（f）曲线下所包围的面积也可以用来表示材料的缺口敏感性。典型的载荷—挠度曲线如图 4-6 所示。

这一曲线可分为三个组成部分：

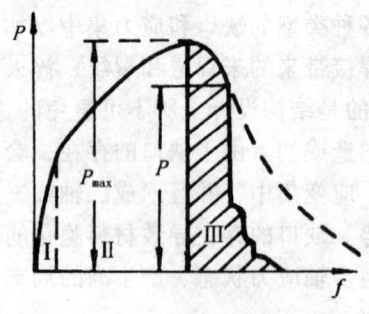

图4-6 典型缺口静弯曲负荷—挠度曲线

1）弹性变形部分，这部分曲线所包括的面积代表弹性功；

2）塑性变形部分，这部分曲线下的面积代表塑性功；

3）断裂部分，这部分曲线下的面积代表撕裂功。

如果曲线只由第Ⅰ部分组成，而不存在Ⅱ、Ⅲ部分，则说明材料完全脆性；如果曲线有第Ⅰ、Ⅱ部分而无第Ⅲ部分，则说明材料对缺口敏感，并且第Ⅱ部分面积愈小，缺口敏感度愈高。不存在第Ⅲ部分也可以说金属材料对裂纹很敏感，裂纹一旦萌生，便很快失稳扩展，亦即其断裂韧性极低，曲线第Ⅲ部分代表当裂纹产生后，金属阻碍裂纹继续扩展的能力。裂纹可在 P_{max} 点或 P_{max} 以后某点（如 P 点）产生，也可能一直不产生（如图4-6虚线所示）。有些正火或调质的碳素钢或低合金钢钻柱构件材料在缺口静弯曲时，裂纹通常在 P 点产生，但裂纹沿截面扩展一段后就暂时停止，这是因为裂纹尖端发生了塑性钝化，在外载作用下直至整个破断前，还可能发生多次的裂纹扩展、停止、再扩展的现象，曲线上就出现如图示的阶梯状。在相同试验条件下，可以将这一部分面积的大小以及阶梯状变化的情况作为比较不同材料裂纹敏感性的定性指标。也可以将 P_{max}/P 作为材料对缺口敏感性（以出现裂纹为标准）的定量指标，当 $P=P_{max}$ 时，说明材料的缺口敏感性大。

4.3.2 温度、加载速度和材料本质的影响

4.3.2.1 温度降低和加载速度增大的影响

温度和加载速度对材料的屈服强度有很大的影响，总的规律是屈服强度 σ_s（或 τ_y）随温度降低或加载速度的增大而升高，但是温度降低和加载速度增大对材料断裂抗力的影响不如对屈服强度的影响大，可以认为断裂抗力对温度和加载速度不敏感。温

度降低和加载速度增大对断裂类型的影响,可以通过图4-5的材料力学状态图定性反映出来。图4-7表示了某材料由于温度降低或加载速度增大力学状态图的变化。在室温下进行单向拉伸时,此材料表现为正断式韧性断裂,若温度降低或加载速度增大,由于τ_f、σ_f等断裂抗力对温度和加载速度不敏感,可近似认为不变,但τ_y屈服强度将急剧上升,如图4-7中虚线所示,因此材料在低温(或高的加载速度)下进行单向拉伸试验时将发生正断或脆断,即正断前不发生塑性变形,材料已处于冷脆转化温度以下的脆性状态。

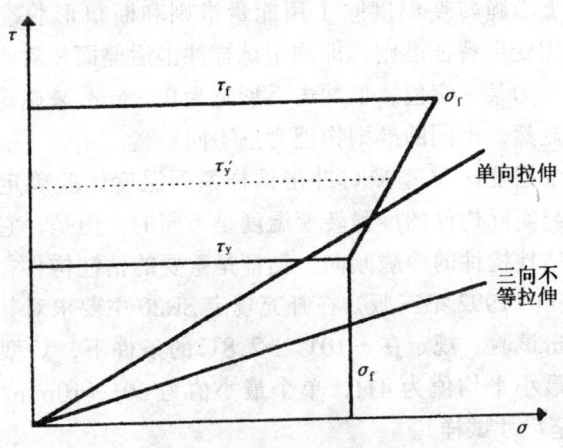

图4-7 温度降低或加载速度升高
对材料力学状态图的影响示意图

4.3.2.2 材质因素对脆性倾向的影响

(1)冲击试验和冷脆转变温度:钻柱构件材料冲击试验均采用夏比V型缺口冲击试样,缺口张开角45°±2°,缺口根部圆角半径0.25±0.025mm,试件在摆锤冲击时所消耗的能量即冲击值的大小及试件断口上纤维区的面积百分比可作为材料是否容易发生脆断的判据。夏比V型缺口试样的冲击试验不仅可以检验材料的缺口敏感性，而且可以确定材料随温度降低脆性倾向增加的特性，即材料的冷脆转变温度。材料因温度降低由韧性状态向脆性状态转化的现象，称为冷脆。通常工程上为了防止脆性断裂，要求使用温度高于冷脆转变温度。但韧性断裂到脆性断裂的转化并非在一个温度点上，而是在一个温度范围内，因此依不同的准则，就有不同的冷脆转变温度，表 4-1 列出了按能量和断口形貌确定冷脆转变温度的准则。表 4-1 附图中的某种材料在摆锤冲击时所消耗的能量即冲击值和纤维区面积百分比随试验温度的变化而变化的曲线是通过系列冲击试验确定的。

工程上冷脆转变温度除了用能量准则和断口形貌准则确定外，也采用变形特征准则，即规定试样冲击后侧面相对收缩（或相对展宽）为某一定值，如冲击后展宽为 0.38mm 来确定冷脆转变温度。显然，不同的准则物理含意不同。

尽管根据夏比 V 型缺口冲击试样系列温度试验确定的冷脆转变温度与实际构件的冷脆转变温度是不同的，但是，它可以定性地评价钻柱构件的冷脆倾向。钻杆是重要的钻柱构件，API 标准 SPEC 5D（1992 第三版）在补充规定 SR20 中要求对其进行低温夏比冲击试验。规定在 $-10℃ \pm 2.8℃$ 的条件下，V 型缺口夏比冲击的最小平均值为 41J，单个最小值为 30J（10mm×10mm×55mm 全尺寸试样）。

（2）材质因素对冲击值或材料脆化倾向的影响：冲击值可以评定材料在冲击载荷下的缺口敏感性，低温系列冲击试验还可以估算材料低温脆化的倾向，因而，影响材料冲击值的因素也是确定材料脆化倾向的因素。冲击值是材料的重要性能，它对材料成分、宏观缺陷、显微组织及冶炼、加工工艺特别敏感。

钻柱构件大多采用中碳或中低碳锰钢、低合金钢材料，对材料冲击值、冷脆转变温度或材料的脆化倾向的主要影响因素见图 4-8。

表4-1 冷脆转变温度的准则

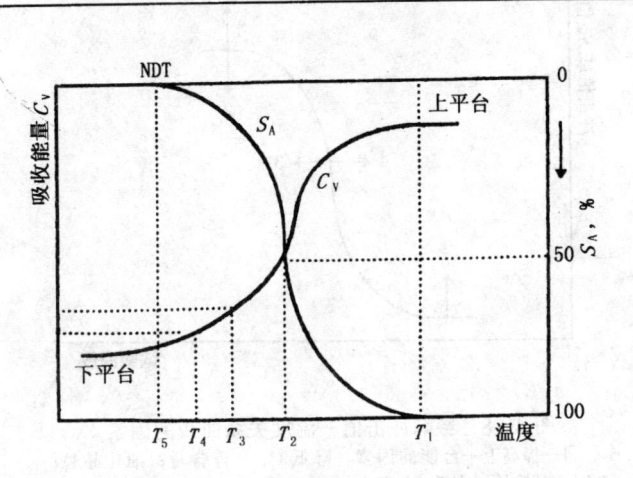

冷脆转变温度名称	准则	含意
塑性断裂转变温度 T_1	相应于上平台能和100% S_A 的起始温度	温度高于 T_1，脆性断裂不可能发生；低于 T_1，开始产生脆性断裂
断口形貌转变温度 T_2	相应于50% S_A 或85% S_A 的温度	在构件承受应力不高于材料屈服应力二分之一的条件下，使用温度高于 T_2 时，脆性断裂的几率很小
平均功转变温度 T_3	相应于上、下平台能的平均能量的温度	T_3 与 T_2 很接近
延性转变温度 T_4	根据经验所确定的最低冲击值 C_v 所对应的转变温度，如 C_v 值为27J时的温度	构件使用温度高于该温度，脆性断裂不会发生，不同类型钢这个温度不同
无延性温度 T_5	相应 S_A 为0的上限温度	当温度低于 T_5，断裂前无塑性变形，材料完全处于脆性状态

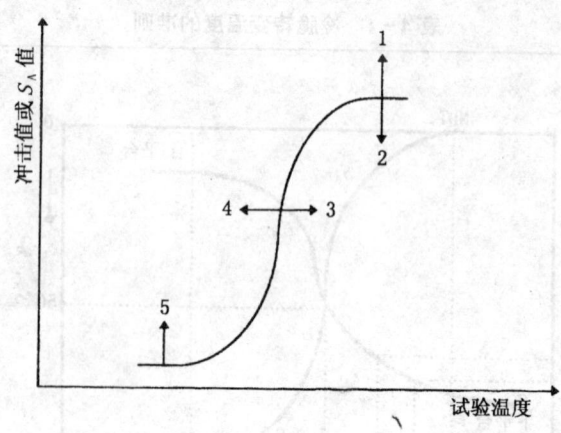

图4-8 影响冲击值—温度关系曲线的因素

1—提高上平台能的因素：降低 C、P 等含量；细化晶粒；全回火马氏体（索氏体）组织。2—降低上平台能的因素：增加 C、P、H 等含量；超过一定含量的 Ni、Si、Al 等；横向试样（带状组织和非金属夹杂物分布）；增加强度和硬度；冷变形加工、应变时效。3—提高冷脆转变温度的因素：增加 C、P、N、O、Mo、H 等含量；超过一定含量的 Si、Al 等；粗晶粒、珠光体组织、贝氏体组织；P、As、Sb、Sn、S 等在晶界偏聚引起的回火脆性；P、Mn 的带状偏析；冷变形加工、应变时效；增加缺口底部曲率和深度；增加冲击速度。4—降低冷脆转变温度的因素：增加 Ni、Mn 含量；Mn/C>3；细晶粒、回火马氏体（索氏体）组织、奥氏体组织；小于 0.30% Si、0.10% Al 含量；超过一定含量的 V 和 Ti；消除回火脆性（加 Mo 或回火后快速冷却、减少有害元素）；减少 Mn、P 的带状偏析。5—提高下平台能的因素：增加 Ni、Cu 的含量；增加残余奥氏体的含量

4.4 钻柱构件的脆性断裂失效分析

4.4.1 应力集中和材质脆化引起的脆性断裂事故

近年来，我们对钻柱构件的失效事故分析和失效调查表明，发生脆断的主要有钻铤、接头等厚壁构件和焊接构件。1988年陆上油田发生的540起失效事故中，钻铤脆断和疲劳（实际上也是一种脆断形式，关于疲劳将在第5章论述）208起，占钻铤失

效事故的75.4%；转换接头脆断10起，占转换接头失效事故的62.5%。对这些脆断事故的分析结果表明，钻铤或转换接头脆断主要是由材料的尖锐缺陷，如疲劳裂纹源、螺纹根部尖角、补焊处、淬火裂纹、点蚀坑等应力集中源和材料冲击值不足引起的。表4-2列出十几起典型的案例。

表4-2 因应力集中和材质问题引起钻柱构件脆断的案例

序号	规格及构件名称	服役地区	失效原因	失效形式
1	177.8mm钻铤	中原油田	补焊、材质脆（C_v为21.9J）	补焊处起裂，一次脆断
2	177.8mm钻铤	川东罐12井	外螺纹根部应力集中，材质脆（C_v为20.6J）	螺纹根部起裂，一次脆断
3	158.8mm钻铤	南疆轮南异1-B井	外螺纹根部应力集中，材质脆（C_v为20.0J）	螺纹根部起裂，一次脆断
4	177.8mm钻铤	胜利油田	外螺纹根部应力集中，材质脆（C_v为20.9J）	疲劳源萌生后快速脆断
5	203.2mm钻铤	川东罐25井	外螺纹根部应力集中，材质脆（C_v为36.5J）	疲劳源萌生后快速脆断
6	177.8mm钻铤	川东罐25井	外螺纹根部应力集中，材质脆（C_v为15.0J）	疲劳源萌生后快速脆断
7	177.8mm钻铤	中原胡7-154井	外螺纹根部应力集中，回火脆（C_v为17.0J）	疲劳源萌生后快速脆断
8	158.8mm钻铤	中原文13-256井	外螺纹根部应力集中，回火脆（C_v为18.8J）	疲劳源萌生后快速脆断
9	转换接头（规格未标明）	中原高深丛1-1井	外螺纹根部应力集中，材料晶粒粗大，材质脆（C_v为10.25J）	一次脆断
10	520×421转换接头	大庆油田	外螺纹根部应力集中，材料晶粒粗大，材质脆（C_v为3.5J）	一次脆断

续表

序号	规格及构件名称	服役地区	失效原因	失效形式
11	410×411转换接头	中原油田	外螺纹根部应力集中，材料晶粒粗大，材质脆（C_v为7.7J）	一次脆断
12	411×411L转换接头	吉林方-4井	螺纹根部应力集中，材料晶粒粗大，材质脆（C_v为6.0J）	一次脆断
13	410×430转换接头	华北永古-井	存在原始淬火裂纹，材质脆（C_v为30.9J）	从原始淬火裂纹起裂，一次脆断
14	411×411转换接头	吉林昌101井	存在原始淬火裂纹，回火脆（C_v为9.0J）	从原始淬火裂纹处起裂，一次脆断
15	520×411方钻杆转换接头	华北油田	螺纹根部应力集中，材料晶粒粗大，材质脆（C_v为11.4J）	从螺纹根部起裂，一次脆断
16	114.3mm钻杆接头	大庆油田	螺纹根部应力集中，材质脆（C_v为16.6J）	疲劳裂纹萌生后快速脆断
17	88.5mm钻杆接头	华北油田	螺纹根部应力集中，材质脆（C_v为31.3J）	疲劳裂纹萌生后快速脆断
18	88.9mmG105钻杆，意大利Falk公司摩擦对焊钻杆	华北油田	焊区有未熔缺陷，面积占50%	上扣时，从焊缝缺陷处起裂脆断
19	127.0mm摩擦对焊修复钻杆	玉门油田	原制造厂对焊焊缝有灰斑缺陷，面积约占30%，修复焊缝组织粗大，分布有大量非金属夹杂物	划眼时，从原焊缝处起裂脆断

注：C_v值为全尺寸10mm×10mm×55mm夏比V型缺口冲击试样室温冲击值。

表4-2案例1是一起因补焊而引起的脆断事故。断裂钻铤断口齐平，断口分裂纹源区、裂纹快速扩展区和最后断裂区，见图3-17。裂纹源区颜色较深，与快速扩展区和最后断裂区有明显的界线，

断口上有腐蚀产物及沿晶分布的二次裂纹。可见，裂纹源区是钻铤断裂之前存在的裂纹。裂纹源区纵向剖面的金相观察表明，钻铤外表面为粗大的柱状晶组织，柱状晶晶界为网状铁素体，晶内为索氏体，靠近柱状晶区是条带状分布的马氏体、屈氏体及铁素体的混合组织，再往里是回火索氏体＋上贝氏体组织，如图4-9所示。经取样分析，钻铤本体材料相当于4140H，源区成分（0.18%C，0.39%Si，1.38%Mn，0.19%Cr，0.02%Ni）与钻铤本体成分明显不同，由上述分析可以判断源区是补焊区。可见钻铤脆断起源于补焊引起的冷裂纹。4140H不是焊接材料，补焊时未预热，焊后未缓慢冷却，同时由于钻铤本体壁厚大，冷却能力很强，因此冷裂纹的产生常常是不可避免的。此外，钻铤本体夏比冲击值仅为22.0J，冲击断口呈全结晶状形貌，即材料对缺口敏感。

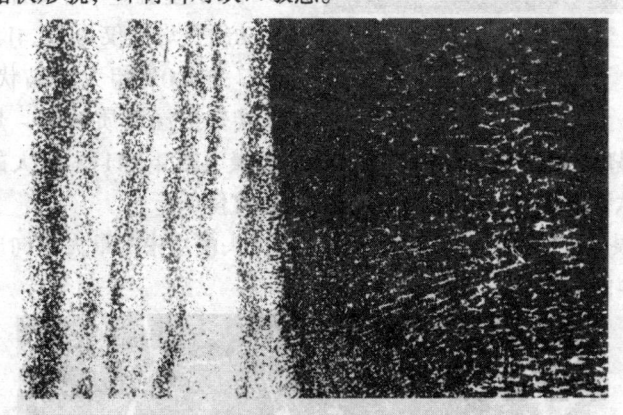

图4-9 柱状晶和条带状分布的马氏体

表4-1中案例15是1984年9月17日发生于华北油田某井的一起脆性断裂事故。当钻至井深5505m以后准备电测，起钻至套管内，因无电测车，17日下钻通井，下钻过程中无蹩钻现象，泵压为15MPa，悬重为152t。当钻柱下放到钻头距井底0.30m时，方钻杆保护接头411根部忽然断裂，全部钻具落入井内，造成严重后果。该方钻杆保护接头是同年8月30日刚换上的新接头。接头脆断起源

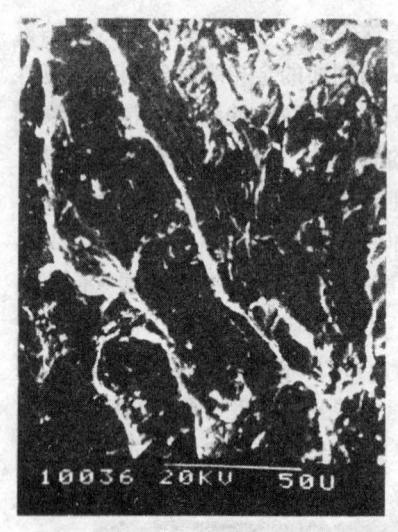

图4-10 520×411方钻杆保护接头断口微观形貌

于外螺纹第一牙根部,断口呈非连续的放射状,在各放射区域交界处,放射条纹方向发生变化,整个断口粗糙,实物断口的微观形貌为解理断裂(图4-10)。分析表明,该保护接头强度(硬度)远远低于API标准要求,三个试样抗拉强度平均值比API标准要求的最低值低28.2%,屈服强度平均值比API标准要求的最低值低47.7%,室温全尺寸试样夏比冲击功的平均值仅为11.4J,冲击断口为100%粗大结晶状形貌。该接头未经调质处理,其显微组织晶粒粗大,为YB27-77的0~-1级(图4-11),粗大的晶粒和网状铁素体组织使其强度和韧性大幅度降低。

根据起钻时的轴向载荷估算,该接头使用中的最大轴向应力接近材料的实际屈服强度。

图4-11 520×411方钻杆保护接头显微组织 50×

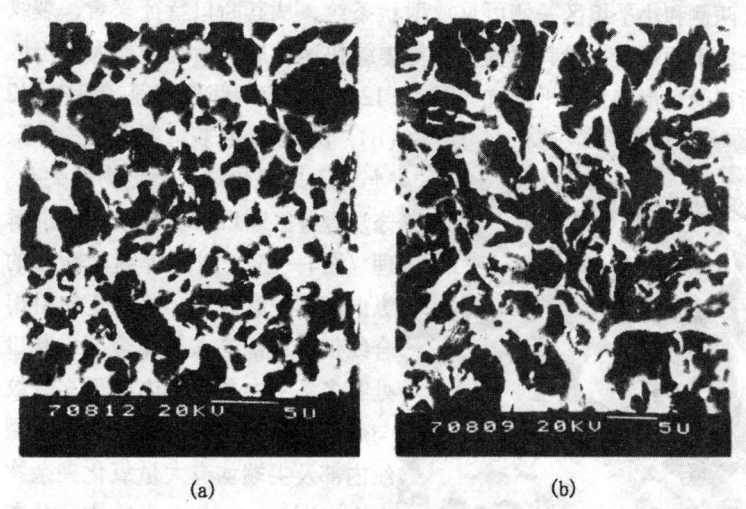

图 4-12 原焊缝大平坦区断口微观形貌
(a) 原焊缝大平坦区浅平微坑；(b) 大平坦区局部准解理形貌

该接头未经调质处理，选材上也存在问题。其材料为中碳锰钢（相当于 45Mn），这种材料即使按正常调质工艺处理，由于其淬透性差，也难于在整个截面上获得单一均匀的回火索氏体。目前国外多采用淬透性较好的 4140H、36CrNiMo4（DIN 钢号）、40CrNiMo、40CrMnMo 等材料生产接头。

表 4-1 案例 19 是 1987 年 7 月 5 日发生于玉门油田的一起摩擦对焊修复钻杆从摩擦对焊处突然断裂的脆性断裂事故。修复前该钻杆已在十余口井使用，累计进尺大于 33000m。1982 年切头进行了对焊，对焊后在几口井使用过，最深用至 3400m。7 月 5 日前采一井钻进过程中，下钻划眼至井深 1196.83m 处时，从摩擦对焊处断裂，致使下部约 200m 钻具全部镦弯，断裂位置距井口约 1000m。宏观断口形貌如图 3-12 所示，断口上有两个平坦区，较大平坦区对应于该钻杆原焊缝（切头时原焊缝未切除，修复对焊焊缝距原焊缝很近），较小的平坦区为修复焊缝。大平坦区颜色深暗，仔细观察可见这部分断口上有径向暗条纹，实际为灰斑断口，面积约占 30%。大平坦

区两侧和小平坦区一侧可见放射状条纹，从其断口特征来看，裂纹起始于原焊缝，沿其两翼及修复焊缝快速扩展最后脆断。大平坦区断口微观形貌为浅平微坑（图4-12（a））和局部准解理（图4-12（b））的混合形貌。断口上有Si、Mn、Fe的氧化物、硫化物等夹杂。修复焊缝区断口形貌为解理和准解理（图4-13）。对原焊缝区断口的纵向磨面观察表明，断裂走向沿熔合线仅有局部进入基体金属，断口处有多条二次裂纹和内部孤立裂纹与熔合线平行，二次裂纹和孤立裂纹内部及尖端均有大量氧化夹杂物存在（图4-14），夹杂物主要分布在熔合线上的铁素体条带内。焊缝上的灰斑及焊缝内的硬而脆的氧化夹杂物、条带状组织均与轴向载荷垂直，这些缺陷会造成较高的应力

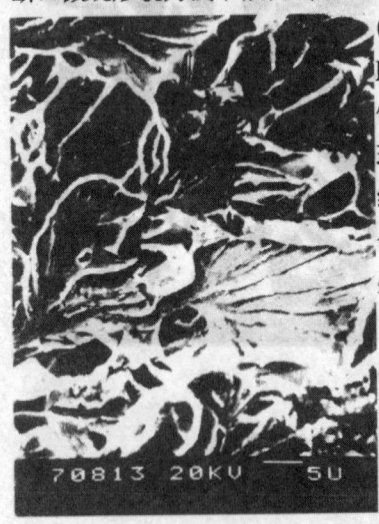

图4-13 修复焊缝的断口形貌

集中，最终导致脆断。

4.4.2 低温引起的脆性断裂事故

1993年1月10日，新疆钻井公司在漠一井下钻作业，当时气温为-30℃以下，由于完井电测，钻铤在井架上立放100h左右，电测完后，开始下钻通井，当下到第三根钻铤时，钻

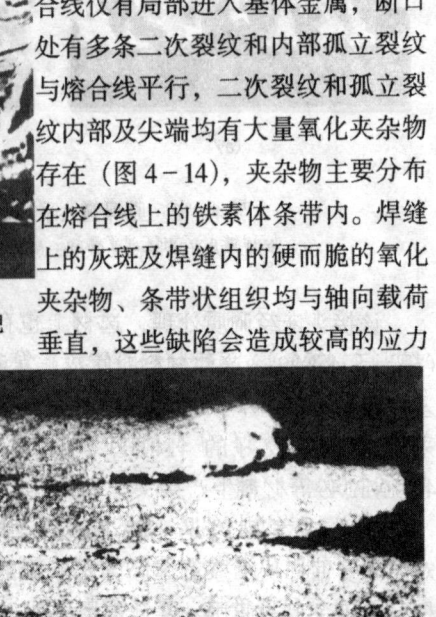

图4-14 原焊缝处二次裂纹与夹杂物 200×

柱上部与井架二层平台安全挡杆发生了并不严重的一次碰撞，造成了上部第一根159mm钻铤外螺纹从大端第一牙处断裂，使下部

两根连接钻铤倒向井场，下部两钻铤连接处从外螺纹大端第 2 牙处断裂。对上部第一根钻铤的断口分析认为：此次事故与材料的冷脆有关，该钻铤材料为 AISI 4145H，但其抗拉强度低于 SY 5144—86 标准规定，室温下的冲击功平均值仅为 28J，-30℃ 的冲击功平均值为 14J。

4.5 钻柱构件的安全韧性判据

4.5.1 钻柱构件的脆断失效与韧性

钻柱构件脆断失效主要是由材料表面的尖锐缺陷、螺纹根部尖角等应力集中源和材料韧性不足引起的。钻柱构件在井下主要是疲劳和一次脆断失效，与材料的冲击韧性均有一定的关系。一般疲劳裂纹扩展和一次脆断都有失稳临界尺寸，临界裂纹尺寸大小取决于钢的断裂韧性。低断裂韧性的钢具有小的临界裂纹尺寸，其临界裂纹尺寸可能小于钻柱构件的管壁；相反，断裂韧性高的钢其临界裂纹尺寸可能大于钻柱构件的管壁。在临界裂纹尺寸大于构件管壁厚时，即使裂纹扩展深度达到全壁厚，构件也不会发生失稳脆断和疲劳断裂，这时内部高压钻井液从穿透裂纹刺出，形成刺穿孔洞，刺穿的信号可以使钻井者及时采取措施，防止钻柱构件发生分离断裂，而无需进行代价高昂的打捞作业。

表 4-3 钻柱构件的失效与韧性

构件名称、钢级	失效形式	冲击能量，J[①]	
		25℃	上平台能
钻杆接头	刺穿	91	91
钻杆接头	刺穿	84	88
E 级钻杆	刺穿	21	57
加重钻杆	断裂	14	33
G 级钻杆	断裂	19	33
G 级钻杆	断裂	19	24
S 级钻杆	断裂	26	30

① 钻杆接头的夏比冲击试样为全尺寸标准试样，钻杆管体采用全尺寸试样厚度 3/4 的亚尺寸试样，然后按 ASME 方法转换成全尺寸标准试样的等效夏比冲击韧性值。

美国 Chervon 公司对钻柱构件的失效分析发现，钻柱构件的断裂（脆断、疲劳断裂）和刺穿与夏比冲击韧性有一定的关系，如表 4-3 所示。刺穿是指刺蚀孔隙形成先于断裂，而断裂是指分离断裂出现在裂纹贯穿壁厚之前。从表 4-3 可见，刺穿失效时钻柱构件的上平台能最小值为 57J，而断裂失效样品的最大上平台能为 33J。低韧性和断裂失效之间这种经验性的对应相关性，意味着可以通过限定最低冲击韧性以减少分离断裂失效事故的发生。

4.5.2 钻柱构件断裂韧性与夏比冲击韧性的相关性

通常，断裂韧性是钢材允许存在某一临界裂纹尺寸而不发生失稳扩展的能力和该临界尺寸裂纹失稳的条件。断裂力学提供的参量如应力强度因子 K、J 积分和裂纹尖端张开位移 COD（δ）以及相应的断裂韧性指标 K_C、J_C 和 δ_C 等，理论上既可以用于产品设计，又可以用于材料质量评定。现在，原则上已能对结构上任何危险部位存在的缺陷在承受规定载荷下的 K、J 或 δ 进行计算，同时在实验室中测定材料的 K_C、J_C 或 δ_C，并将二者进行对比，以确定构件的安全可靠性。夏比冲击韧性是材料在特定的试验条件下韧性相对大小的一种度量。其特点是试样尺寸小，试验装置简单，具有包括缺口、高速加载、容易实现低温等三大促使材料脆化的实验条件，它对材料的内在质量如缺陷、夹杂、分层、晶粒粗大、晶间析出物等极为敏感，常用来评价材料的冶金质量和脆化倾向。但由于其物理概念不明确，因此不能直接用于结构设计，设计工作者只能凭经验来确定夏比冲击韧性要求的技术条件。尽管断裂韧性指标可直接用于设计计算，但由于其测定比较麻烦，因此，许多研究者试图建立夏比冲击韧性与断裂韧性之间的经验关系，用简单的冲击试验来规定确保钻柱构件安全所需要的断裂韧性。

美国 Chervon 公司通过失效分析，提出了钻杆不发生脆性断裂的夏比冲击韧性的经验数据，要求在 API 标准中增加钻杆室温冲击韧性 $\geqslant$54J 这一规定。我国各油田钻柱构件的失效分析

（表4-4）表明，当夏比冲击韧性≥54J时，基本上可避免钻柱构件的脆断失效。

表4-4 钻杆刺穿后不发生断裂的韧性要求

钢级	屈服强度 MPa	抗拉强度 MPa	延伸率 %	按$\frac{\sigma_{ymin}}{1.6}+\sigma_w$计算$\sigma$		按$90\%\sigma_{ymin}$计算σ		按$90\%\sigma_y$计算σ	
				K_{IC} MPa$\sqrt{m}$	C_v,J	K_{IC} MPa$\sqrt{m}$	C_v,J	K_{IC} MPa$\sqrt{m}$	C_v,J
E75	581	802	24.2	94.5	32.2	117.2	48.2	131.8	60.3
API5D规定	517~724	≥689	≥17.5						
G105	781	880	25.0	127.3	43.4	141.6	53.0	177.2	81.1
API5D规定	724~931	≥793	≥15.5						
S135	1007	1088	22.0	159.8	53.6	211.2	89.9	228.3	104.4
API5D规定	931~1138	≥1000	≥12.5						

有文献通过对不同的钻柱构件在不同试验温度下的夏比冲击韧性C_v和断裂韧性COD（δ）的测定及非线性回归拟合，建立了钻柱构件的断裂韧性与夏比冲击韧性之间的经验公式：

$$\lg\delta = A_0\lg C_v - B_0 \quad (4-1)$$

式中　A_0和B_0——材料常数。

Shell加拿大有限公司通过实验室试验，建立了高强度钻杆的断裂韧性K_{IC}与3/4尺寸的夏比冲击韧性C_v的相关性：

$$K_{IC} = (0.5172C_v\sigma_y - 0.0022\sigma_y^2)^{1/2} \quad (4-2)$$

即

$$C_v = \frac{K_{IC}^2 + 0.0022\sigma_y^2}{0.5172\sigma_y} \quad (4-3)$$

式中　σ_y——材料的屈服强度。

根据上述关系，可计算钻柱构件在各种使用条件下允许一定尺寸的缺陷存在时的断裂韧性要求，并估算在上述条件下为确保钻柱构件的安全使用所要求的夏比冲击韧性值。

4.5.3　钻柱构件的韧性要求

钻柱构件的韧性要求是随其使用条件而变化的,使用应力水平不同,允许的缺陷深度不同,其韧性要求就不同。假定钻柱构件表面存在一横向表面裂纹,其长度为 $2c$,深度为 a,在承受拉伸应力 σ 的情况下,裂纹尖端的应力强度因子表达式为:

$$K_1 = \frac{1.1\sigma\sqrt{\pi a}}{\left[\Phi^2 - 0.212\left(\frac{\sigma}{\sigma_y}\right)^2\right]^{1/2}} \tag{4-4}$$

式中 Φ 为第二类椭圆积分,$\Phi = \int_0^{\pi/2}\left[\sin^2\theta + \left(\frac{a}{c}\right)^2\cos^2\theta\right]^{1/2}\mathrm{d}\theta$,由 a/c 比值可查积分表求得。钻柱构件的应力 σ 可按下式计算:

$$\sigma = \sigma_m + \sigma_w + \sigma_r + \sigma_q \tag{4-5}$$

式中 σ_m——平均膜应力,一般取 σ_m = 规定的最小屈服强度 (σ_{ymin}) /1.6;

σ_w——主弯曲应力,以 60/30.48m 的井眼曲率来计算,对 $\Phi127\times9.19\text{mm}\times29.0\text{kg/m}$ 钻杆,$\sigma_w = 52\text{MPa}$;

σ_r——残余应力;

$\sigma_q = (K_t - 1)\sigma_m$,$K_t$ 为应力集中系数。

如果已知裂纹尺寸,再按 (4-5) 式算出使用应力,就可按 (4-4) 式计算出允许上述裂纹存在时所要求的断裂韧性,根据断裂韧性与夏比冲击的关系如 (4-1) 式或 (4-2) 式,就可计算出与之对应的夏比冲击韧性要求。

当钻柱构件表面裂纹扩展穿透壁厚时,裂纹尖端的应力强度因子可按有限宽度板、中心裂纹承受均匀拉伸的情况来处理:

$$K_1 = \sigma\sqrt{\pi a}\left[\frac{W}{\pi a}\operatorname{tg}\frac{\pi a}{W}\right]^{1/2} \tag{4-6}$$

式中 W——钻柱构件内外圆周长的平均值;

a——裂纹长度之半。

现以 $\Phi127\times9.19\text{mm}$ 钻杆为例计算疲劳裂纹扩展穿透管壁后不发生断裂要求的韧性。根据我们进行失效分析的经验,裂纹

长度 $2a \approx 40\text{mm}$，即 $a \approx 20\text{mm}$。钻杆外径 $D = 127.0\text{mm}$，内径 $d = 108.6\text{mm}$。

$$W = \frac{\pi(D-d)}{2} = \frac{3.14 \times (127.0 - 108.6)}{2} = 370.11\text{mm}$$

根据实际测试，钻杆表面的残余应力 σ_r 很小，可忽略不计，钻杆表面的应力集中不予考虑，故有 $\sigma = \sigma_m + \sigma_w = \dfrac{\sigma_{ymin}}{1.6} + \sigma_w$。对 E75、G105 及 S135 各钢级钻杆的断裂韧性 K_{IC} 和按（4-3）式换算的夏比冲击韧性的要求见表 4-4。钻杆在实际使用过程中，其受力状态十分复杂，尤其是在深井及斜井和方位变化大的定向井中更是如此，这时其使用应力可达屈服强度的 90%，甚至发生短时超载的情况。因此，表 4-4 中也列出了按 $90\%\sigma_{ymin}$ 和按 $90\%\sigma_y$ 计算应力水平时保证钻杆刺穿后不立即发生断裂的断裂韧性和夏比冲击韧性的要求。

有文献计算了含有 API SPEC 5D 规定的允许存在的表面裂纹（缺陷）尺寸时不发生脆断的最低 COD 值及与之对应的 C_v 值（见表 4-5），这是钻柱构件的最低安全韧性要求。另有文献计算得出高强度钻杆当裂纹穿透管壁而不立即发生断裂的韧性要求为 $C_v \geq 80\text{J}$。这相当于按 $90\%\sigma_y$ 计算应力时对 G105 钻杆的韧性要求（见表 4-4）。

表 4-5 钻柱构件最低安全韧性要求

钢级、材料	规格	COD, mm 下平台	COD, mm 上平台	COD, mm 最低值	C_v 最低值 J	C_v 试样尺寸 mm×mm
AISI4145H	$\phi203.2 \times 223.4\text{kg/m}$ 钻铤	0.045	0.33	0.09	55	10×10
E75	$\phi127 \times 29.0\text{kg/m}$ 钻杆	0.026	0.244	0.028	13	7.5×10
S135	$\phi127 \times 29.0\text{kg/m}$ 钻杆	0.022	0.16	0.034	40	7.5×10

对钻铤和转换接头来说，其壁厚较厚，主要失效形式为发生

于螺纹根部的脆性断裂和疲劳断裂。以 $\phi 177.8$ 钻铤为例，当 $C_v = 20J$ 时，

$$K_{IC} = \sqrt{0.5172 \times 20 \times 886 - 0.0022 \times 886^2}$$
$$= 86.2 MPa \sqrt{m}$$

由于螺纹根部的应力集中，a/c 值要比管体小，根据我们对钻铤失效的统计分析结果，取 $a/c = 1/5$，由第二类椭圆积分表查得 $\Phi^2 = 1.104$。若取 $\dfrac{\sigma}{\sigma_y} = 0.9$，则 $\sigma = 797.4 MPa$。故允许的临界裂纹尺寸 a_c 为：

$$a_c = \frac{[1.104 - 0.212 \times (0.9)^2] \times 86.2^2}{1.21 \times \pi \times 797.4^2}$$
$$= 0.0289m = 2.89mm$$

同理，当 $C_v = 54J$ 时，$K_{IC} = 151.7 MPa \sqrt{m}$，$a_c = 8.95mm$；

当 $C_v = 80J$ 时，$K_{IC} = 186.9 MPa \sqrt{m}$，$a_c = 13.59mm$。

上述结果表明，材料的韧性越高，可允许的临界裂纹尺寸越大，当韧性提高到一定程度时，即使钻柱构件上的裂纹穿透管壁，也不会立即发生断裂。这对钻柱构件的安全及钻井作业是很有意义的，即若有一适当的韧性指标，便可避免因钻柱构件断裂落井而造成的巨大损失。

参 考 文 献

1 周惠久，黄明志主编．金属材料强度学．北京：科学出版社，1989年3月第1版

2 陈南平，顾守仁，沈万慈编著．机械零件失效分析．北京：清华大学出版社，1988年8月第1版

3 李平全，冯耀荣，李鹤林．钻柱构件的安全韧性判据及国产化初探．石油专用管论文集，43～51．西安：陕西科技出版社，1993年1月第1版

4 C.D.Buscemi, L.J.Klein and G.B.Kohut. Criterion pro-

posed to reduce drill pipe failure. Oil & Gas Journal, Oct.10 1983

5 M.B.Kermani: et al.Toughness Requirements for Downhole Tubulars, 64th Annual Technical Conference of SPE, Oct 8 - 11, 1989

6 K.E.SZKlarz, Fracture Toughness Criteria for High - Strength Drillpipe, IAPC/SPE Drilling conference Feb.22 ~ Mar, 2, 1990

7 ASM.Metals Handbook Committee.Metals Handbook, Vol.2, 1961

8 Macdonald.J.K, Broken Hill Pty, Tech, Bull.1

9 API Specification for Drill pipe, API SPEC 5D Thied Edition, August 1, 1992

10 石油工业标准化委员会.SY5144—86 钻铤，1986

11 冯耀荣，李平全，马宝钿等．钻柱构件失效模式与安全韧性判据的研究．西安交通大学学报，1998，32（4）：54~58

5 钻柱疲劳失效分析及预防

5.1 材料的疲劳现象及钻柱的疲劳问题

5.1.1 疲劳失效及特点

材料在交变载荷（应力）作用下，经过较长时间（或较多的应力循环周次）运转后所发生的"突然"失效或破坏，统称材料的疲劳现象。

疲劳失效是产品零部件安全运行的大敌。据统计，在产品零部件的各种失效事件中，疲劳失效大约占 80%。疲劳失效问题已引起人们的普遍重视，一百多年来，对疲劳失效进行了大量的研究。

材料的疲劳失效具有如下基本特点：

(1) 断裂突然发生，无明显预兆。

(2) 疲劳条件下的破断应力低于材料的抗拉强度，而且常常还低于材料的屈服强度。

图 5-1 圆轴弯曲疲劳断口示意图

(3) 无论是塑性材料或是脆性材料制成的零部件或器材，在交变应力作用下，一般都在疲劳裂纹扩展到一定长度后失稳而发生突然破坏，而且疲劳断裂过程在宏观形貌上没有留下明显的塑性变形。

(4) 疲劳破坏的宏观断口有独特形貌，如图 5-1 所示。宏观断口一般都有三个区域即疲劳裂纹源区、疲劳裂纹扩展区（光滑区）和瞬断区。在光滑区常可观察到贝纹线（亦称疲劳弧带），贝纹线以裂纹源为中心向四周扩展。粗糙区为裂纹快速扩展区即瞬断区。

(5) 对产品表面及材料本身的缺陷高度敏感。疲劳裂纹最易产生在材料最薄弱处，它们可以是产品零部件截面的突变处或尖锐缺口（如螺纹、键槽、油孔等）、加工过程造成的表面损伤（如锻造缺陷、焊接缺陷、铸造缺陷、机加工刀痕等），以及材料本身存在的夹杂物、白点、表面脱碳等。承受反复弯曲或扭转载荷的零部件，对表面缺陷尤为敏感，疲劳裂纹多萌生于表面。

5.1.2 疲劳载荷与疲劳应力

5.1.2.1 疲劳载荷

使零部件或器材产生疲劳的载荷称为疲劳载荷。疲劳载荷最主要的特征是大小、方向随时间变化。这种随时间变化的载荷亦称交变载荷。

5.1.2.2 疲劳应力及基本参数

与疲劳载荷相应的交变应力称疲劳应力。疲劳应力的交变过程可能是随机的或有一定规律。在选定的时间间隔内，疲劳应力图形规则地重复者，称为循环应力。一次完整的应力变化过程称为一个循环。正弦应力是循环应力的一个特例。为了描述交变应力的特征，规定了以下几个基本参数作为循环应力特征参数（图5-2）：

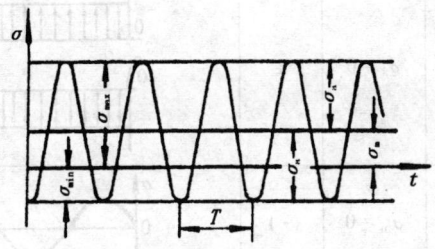

图 5-2 循环应力的应力—时间曲线

最大循环应力 σ_{max}

最小循环应力 σ_{min}

平 均 应 力 $\sigma_m = \dfrac{\sigma_{max} + \sigma_{min}}{2}$

应 力 幅 $\qquad \sigma_a = \dfrac{\sigma_{max} - \sigma_{min}}{2}$

应 力 比 $\qquad r = \dfrac{\sigma_{min}}{\sigma_{max}}$

循 环 周 期 $\qquad T$

上述参数中平均应力 σ_m 相当于循环应力中的静应力分量，应力比则描述了一个循环的对称性。

5.1.2.3 几种循环应力

上述基本参数的不同组合，可以得到一系列循环应力，表 5-1 给出了几种循环应力的变化规律及其应力—时间曲线。

(1) 静态应力：从表 5-1 可见，所谓静态应力是指恒定的拉应力或压应力，它可以看作是循环应力的一种特例，其特征是应力值、应力方向保持恒定。其 $\sigma_{max} = \sigma_{min} = \sigma_m$，$r = \dfrac{\sigma_{min}}{\sigma_{max}} = 1$。

表 5-1　不同变化规律的循环应力

序号	循环应力名称	循环应力主要参数		循环应力图形
		σ_m 或 σ_R	r	
1	静态应力	$\sigma_R = 0$	1	
2	对称循环	$\sigma_m = 0$	-1	
3	非对称变号循环	$\sigma_m > 0$ $\sigma_m < 0$	<0 <0	

续表

序号	循环应力名称	循环应力主要参数 σ_m 或 σ_a	r	循环应力图形
4	非对称同号循环	$\sigma_m > 0$ $\sigma_m < 0$	>0 >0	
5	脉动循环	$\sigma_m > 0$ $\sigma_m < 0$	0 ∞	

(2) 对称循环应力：其循环特性为最大、最小应力大小相等，方向相反。其 $\sigma_m = 0$，$r = \dfrac{\sigma_{\min}}{\sigma_{\max}} = -1$。

(3) 非对称变号循环应力：其最大、最小应力大小不相等，方向相反，这种循环应力亦称不对称拉压循环应力。其 $\sigma_m > 0$ 或 $\sigma_m < 0$，$r = \dfrac{\sigma_{\min}}{\sigma_{\max}} < 0$。

(4) 非对称同号循环应力：其最大、最小应力大小不相等，但方向相同，这种循环应力亦称不对称拉伸循环应力（$\sigma_m > 0$）或不对称压缩循环应力（$\sigma_m < 0$）。其 $r = \dfrac{\sigma_{\min}}{\sigma_{\max}} > 0$。

(5) 脉动循环应力：其应力值由零变到最大值（$\sigma_{\max} > 0$，$\sigma_{\min} = 0$）或由零变到最小值（$\sigma_{\max} = 0$，$\sigma_{\min} < 0$），是非对称同号循环应力的一种特例。其 $r = 0$ 或 ∞。

5.1.2.4 复杂循环应力

复杂循环应力是几种简单循环应力的组合，例如：

图 5-3 (a) 是平均应力为零，但同时有两个或两个以上的不相等应力幅组合而成的应力循环。

图 5-3 (b) 是平均应力和应力幅都变化的应力循环。

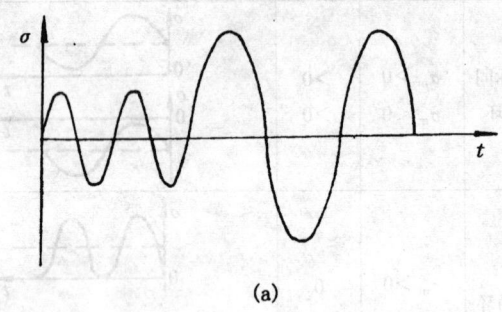

(a)

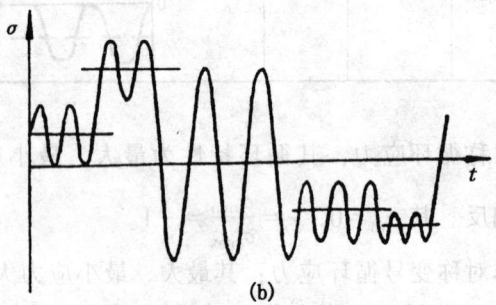

(b)

图 5-3 两个比较复杂的循环应力例子
(a) 平均应力为零，应力幅变化；
(b) 平均应力和应力幅都变化

5.1.2.5 准随机或随机的实际零部件或器材的载荷谱

实际零部件或器材承受的交变载荷是各种各样的，其载荷谱有的可以简化成上述的一种或几种应力循环的组合，但复杂的准随机或随机载荷谱则是要根据实际运行条件测定的载荷谱。图 5-4 是一个准随机载荷谱的例子。

5.1.3 σ-N 曲线与材料的疲劳极限

在一定应力比 r 下，同状态的一组标准试样用不同的应力

幅 σ_a 进行疲劳试验，试样在相应的循环周次 N 断裂，以应力幅 σ_a 为纵坐标，循环周次 N 的对数为横坐标作出的曲线称为 $\sigma-N$ 曲线或疲劳曲线（图5-5）。

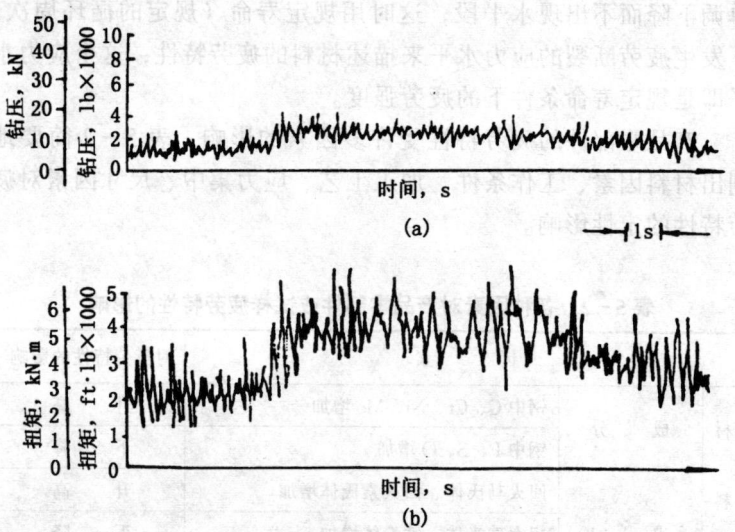

图5-4 钻井过程中钻压、扭矩相应变化曲线
(a) 钻压；(b) 扭矩

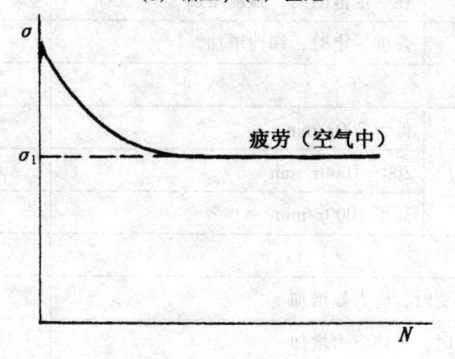

图5-5 $\sigma-N$ 曲线示意图

对于钢铁材料的 $\sigma-N$ 曲线，在较短的寿命区（循环周次 N 低）时，曲线比较陡峭，而在较长寿命区（循环周次 N 高）

时，则逐渐展平并向应力幅渐近，呈水平状，水平段的相应应力幅称为材料的疲劳极限。在这个应力水平下，材料能够经受无限长的寿命而不至于失效。在非空气介质和非室温下，$\sigma - N$ 曲线单调下降而不出现水平段，这时用规定寿命（规定的循环周次）下发生疲劳断裂的应力水平来描述材料的疲劳特性，这个应力水平即是规定寿命条件下的疲劳强度。

产品零部件的疲劳特性受许多因素的影响，表 5-2 简要地列出材料因素、工作条件、加工工艺、应力集中、尺寸因素对疲劳特性的定性影响。

表 5-2 各种因素对产品零部件或试样疲劳特性的影响

因素			对疲劳特性的影响
材料因素	成分	钢中 C、Cr、Ni、Mo 增加	升高
		钢中 P、S、O 增加	下降
	组织	回火马氏体、回火索氏体增加	升高
		粗大珠光体、铁素体增加	下降
		氧化物、硫化物增加	下降
	强度	在一定范围内，强度增加	升高
	韧性	强度一定时，韧性增加	升高
工作条件	温度升高		下降
	载荷频率 f	低于 200r/min	下降
		200~1000r/min	无明显影响
		高于 1000r/min	升高
	应力比增加		升高
	平均应力不变时，应力幅增加		下降
	应力幅不变时，平均应力增加		下降
	轴向应力循环比旋转弯曲循环		下降
	介质腐蚀性增加		下降

续表

因素		对疲劳特性的影响
加工工艺	表面粗糙度减小	升高
	表面残余应力 残余拉应力增加	下降
	残余压应力增加	升高
应力集中	应力集中系数 K_f 增加	下降
尺寸因素	尺寸增大	下降

5.1.4 疲劳机理

一般认为，机械零部件或器材在交变应力作用下，在晶体表面会产生细小的滑移带，通常在静态切应力下，晶体表面可以产生高度约 $10^{-4}\sim 10^{-5}$cm 的粗滑移台阶，而在交变的循环应力下常常观察到高度仅有 10^{-7}cm 的细滑移带。这种细滑移带往往成为萌生疲劳裂纹的区域。在相反方向交变载荷作用下，毗邻的滑移平面上产生沟槽的隆脊，其示意图见图 5-6。这些沟槽和隆脊的形状可以是锋利的锯齿形，也可以是光滑的皱折。如果有许多平面参与滑移，则合成的条纹是浅的波浪状，反之，如果只有少数几个紧排在一起的平面在滑移，将形成有明显界线的缺陷和障壁。在某些情况下，可以看到反向滑移引起的、界限明显的挤压区，在这些挤压区常可观察到滑移带裂纹。事实上，这些滑移带裂纹可能就是反向滑移产生的侵入区，这种侵入一旦形成，就会因反向滑移的再次作用向深处增长，这种增长正好就构成了零部件或器材疲劳寿命的主要部分，疲劳应力越高，强烈滑移带的数目愈多，疲劳裂纹形成愈早。

有人认为疲劳核萌生是由于在循环应力作用下产生许多位错环，这些位错环的相互作用就会产生许多空穴，空穴在起动的滑

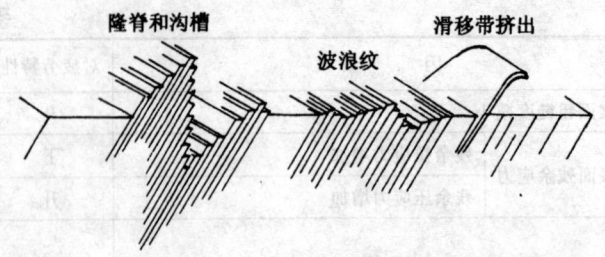

图 5-6 相反方向的交变应力作用下细滑移区形成的沟槽和隆脊

移平面上聚集,当它们达到足够数量时,就在点阵结构中形成稳定孔洞。已经发现,某些孔洞是沿着滑移带和晶粒边界形成的,这些孔洞以后就构成了疲劳裂纹核心。

在机械零部件或器材表面滑移带或缺陷处(包括夹杂物、刀槽、尖角等),晶界上的疲劳核形成后,在循环应力作用下则沿滑移带的主滑移面向金属内部伸展,此滑移面的取向大致与正应力成45°交角即最大切应力方向。当裂纹延伸遇到晶界时,其位向稍有偏离,但就总体而言,该裂纹平面与主应力轴线成45°交角。这是裂纹的第一阶段扩展(图5-7)。

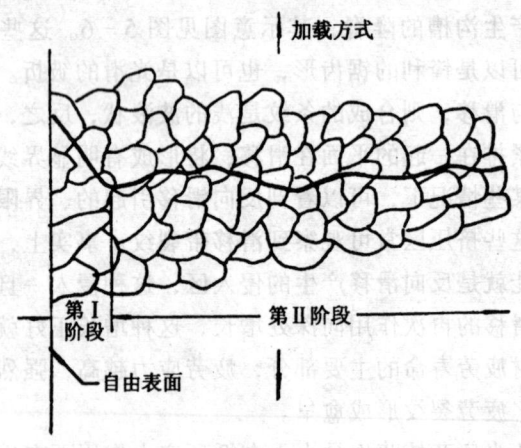

图 5-7 疲劳裂纹第一阶段扩展的金相示意图

一般说来，裂纹的第一阶段扩展的深度很浅，大约只有零点几毫米（10^{-1}mm 数量级）。尽管这阶段裂纹扩展深度浅，但它对疲劳寿命的影响却随疲劳应力幅的不同而变化。对于应力幅值较高的循环应力，如低循环疲劳，第一阶段扩展占疲劳总寿命的比例较低，但对于低应力幅值的高循环疲劳，则疲劳寿命的主要部分（光滑试件至少占 90%）是由第一阶段扩展所决定的。

裂纹第一阶段扩展一定距离后，将改变方向，沿与正应力相垂直的方向扩展，此时正应力对裂纹的扩展产生重大影响，这就是裂纹扩展的第二阶段。第二阶段裂纹扩展不是由局部切应力控制，而是由裂纹尖端周围的最大主正应力决定，裂纹尖端受主正应力作用而偏离其滑移路线。第二阶段裂纹扩展产生裂纹，表面比较光滑，呈条纹和波纹状，这些条纹、波纹的密度和宽度与所施加的应力水平有关。

最后，裂纹长度达到某个临界尺寸时，循环次数只要再增加一次，就会导致完全失效。最后失效区即瞬断区一般都有最后分离断裂前产生的塑性变形痕迹。对于塑性材料，最后断裂面是由裂纹沿最大剪切平面扩展所产生的剪切唇。

5.1.5 高循环疲劳和低循环疲劳

疲劳过程的控制机制包含循环应力和循环应变两种本质不同的领域。在这两种机制控制下的疲劳过程特征有明显区别。

高循环疲劳（高周疲劳）：在较高的循环次数以后（循环次数一般大于 10^4 或 10^5 左右）才产生的疲劳失效。这种疲劳过程循环应力幅值较低，在其每一个循环中应变循环基本局限在弹性范围内，因此在这种机制控制下的疲劳总是与轻载、长寿命相联系。

低循环疲劳（低周疲劳）：在较低的循环次数之后（通常循环次数在 $10^4 \sim 10^5$ 以下）产生的疲劳失效。这种疲劳过程循环应力幅值高，在每一个循环中都产生较大的塑性应变，因此，在这种机制控制下的疲劳总是与重载、短寿命相联系。这种疲劳过程又称循环应变疲劳，有时作用在机械零部件或器材上的载荷名义上虽比较低，但在某些危险截面的缺口根部由于高的应力集中，也会产生低循环疲劳。

5.1.6 钻柱的疲劳问题

疲劳是钻柱构件失效的最主要形式。有资料报道，钻柱的失效大约有50%是由于疲劳引起的。据波斯湾地区钻柱失效的统计，在三年时间内，累计每钻进进尺1981.2m（6500ft）就有一起与疲劳有关的失效。石油管材研究所对近几年钻杆失效分析事例的统计，有80%以上属于疲劳或与疲劳相关的失效。

钻柱在井内的工作条件比较复杂。钻进过程中，完全垂直的井眼是不可能的，因此在弯曲井段旋转的钻柱构件总要受到交替变化的弯曲应力。钻压的变化、钻柱中和点位置的变化，使中和点附近钻柱构件承受交变的拉压应力。由于钻头交替接触井底，地层变化、转盘的旋转等引起纵向振动、横向振动和扭转振动的周期变化的干扰力，也使钻柱构件受到交变应力的作用。定向钻井技术的推广，钻柱构件的疲劳失效问题更趋严重。疲劳失效的出现往往没有可以觉察的先兆，事故往往是灾难性的，这常常使许多钻井工作者措手不及。除造成很大的钻具损失外，打捞作业和停钻工时损失则更大，甚至造成进尺报废。因此人们着手分析钻柱的疲劳问题，包括改进钻柱的设计，加强使用过程中的检验及剩余寿命评估，以期减轻这一问题的影响。

5.2 疲劳断口特征

5.2.1 疲劳断口的宏观特征

如前所述，典型的疲劳断口按断裂过程有三个区域：疲劳源区、疲劳裂纹扩展区和瞬断区。

（1）疲劳源区：疲劳源区是疲劳破坏的起点，它一般总是发生在表面。但如果机械零部件内部存在缺陷，如脆性夹杂物、空洞、化学成分偏析等，也可在零部件皮下或内部发生。低循环疲劳时，其应变幅值较大，断口上常有多个位于不同位置的疲劳源。用肉眼或低倍放大镜就能大致判断疲劳源区位置。

(2) 疲劳裂纹扩展区：是疲劳断口上最重要的特征区域，常呈贝纹状或海滩波纹状。它常见于低应力幅值的高循环疲劳断口。裂纹扩展因受阻碍而暂时停歇，或过程中应力变化也会在断口上留下这种贝纹状推进线。对于恒应力或恒应变、低循环疲劳断口表面由于多次反复压缩、摩擦，而使断口变得十分光滑，而无贝纹线。贝纹线一般是从裂纹源区开始的，向四周推进呈弧形线条，弧形圆心指向裂纹源区，贝纹线垂直于疲劳裂纹扩展方向。

(3) 瞬断区（或称最后破断区、过载破断区）：是疲劳裂纹达到临界尺寸后发生的快速断裂区。它的特征与静载拉伸断口中的快速破坏的放射区及剪切唇相同，但有时仅出现剪切唇而无放射区。对于非常脆的材料，此区为结晶状脆性断口。

疲劳断口按其载荷类型可分为弯曲疲劳断口、轴向（拉—拉、拉—压或脉动）疲劳断口、扭转疲劳断口及复合疲劳断口。其中以弯曲疲劳断口最多见，纯粹的轴向疲劳断口则较少见。所以这里重点对弯曲疲劳断口进行介绍。

机械零部件受弯曲疲劳载荷时，其应力在表面最大，中心最小，所以疲劳源区总是在表面形成，然后沿着与最大正应力垂直的方向扩展，当裂纹达到临界尺寸时，零部件迅速断裂。弯曲疲劳应力分布及裂纹扩展方向的示意图如图 5-8。

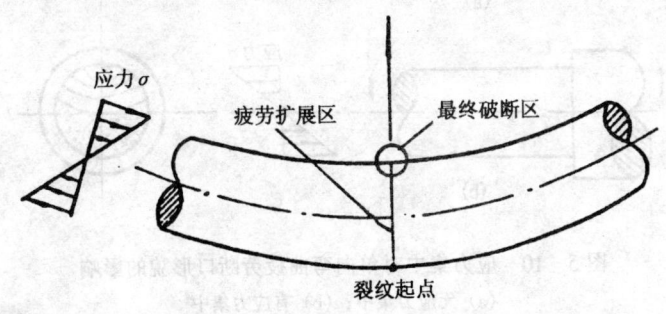

图 5-8　单向弯曲疲劳应力分布与裂纹的扩展

弯曲疲劳又可分为单向弯曲、双向弯曲和旋转弯曲疲劳。

单向弯曲疲劳断裂裂纹源发生在受弯曲拉应力一侧表面上。如没有应力集中，裂纹由核心向四周扩展的速度基本相同，形成如图5-9所示的贝纹线，最终破断区在疲劳源的对侧。若存在尖缺口，则由于缺口根部应力集中大，故疲劳裂纹在两侧的扩展速度快，形成如图5-10所示的断口形态，其瞬断区所占面积也较大。

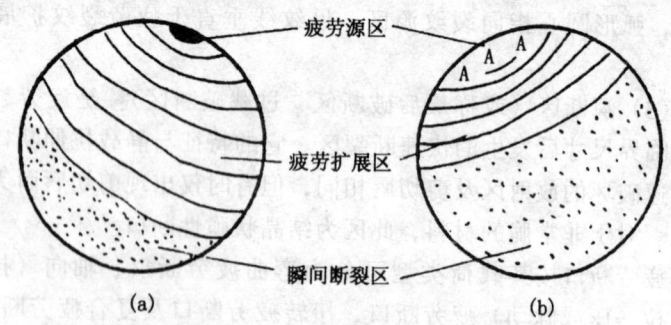

图5-9　不同载荷下单向弯曲疲劳断口示意图
(a) 低载荷；(b) 高载荷

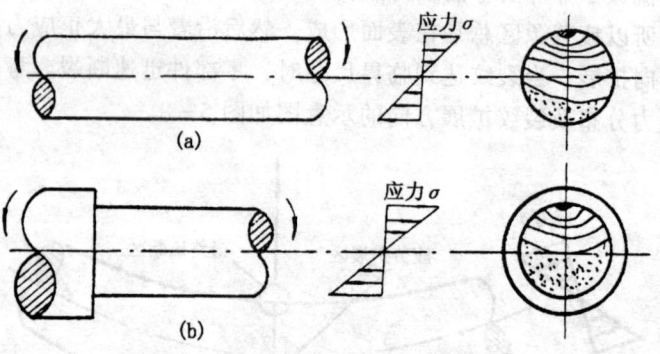

图5-10　应力集中对单向弯曲疲劳断口形貌的影响
(a) 无应力集中；(b) 有应力集中

双向弯曲疲劳的疲劳源通常在零部件或器材表面相对两侧的位置产生。若两个方向的交变弯矩幅值相等，则在相对的两个表面上产生疲劳源并同时向内扩展，两个主裂纹通常处于同一截面上，两条裂纹扩展的深度也大致相同。当承受弯矩幅值较低时，两个裂纹源往往不会同时产生，因此两裂纹扩展深度相差也较大，见图 5-11。应力集中对双向弯曲疲劳断口形貌影响也相当大，见图 5-12。

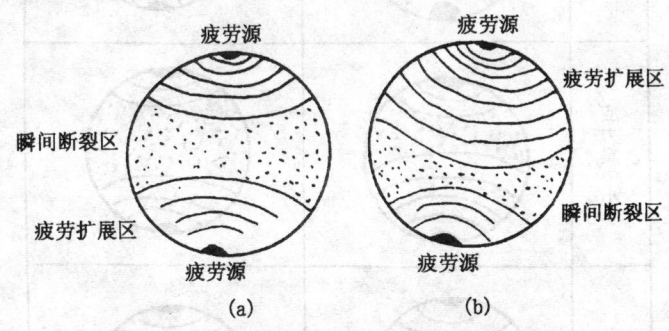

图 5-11　不同载荷下双向弯曲疲劳断口示意图
(a) 高载荷；(b) 低载荷

旋转零部件承受弯曲载荷时，其上各点均会受到交替变化的拉伸和压缩应力的作用，裂纹可能起源于零部件表面任何一点。如果承受载荷不大，疲劳源往往只在一处生核，并且此裂纹源向内部及两侧扩展。由于弯曲载荷逆零部件的旋转方向移动，此时疲劳裂纹的前沿顺着载荷移动方向扩展速率快，逆载荷移动方向扩展速率慢，从而导致裂纹前沿发生偏转，使瞬断区向着轴件旋转的相反方向偏移一个角度，通常偏移角可达 15°或更大些。当零部件上的应力大小、应力集中程度不同时，其旋转弯曲疲劳断口也会呈现不同特点。交变载荷低、无应力集中时，往往只产生一个疲劳源，瞬断区在外周上，如图 5-13 所示。如果零部件上有台阶或缺口等应力集中，而且弯矩幅值很大，则在其表面会产生多处疲劳源，疲劳裂纹同时向内扩展，最后形成贝纹线和瞬断区，如图 5-14 所示。

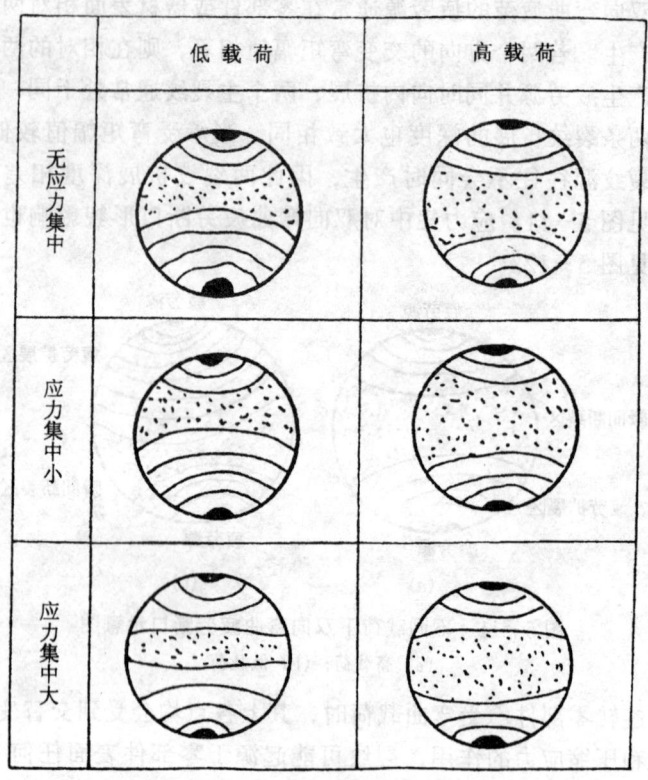

图 5-12 应力集中对双向弯曲疲劳断口形貌的影响

5.2.2 疲劳裂纹扩展第二阶段的微观特征

疲劳裂纹扩展第二阶段的断口主要特征是疲劳纹的出现。疲劳纹亦称疲劳辉纹，它是疲劳失效的重要特征，也是疲劳失效定量分析的重要依据。疲劳纹的一般特点是：

（1）疲劳纹是一系列大致互相平行、略带弯曲的条纹，呈波浪形，并与裂纹扩展方向垂直。

（2）每一条纹代表一次载荷循环，表示该循环下裂纹尖端的位置。一般疲劳纹在数量上与循环次数相等，但在实际断口上则未必一致。

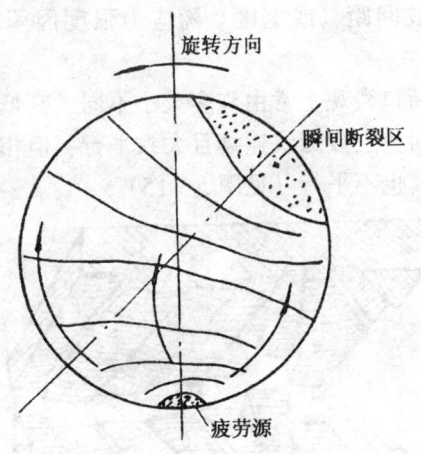

图 5-13 旋转弯曲疲劳断口瞬断区
偏移示意图

	低载荷	高载荷
无应力集中		
应力集中大		

图 5-14 应力水平及应力集中程度对旋转弯曲疲劳断口
形态的影响示意图

— 83 —

(3) 疲劳纹间距（或宽度）随应力强度因子幅值的变化而异。

(4) 疲劳断口微观上常由许多大小不同、高低不同的小断块组成。每个小断块上疲劳纹连续且大致平行，但相邻两个小断块上疲劳纹不连续也不平行（见图5-15）。

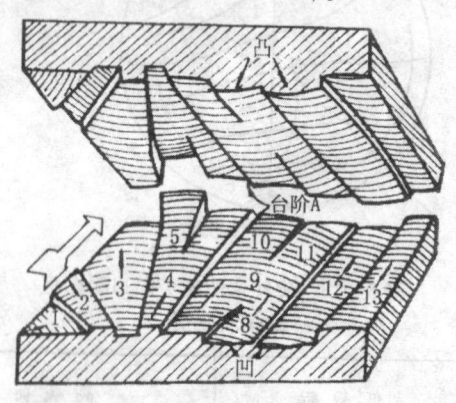

图5-15 疲劳条纹与小断块示意图

(5) 断口两侧断面上的疲劳纹基本对应。

图5-16、图5-17、图5-18是几种常用钢的疲劳纹。一般钢的疲劳纹短且不连续，轮廓不明显。

图5-16 14MnVTi低碳低合金钢疲劳纹
（放大6000倍后又放大3/2倍）

图 5-17 4340 钢疲劳纹，
短而不连续（6800×）

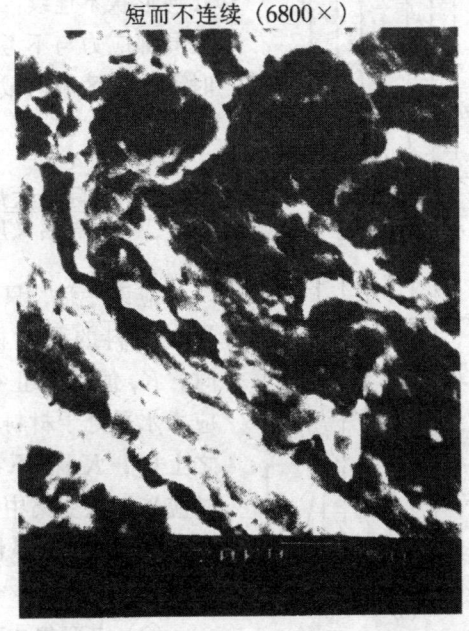

图 5-18 S-135 钻杆的疲劳辉纹

5.3 疲劳应力集中系数和缺口敏感度系数

钻柱构件的疲劳裂纹常常从应力集中区域开始，应力集中常使局部应力比未考虑应力集中效应而计算出来的截面名义应力高出许多倍。钻柱构件的应力集中区域很多,如钻杆接头的外台肩过渡圆角处、各种钻柱构件的接头螺纹根部、钻杆内加厚过渡处、焊接拘束处几何不连续或组织不连续处等均可构成应力集中,应力集中的直观模型如图 5-19 所示。以下我们着重介绍几何不连续引起的应力集中或应变集中。

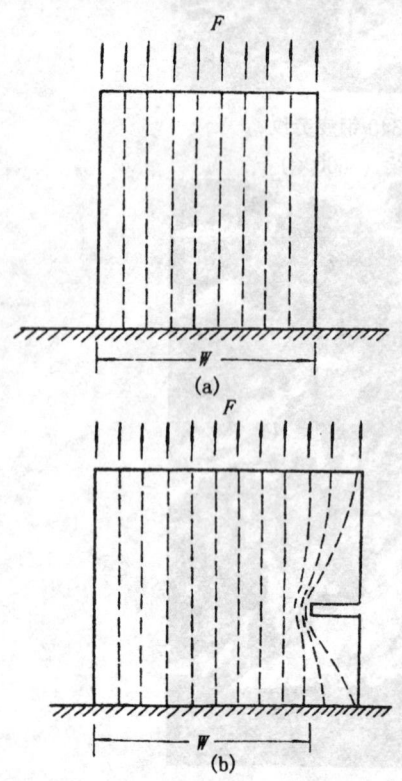

图 5-19 应力集中的直观模型
(a) 无应力集中;(b) 有应力集中

5.3.1 应力集中系数和应变集中系数

(1) 应力集中系数:它是几何形状不连续区域内实际最大局部应力与不考虑应力集中时不连续区域内截面上名义应力之比值,即:

$$K_t = \frac{\text{实际最大局部应力}}{\text{名义应力}}$$

应该注意,只有当应力水平在材料的弹性极限范围内时,K_t 值才是正确的。如果应力水平处于材料的屈服极限之上时,K_t 值不再适用,这时应采用应变集中系数,因此 K_t 值又称理论弹性应力集中系数。

(2) 应变集中系数:对于有尖锐缺口的构件或试样,即使在中等外载荷下也使缺口根部产生的实际应力局部地超过材料的屈服极限,这将导致应力的再分布,因而理论的弹性应力集中系数 K_t 就不能准确表达实际应力与缺口截面上名义应力之比值。这是因为此时的实际最大应力与带缺口截面上名义应力之比要相对低于材料处于弹性范围内时的最大应力与名义应力之比,即就是由于局部的塑性流变(屈服),最大应力被松弛,应力集中系数在数值上降低了,而该局部的应变却比按弹性理论预测的值大。因此这时应采用应变集中系数才能较真实地反映几何不连续处的实际状况。

应变集中系数是缺口处的实际最大应变与缺口处不考虑应变集中时的名义应变之比值,即:

$$K\varepsilon = \frac{实际最大应变}{名义应变}$$

5.3.2 疲劳应力集中系数和缺口敏感度系数

(1) 疲劳应力集中系数:它是实际存在于几何不连续处根部的有效疲劳应力与不考虑应力集中影响时计算出的名义疲劳应力之比值,即:

$$K_f = \frac{实际有效疲劳应力}{名义疲劳应力}$$

应该指出 K_f 是高循环疲劳的应力集中系数。K_f 取决于材料种类、几何形状及载荷类型。

(2) 缺口敏感度系数:材料对 K_f 的影响一般用缺口敏感度系数 q 来确定。q 反映了缺口对材料疲劳强度的实际影响与单纯按弹性理论预测影响之间的关系。缺口敏感系数 q 定义为:

$$q = \frac{K_f - 1}{K_t - 1} \qquad (5-1)$$

K_f 通常不等于 K_t,当 $K_f = K_t$ 时,q 为 1,此时材料的缺口敏感性最严重。$K_f = 1$ 时,q 为 0,此时材料无缺口敏感性。

缺口敏感度系数 q 是材料和缺口根部曲率半径的函数。为说明缺口敏感性系数与缺口曲率半径的关系,Neuber 把疲劳应力集中系数 K_f 与理论应力集中系数的关系表示为:

$$K_f = 1 + \frac{K_t - 1}{1 + \sqrt{\rho'/r}} \qquad (5-2)$$

式中 r——缺口根部轮廓曲率半径；

ρ'——与材料有关的常数量值。

把（5-2）式代入（5-1）式，导出 q 与材料和缺口根部曲率半径的关系式：

$$q = \frac{1}{1 + \sqrt{\rho'/r}} \qquad (5-3)$$

由（5-3）式可以看出 q 与 K_t 无关。

(3) K_f 的计算：

由（5-1）式，K_f 还可表示为：

$$K_f = q(K_t - 1) + 1 \qquad (5-4)$$

（5-4）式中 K_t 可以查有关手册得到，q 也可根据 q 与 ρ'、r 关系从（5-3）式求出。

对于单向循环应力而言，有时将 K_f 作为"强度降低系数"，即带缺口构件的疲劳强度相对无缺口构件疲劳强度的下降系数，这在工程上是比较方便的。这时，在设定循环寿命下，带缺口构件的疲劳应力集中系数的估算值可用实验方法确定或由估算的 $\sigma - N$ 曲线估计疲劳应力集中系数 K_f，这时 K_f 可表达为：

$$K_f = \frac{光滑试样疲劳强度}{缺口试样疲劳强度}$$

5.4 钻杆内加厚过渡区应力集中引起的疲劳失效

5.4.1 内加厚过渡区应力集中和钻杆疲劳寿命

图 5-20 是 API 钻杆内加厚过渡区的几何尺寸。API 5D

(第 1 版)第 1 组 E 级钻杆对内加厚过渡区长度 Miu 有规定,如外径 101.6~139.7mm（4~5$\frac{1}{2}$in）钻杆,规定 Miu≥50.8mm。但 API 5D（第 1 版）第 2 组的 X、G、S 高钢级钻杆对此没有规定,对于管体与过渡区交界处的过渡圆角曲率半径在 API 5D（第 1 版）中也均未作规定,这就导致在加厚过渡区与管体交界处的应力集中较大,同时由于该处是截面突变处,易发生弯曲。因此该处是钻杆的一个薄弱环节,是疲劳或腐蚀疲劳的危险点。

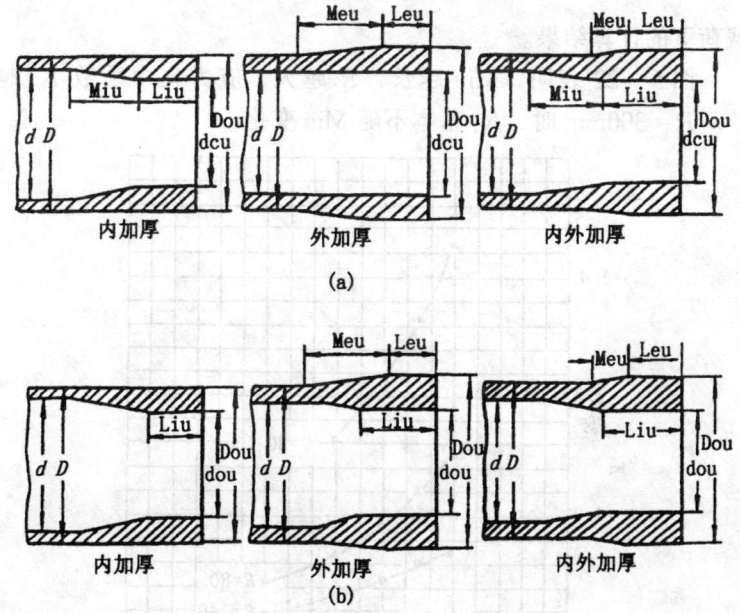

图 5-20　钻杆内加厚过渡区形状及几何尺寸
(a) 供对焊钻杆接头用的加厚钻杆 (E75)；(b) 供对焊钻杆接头用的加厚钻杆 (X95、G105、S135)

内加厚过渡区与管体交界处应力集中主要受 Miu 及过渡圆角半径 R 影响。可用有限元方法分析 Miu 和 R 的不同组合对应力集中系数 K_t 的影响。图 5-21 为有限元分析的模型、网格单元划分和加载方式,采用 SAP6 程序进行计算,图 5-22 是拉伸

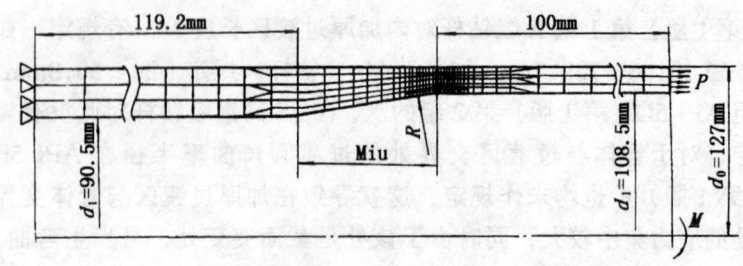

图 5-21 有限元分析的模型、网络划分和加载方式

载荷下的计算结果。

图 5-22 表明，Miu 越长，R 越大，应力集中系数 K_t 越小。$R = 300$ mm 时，K_t 基本不随 Miu 变化。

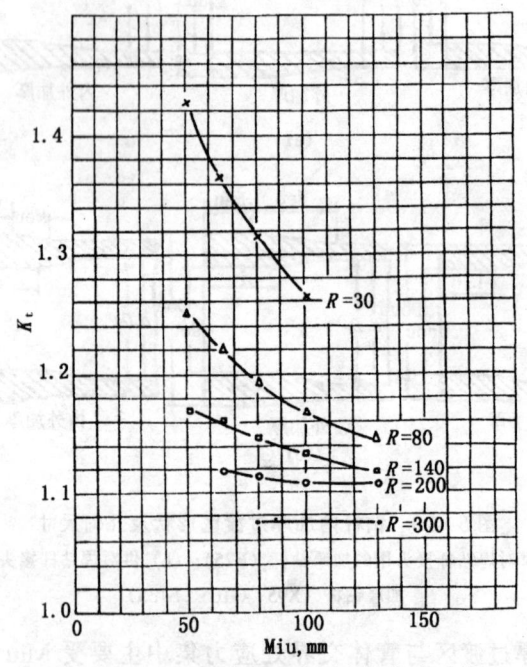

图 5-22 Miu 与 R 组合对应力集中系数 K_t 的影响（拉伸载荷下）

钻井过程钻杆的疲劳基本上属于旋转弯曲疲劳。疲劳一般发生在图 5-23 所示的两个区域：一是管体外表面（A 点），该处

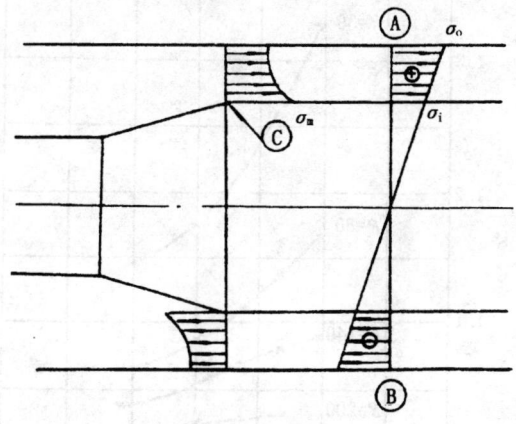

图 5-23　钻杆应力分布

截面抗弯模量最小，应力幅值高；二是内加厚过渡区与管体交界处（C 点），这里因几何形状不连续造成应力集中，也是高应力区。钻杆失效分析表明，疲劳和腐蚀疲劳基本发生于 C 点，说明几何不连续性对疲劳过程的影响很大，C 点因应力集中效应，实际应力高于外表面应力。如果钻杆外表面的弯曲应力为 σ_o，内加厚过渡区与管体交界处的实际最大应力为 σ_m，则根据 σ_m/σ_o 之比值大小可以判断疲劳发生在外表面或是内加厚过渡区与管体交界处，σ_m/σ_o 也反映了内加厚过渡区与管体交界处（C 点）应力集中的大小。当 $\sigma_m/\sigma_o<1$ 时，疲劳可能产生在管体外表面；当 $\sigma_m/\sigma_o>1$ 时，疲劳失效可能出现于内加厚过渡区与管体交界处（C 点）。当 $\sigma_m/\sigma_o=1$ 时，疲劳可能发生在管体外表面或内加厚过渡区与管体交界处。在弯曲力矩作用下，σ_m/σ_o 随 Miu 与 R 的变化趋势见图 5-24。从图 5-24 可见，随 Miu 和 R 增加，σ_m/σ_o 比值下降。当 $R=300\text{mm}$ 时，Miu 大小对 σ_m/σ_o 比值影响不大，σ_m/σ_o 比值小于 1，并基本不变。

　　三组 Miu 和 R 组合的钻杆实物疲劳试验表明，Miu 越长，

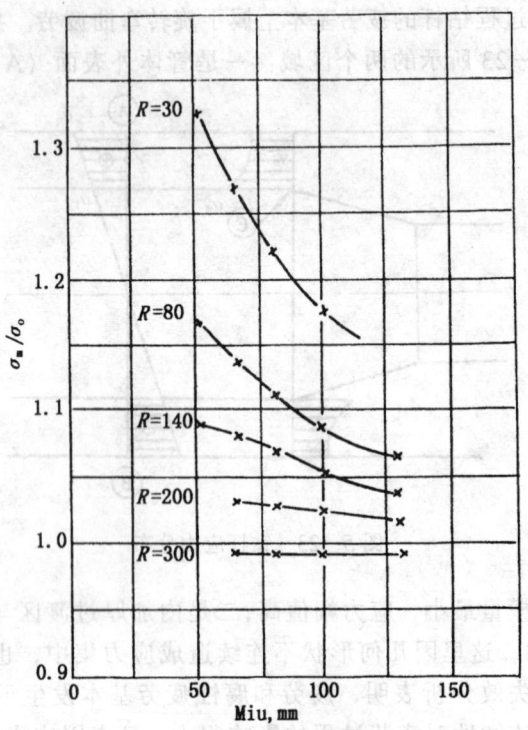

图 5-24 Miu 和 R 与 σ_m/σ_o 的关系
（在弯矩作用下）

R 越大，钻杆疲劳寿命（旋转次数 N）越高，如图 5-25、图 5-26 所示。G105 钻杆在试验应力幅为 300MPa 时，A 组（Miu ≥70mm，R≥200mm）钻杆的疲劳寿命为 B 组（Miu = 33～37mm，R = 25～37mm）的 8 倍以上，是 C 组（Miu = 20mm，R = 0）的 26 倍以上。

5.4.2 钻杆内加厚过渡区疲劳失效事故特点

1984 年以来，我们对全国油气田发生的钻杆失效事故进行了数十次调查，发现 70% 的事故是由钻杆内加厚过渡区部位的刺穿或断裂所引起的。这些事故的特点是：

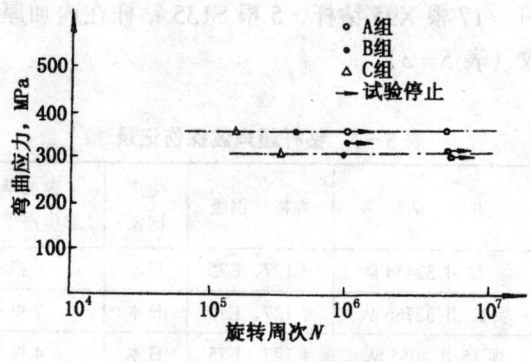

图 5-25 S135 钻杆寿命曲线

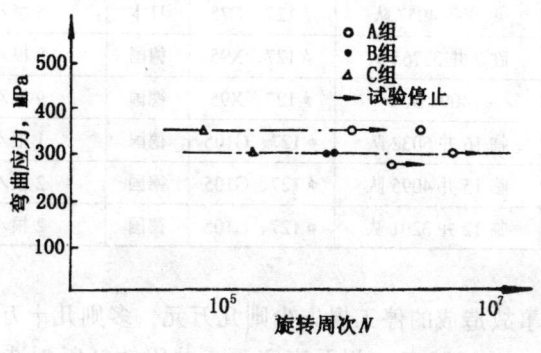

图 5-26 G105 钻杆寿命曲线

(1) 钻杆使用寿命短，失效频繁，损失严重。新启用的钻杆，一般使用几千小时，总进尺不足万米即发生失效。例如，1985 年 2 月至 4 月，川东双 15 井使用一套日本钢管 $\phi 127 \times 9.19$mm S135 钻杆，仅两个月时间，钻井深度只有 1400~2000m，就接二连三地刺穿或断裂，致使无法继续钻井作业。1987 年 5 月至 6 月，新疆风 30 井使用新日铁 $\phi 127 \times 9.19$mm G105 钻杆和德国曼内斯曼 $\phi 127 \times 9.19$mm S135 钻杆，先后发生刺穿、断裂事故 15 起，井深在 2708~2880m 之间。川南矿区 1984 年 4 月至 8 月对 10 口井使用钻杆进行探伤检查时，发现 34

根 E75 钻杆、17 根 X95 钻杆、5 根 S135 钻杆在内加厚过渡区部位产生裂纹（表 5-3）。

表 5-3　钻杆超声波探伤记录

探伤日期	井号、队号	规格、钢级	生产国家	内加厚过渡区部位产生裂纹钻杆
6月8日	临 22 井 32454 队	ϕ127、E75	日本	6 根/每套
6月18日	坝 12 井 32766 队	ϕ127、E75	日本	7 根/每套
6月27日	坝 15 井 4055 队	ϕ127、E75	日本	4 根/每套
6月29日	坝 14 井 32111 队	ϕ127、E75	日本	12 根/每套
8月	冬 9 井 4057 队	ϕ127、E75	日本	5 根/每套
4月11日	胜 7 井 32765 队	ϕ127、X95	德国	8 根/每套
8月2日	4094 队	ϕ127、X95	德国	9 根/每套
4月20日	临 16 井 6032 队	ϕ127、G105	德国	1 根/每套
8月20日	临 15 井 4095 队	ϕ127、G105	德国	2 根/每套
8月24日	临 12 井 3201 队	ϕ127、G105	德国	2 根/每套

此类事故造成的停工损失少则几万元，多则几十万元，甚至全井报废。如 1983 年，川西南窝深 1 井因钻杆断裂造成井下落鱼事故，停钻 127 天，光折旧费一项就损失 40 多万元。

（2）钻杆失效发生于特定部位。即刺穿、断裂基本发生于距内、外螺纹接头台肩 450~550mm 处，纵向剖开后，此部位恰为内加厚过渡区与管体交界处。

（3）钻杆失效与钢级及使用地区无关。进行失效分析的样品来自四川、新疆、长庆、大港、华北、胜利等油田，包括 E75、X95、G105 和 S135 各种钢级。

5.4.3　失效分析

5.4.3.1　失效形式及宏观形貌

从表面看，钻杆内加厚过渡区部位的失效有三种表现形式，即裂纹、刺穿和断裂，但实质上都是同一种失效。钻杆被刺穿是因为钻井液在高压作用下通过穿透裂纹的缝隙，使之变为孔洞。因此，刺穿的先决条件是已存在穿透裂纹，而多处刺穿孔洞连成一片，大幅度降低了钻杆的承载能力而导致断裂。

图 5-27 是疲劳裂纹扩展不同阶段的形态。图 5-27（a）为刺穿孔洞压开形貌，大部分区域为钻井液冲刷痕迹，仍可见未穿透的裂纹平台；图 5-27（b）是未穿透的裂纹压开形貌，呈半圆形平台。这说明裂纹是在钻杆内表面萌生、垂直于管体轴向向外表面扩展。图 5-27（b）上可见到多个半圆形平台，反映了这种裂纹的多源性，也表明裂源处存在较高的应力集中。

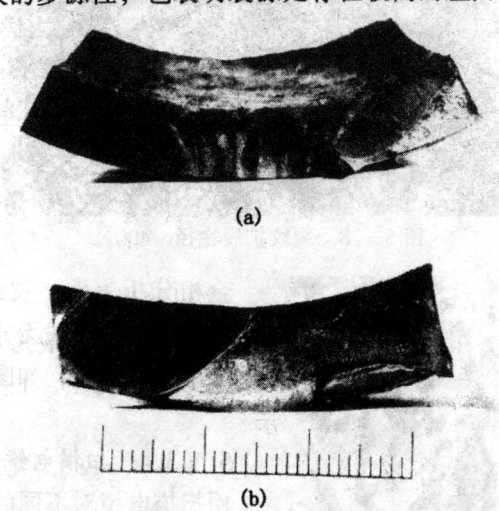

图 5-27　不同发展阶段疲劳裂纹压开后形貌
(a) 呈刺穿孔洞时；(b) 未穿透裂纹

5.4.3.2　尺寸测量

对各油气田主要使用的几个厂家钻杆（包括失效钻杆和新钻杆）测定了内加厚过渡区锥部长度 Miu 和该内锥面与管体交界处的曲率半径 R，结果列于表 5-4。

5.4.3.3　金相分析

表 5-4 Miu、R 测量数据

厂家	Miu, mm	R, mm
日本钢管	15~35	0~20
住友金属	35~50	10~70
新日本制铁	40~65	50~100
曼内斯曼	40~70	60~150

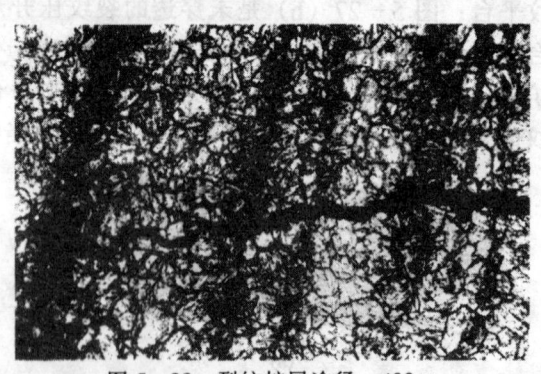

图 5-28 裂纹扩展途径 400×

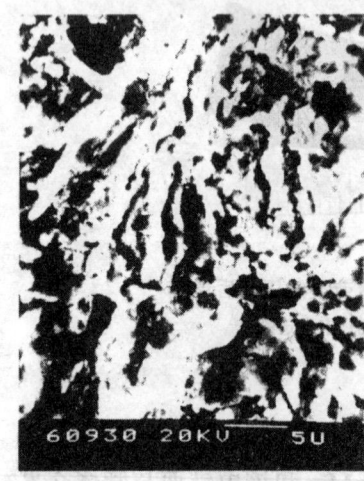

图 5-29 准解理及腐蚀形貌

金相分析表明，裂纹较平直，尖部较根部细，一般无分岔，其扩展途径以穿晶为主，如图 5-28 所示。

5.4.3.4 扫描电镜分析

用扫描电镜对不同的失效断口进行观察分析，在断口残留的半圆形平台及裂纹压开后的半圆形平台上，有些区域可观察到疲劳辉纹（图 5-29）。分析表明这是一种与疲劳有关的失效（它实际上是一种腐蚀疲劳失效，这将在第 6 章详细讨论）。

5.5 钻杆接头的疲劳失效

5.5.1 钻杆接头的疲劳强度与疲劳失效特征

目前各油田使用的钻杆接头的连接螺纹牙型可分为 NC 型、FH 型和 IF 型。NC 型（数字型）螺纹为截齿顶、圆齿底的 V-0.038 型螺纹，其齿底圆角半径 f_m 为 0.97mm。FH 型（贯眼型）和 IF 型（内平型）螺纹为截齿顶、截齿底的 V-0.065 型螺纹，其齿底两处圆角半径仅为 0.38mm。其中 NC40 可与 4FH 互换，其余的 NC 型螺纹可与 IF 型螺纹互换。

由于钻杆接头螺纹的上述特点，接头螺纹根部应力集中严重，尤以 FH 型和 IF 型螺纹更甚。这种应力集中使钻杆接头的疲劳强度下降，因此受到关注。图 5-30 中，A、B 截面分别距外螺纹接头台肩 19.0mm（3/4in）和距内螺纹接头末端 9.5mm（3/8in），分别是外螺纹接头和内螺纹接头的临界截面，是接头疲劳失效的常见位置。

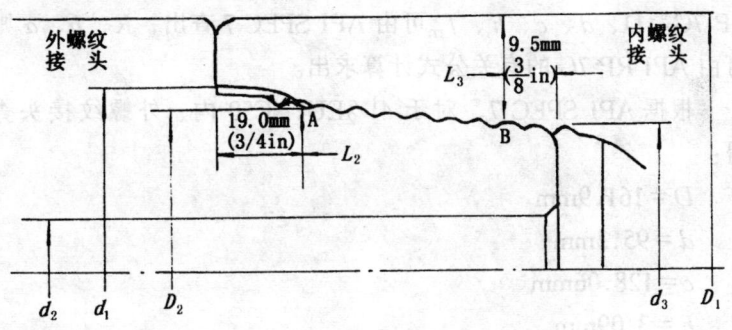

图 5-30

为说明螺纹根部应力集中对钻杆接头疲劳强度和疲劳失效的影响，我们以 $4\frac{1}{2}$EU.NC50 内外螺纹接头为例，对外螺纹接头 A 截面，内螺纹接头 B 截面处螺纹根部的应力集中系数进行近似计算。

钻杆接头的受力状态很复杂，以下仅考虑拉力和弯矩状态下，外螺纹接头临界截面 A 处和内螺纹接头临界截面 B 处螺纹根部的应力集中系数。对 A、B 截面螺纹根部和螺纹结构几何要素按图 5-31 进行简化。这种简化结构螺纹根部的应力集中系数可根据 Neuber 方法求解。

图 5-30、图 5-31 中钻杆接头螺纹锥度为 1:6，D 为内、外螺纹接头外径，d 为内、外螺纹接头内径，R 为外螺纹接头 A 截面螺纹根底直径，b 为内螺纹接头 B 截面处螺纹根底直径，c 为内、外螺纹接头配合中径，h 为内、外螺纹齿高，a 为 A、B 截面处螺纹根底壁厚，r_m 为 NC 型螺纹根底圆角曲率半径。上述参数定义见 API RP 7G。D、d、c、h、f_m 可由 API SPEC 7 查出，R、b、a 则可由 API RP 7G 的有关公式计算求出。

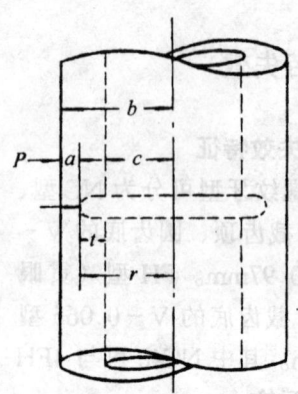

图 5-31　简化结构图
c—内螺纹接头的内径之半；
b—内螺纹接头外径之半；
r—内螺纹接头螺纹底径之半；
a—螺纹底径处厚度；
t—内螺纹牙高

根据 API SPEC 7，对于 $4\frac{1}{2}$EU.NC50 内、外螺纹接头查得：

$D = 161.9$mm

$d = 95.3$mm

$c = 128.06$mm

$h = 3.09$mm

$r_m = 0.97$mm

根据 API RP 7G 未截顶螺纹齿高 H 为 5.49mm，内外螺纹齿根高度计算值为 1.78mm，螺纹锥度为 1:6。

$R = 128.06 - 2 \times 1.78 - 1/6 \times 1/8 \times 25.4$

$ = 124.0$mm

$b = 128.06 - 1/6 \times (4.5 - 0.625) \times 25.4 + 2 \times 1.78$

$= 115.2 \text{mm}$

外螺纹接头 A 截面处螺纹根底壁厚 a：

$a = (124.0 - 95.3) \times 1/2$

$= 14.4 \text{mm}$

内螺纹接头 B 截面处螺纹根底壁厚 a：

$a = (161.9 - 115.2) \times 1/2$

$= 23.4 \text{mm}$

（1）外螺纹接头 A 截面处螺纹根部应力集中系数 K_t：

根据图 5-31 外螺纹简化结构图，可采用 Neuber 方法求解 K_t，Neuber 方法假定 K_t 与深凹口时的应力集中系数 $K_{\alpha t}$ 和浅凹口时的应力集中系数 $K_{\alpha f}$ 有如下关系：

$$\frac{1}{(K_t - 1)^2} = \frac{1}{(K_{\alpha t} - 1)^2} + \frac{1}{(K_{\alpha f} - 1)^2}$$

即：

$$K_t = 1 + \frac{(K_{\alpha f} - 1)(K_{\alpha t} - 1)}{\sqrt{(K_{\alpha f} - 1)^2 + (K_{\alpha t} - 1)^2}} \tag{5-5}$$

式中
$$K_{\alpha f} = 1 + 2\sqrt{\frac{h}{r_m}} \tag{5-6}$$

式中 $K_{\alpha t}$ 与受力状态有关，在拉伸和弯曲载荷下，其表达式分别为（5-7）、（5-8）及（5-9）、（5-10）式。

1）拉伸载荷时：

$$K_{\alpha t} = \frac{1}{N_1}\left[\frac{a}{r_m}\sqrt{\frac{a}{r_m} + 1} + (0.5 + \mu)\frac{a}{r_m} + 1 + (1 + \mu)(\sqrt{\frac{a}{r_m} + 1} + 1)\right] \tag{5-7}$$

$$N_1 = \frac{a}{r_m} + 2\mu\sqrt{\frac{a}{r_m}+1} + 2 \tag{5-8}$$

式中 μ——泊松比。

2) 弯曲载荷时：

$$K_{\alpha t} = \frac{1}{N_2} \cdot \frac{3}{4}\left(\sqrt{\frac{a}{r_m}}+1\right)\left[3\frac{a}{r_m} - (1-2\mu)\sqrt{\frac{a}{r_m}+1} + 4+\mu\right] \tag{5-9}$$

$$N_2 = 3 \cdot \left(\frac{a}{r_m}+1\right) + (1+4\mu)\sqrt{\frac{a}{r_m}+1} + \frac{1+\mu}{\sqrt{\frac{a}{r_m}+1}+1} \tag{5-10}$$

将 $4\frac{1}{2}$EU.NC50 外螺纹接头截面处的相关几何参数代入 (5-6)、(5-7)、(5-8)、(5-9)、(5-10) 式，取 $\mu=0.28$，可求出 $K_{\alpha f}$ 和 $K_{\alpha t}$，然后代入 (5-5) 式求出 K_t：

拉伸载荷时：

$$K_{\alpha f} = 1 + 2\sqrt{\frac{n}{r_m}}$$

$$= 1 + 2\sqrt{\frac{3.09}{0.97}} = 4.57$$

$$N_1 = \frac{a}{r_m} + 2\mu\sqrt{\frac{a}{r_m}+1} + 2$$

$$= \frac{14.4}{0.97} + 2\times 0.28\sqrt{\frac{14.4}{0.97}+1} + 2$$

$$= 19.08$$

$$K_{\alpha t} = \frac{1}{N_1}\left[\frac{a}{r_m}\sqrt{\frac{a}{r_m}+1} + (0.5+\mu)\frac{a}{r_m}+1 + (1+\mu)\left(\sqrt{\frac{a}{r_m}+1}+1\right)\right]$$

$$= \frac{1}{19.08}\left[\frac{14.4}{0.97}\sqrt{\frac{14.4}{0.97}+1} + (0.5+0.28)\times\frac{14.4}{0.97} + \right.$$

$$1 + (1+0.28)(\sqrt{\frac{14.4}{0.97}+1}+1)]$$
$$= 4.04$$

$$K_t = 1 + \frac{(K_{\alpha f}-1)(K_{\alpha t}-1)}{\sqrt{(K_{\alpha f}-1)^2 + (K_{\alpha t}-1)^2}}$$

$$= 1 + \frac{(4.57-1)(4.04-1)}{\sqrt{(4.57-1)^2 + (4.04-1)^2}}$$
$$= 3.31$$

弯曲载荷时:
$$K_{\alpha f} = 4.57$$

$$N_2 = 3(\frac{a}{r_m}+1) + (1+4\mu)\sqrt{\frac{a}{r_m}+1} + \frac{1+4\mu}{\sqrt{\frac{a}{r_m}+1}+1}$$

$$= 3(\frac{14.4}{0.97}+1) + (1+4\times0.28)\sqrt{\frac{14.4}{0.97}+1}$$
$$+ \frac{1+4\times0.28}{\sqrt{\frac{14.4}{0.97}+1}+1}$$
$$= 56.23$$

$$K_{\alpha t} = \frac{1}{N_2} \cdot \frac{3}{4}(\sqrt{\frac{a}{r_m}+1}+1)[\frac{3a}{r_m} - (1-2\mu)\sqrt{\frac{a}{r_m}+1}+4+\mu]$$

$$= \frac{1}{56.23} \times \frac{3}{4}(\sqrt{\frac{14.4}{0.97}+1}+1)[3\times\frac{14.4}{0.97}-$$
$$(1-2\times0.28)\sqrt{\frac{14.4}{0.97}+1}+4+0.28]$$
$$= 3.13$$

$$K_t = 1 + \frac{(K_{\alpha f}-1)(K_{\alpha t}-1)}{\sqrt{(K_{\alpha f}-1)^2 + (K_{\alpha t}-1)^2}}$$

$$= 1 + \frac{(4.57-1)(3.13-1)}{\sqrt{(4.57-1)^2 + (3.13-1)^2}}$$

$$= 2.83$$

(2) 内螺纹接头 B 截面处螺纹根部应力集中系数 K_t：

根据图 5-31 内螺纹简化结构图，可采用 Neuber 方法求解 K_t，按 Neuber 方法假定应力集中系数 K_t 与辅助应力集中系数 $K_{\alpha t}$、$K_{\alpha f}$、$K_{\alpha h}$ 有如下关系：

$$\frac{1}{(K_t-1)^2} = \frac{1}{(K_{\alpha t}-1)^2} + \frac{1}{(K_{\alpha f}-1)^2} + \frac{1}{(K_{\alpha h}-1)^2}$$

即：

$$\begin{aligned}K_t = 1 + &[(K_{\alpha t}-1)(K_{\alpha f}-1)(K_{\alpha h}-1)] \big/ \\ &[(K_{\alpha f}-1)^2(K_{\alpha h}-1)^2 + (K_{\alpha t}-1)^2(K_{\alpha h}-1)^2 + \\ &(K_{\alpha t}-1)^2(K_{\alpha f}-1)^2]^{1/2}\end{aligned} \quad (5-11)$$

式中 $K_{\alpha f}$ 的表达与（5-5）式相同。

$K_{\alpha t}$ 与载荷状态的关系及表达式与（5-5）式的 $K_{\alpha t}$ 相同。

$$K_{\alpha h} = 1 + 2\sqrt{\frac{h+d}{r_m}} \quad (5-12)$$

将 $4\frac{1}{2}$EU.NC50 内螺纹接头 B 截面处的有关几何参数代入 (5-6)、(5-7)、(5-8)、(5-9)、(5-10)、(5-12) 式，可求 $K_{\alpha t}$、$K_{\alpha f}$、$K_{\alpha h}$，然后代入（5-11）式求出 K_t：

拉伸载荷时：

$$K_{\alpha f} = 1 + 2\sqrt{\frac{h}{r_m}}$$

$$= 1 + 2\sqrt{\frac{3.09}{0.97}}$$

$$= 4.57$$

$$N_1 = \frac{a}{r_m} + 2\mu\sqrt{\frac{a}{r_m}+1} + 2$$

$$= \frac{23.4}{0.97} + 2 \times 0.28 \sqrt{\frac{23.4}{0.97}+1} + 2$$

$$= 28.93$$

$$K_{\alpha t} = \frac{1}{N_1}\left[\frac{a}{r_m}\sqrt{\frac{a}{r_m}+1} + (0.5+\mu)\frac{a}{r_m}+1 + (1+\mu)(\sqrt{\frac{a}{r_m}+1}+1)\right]$$

$$= \frac{1}{28.93}\left[\frac{23.4}{0.97}\sqrt{\frac{23.4}{0.97}+1} + (0.5+0.28)\frac{23.4}{0.97} + \right.$$

$$\left. 1 + (1+0.28) \times (\sqrt{\frac{23.4}{0.97}+1}+1)\right]$$

$$= 5.13$$

$$K_{\alpha h} = 1 + 2\sqrt{\frac{h+d}{r_m}}$$

$$= 1 + 2\sqrt{\frac{3.09+95.3}{0.97}}$$

$$= 15.4$$

$$K_t = 1 + [(K_{\alpha t}-1)(K_{\alpha f}-1)(K_{\alpha h}-1)] / [(K_{\alpha f}-1)^2(K_{\alpha h}-1)^2 + (K_{\alpha t}-1)^2(K_{\alpha h}-1)^2 + (K_{\alpha t}-1)^2(K_{\alpha f}-1)^2]^{1/2}$$

$$= 1 + [(5.13-1)(4.57-1)(15.4-1)] / [(4.57-1)^2(15.4-1)^2 + (5.13-1)^2(15.4-1)^2 + (5.13-1)^2(4.57-1)^2]^{1/2}$$

$$= 3.65$$

弯曲载荷时：

$$K_{\alpha f} = 4.57$$

$$N_2 = 3\left(\frac{a}{f_m}+1\right) + (1+4\mu)\sqrt{\frac{a}{f_m}+1} + \frac{1+4\mu}{\sqrt{\frac{a}{f_m}+1}+1}$$

$$= 3\left(\frac{23.4}{0.97}+1\right) + (1+4\times 0.28)\sqrt{\frac{23.4}{0.97}+1} + \frac{1+4\times 0.28}{\sqrt{\frac{23.4}{0.97}+1}+1}$$

$$= 56.23$$

$$K_{\alpha t} = \frac{1}{N_2}\cdot\frac{3}{4}\left(\sqrt{\frac{a}{f_m}+1}+1\right)\left[\frac{3a}{f_m} - (1-2\mu)\sqrt{\frac{3a}{f_m}+1}+4+\mu\right]$$

$$= \frac{1}{56.23}\times\frac{3}{4}\left(\sqrt{\frac{23.4}{0.97}+1}+1\right)\left[\frac{3\times 23.4}{0.97} - (1-2\times 0.28)\sqrt{\frac{23.4}{0.97}+1}+4+0.28\right]$$

$$= 2.83$$

$K_{\alpha h} = 15.46$

$$K_t = 1 + [(K_{\alpha t}-1)(K_{\alpha f}-1)(K_{\alpha h}-1)] / [(K_{\alpha f}-1)^2(K_{\alpha h}-1)^2 + (K_{\alpha t}-1)^2(K_{\alpha h}-1)^2 + (K_{\alpha t}-1)^2(K_{\alpha f}-1)^2]^{1/2}$$

$$= 1 + [(2.83-1)(4.57-1)(15.46-1)] / [(4.57-1)^2(15.46-1)^2 + (2.83-1)^2(15.46-1)^2 + (2.83-1)^2(4.57-1)^2]^{1/2}$$

$$= 2.62$$

由上估算可知，$4\frac{1}{2}$EU.NC50 接头，当承受拉应力时，外螺纹临界断面 A 处 $K_t = 3.31$，内螺纹临界断面 B 处 $K_t = 3.65$；承受弯曲载荷时，A 处 $K_t = 2.83$，B 处 $K_t = 2.62$。

如果同规格接头，螺纹底圆角半径 ρ 降为 0.50mm，则应力集中系数 K_t 将分别为：

外螺纹接头 A 处：

拉伸时　$K_t = 4.67$

弯曲时　$K_t = 3.70$

内螺纹接头 B 处：

拉伸时　$K_t = 4.80$

弯曲时　$K_t = 4.23$

上述估算证明螺纹根底是一个高的应力集中源，因此接头螺纹的疲劳强度并不高，这可从 K_f 值的计算看出。由（5-2）式，$\sqrt{\rho'}$ 查表（$\sigma_b = 140 \times 10^3$ psi）为 0.04，则外螺纹接头螺纹根底 A 处在弯曲载荷时，疲劳应力集中系数为：

$$K_f = 1 + \frac{K_t - 1}{1 + \sqrt{\rho'/r}} = 1 + \frac{2.83 - 1}{1 + 0.04\sqrt{1/0.97}} = 2.77$$

为确定钻杆接头螺纹连接的疲劳强度，以全尺寸钻杆接头进行实物试验。接头螺纹表面镀铜，采用 API 推荐的螺纹脂拧接，拧接力矩和应力见表 5-5。实物疲劳试验时，钻杆接头的内螺

表 5-5　各种钻杆接头螺纹疲劳极限

接头型式	接头外径 mm (in)	接头内径 mm	拧接力矩 N·m	拧接应力 MPa	疲劳极限 MPa
NC31	104.8 ($4^1/_8$)	54.0	11956	64.7	98.0
NC38	120.7 ($4^3/_4$)	68.3	17640	343.0	98.0
NC38	120.7 ($4^3/_4$)	68.3	5811.4	113.7	117.6
NC38	120.7 (5)	61.9	/	/	147.0
NC50	158.8 ($6^1/_4$)	95.3	17640	166.6	137.2
NC50	158.8 ($6^1/_4$)	95.3	19110	180.3	157.8
NC50	161.9 ($6^3/_8$)	95.3	11760	111.7	166.6
NC50	161.9 ($6^3/_8$)	95.3	10192	96.0	196.0
NC50	168.3 ($6^5/_8$)	69.9	7252	41.2	98.0

纹端被固定，载荷加在外螺纹接头一侧的钻杆管体上，试验方法为悬臂梁旋转弯曲疲劳试验，试验测定的接头螺纹疲劳强度见表5-5，疲劳曲线见图5-32。

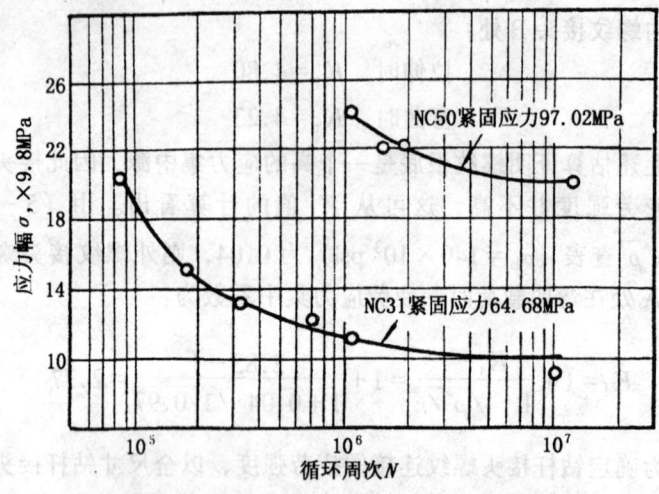

图 5-32 接头螺纹部分疲劳 $\sigma - N$ 曲线

由表 5-5 可以看出，接头螺纹的疲劳强度较低，在 98～196MPa 范围内（疲劳应力幅为弯曲力矩与破坏处的螺纹根部截面的抗弯模量之比）。螺纹连接的疲劳强度除与螺纹根部应力集中有关外，还与拧接力矩有较密切关系，在保证正常连接条件下，宜采用较低的拧接力矩，这样拧接产生的应力稍低，接头螺纹有较高疲劳强度，但若拧接力矩过低，则会使接头台肩未压紧，导致接头摆动，螺纹失去台肩支撑而使接头螺纹因弯曲而疲劳断裂。

钻杆接头螺纹的疲劳失效一般发生于下述几种情况：

(1) 螺纹根部圆角半径过小，根部应力集中大。

(2) 上扣扭矩过小，外螺纹接头在弯矩作用下台肩面一侧第一个完整螺纹附近弯曲应力剧增。

(3) 内外螺纹接头锥度误差配合不佳、旋合后刚度不相配合，从而产生应力集中。

(4) 内螺纹接头里端第一个完整螺纹附近、外螺纹接头台肩侧的第一个完整螺纹附近及截面刚度变化交界处易产生应力集中。这与螺纹啮合时的应力状态有关，外螺纹接头与内螺纹接头的啮合是从台肩的第三牙（即第一个完整螺纹牙，图5-30A点）开始的，而内螺纹接头侧是从里端第二、三牙处与外螺纹接头啮合的，根据有限元分析，这两个区域是连接区内的较大的应力集中区，前面仅介绍了几何形状不连接性引起螺纹底的应力集中系数，在啮合条件下，这两处应力集中剧增。因此这两个区域出现疲劳断裂是常见的。

5.5.2 钻杆接头吊卡台肩处的应力集中与疲劳失效

钻杆接头吊卡台肩有两种型式：即90°直台肩和18°锥形台肩。台肩与焊颈交界处有一截面突变处。尤其当90°直角台肩与焊颈过渡圆角半径较小时，台肩与焊颈交界处有较高的应力集中。图5-33是90°直角台肩、18°和35°锥形台肩在弯曲力矩作用下，台肩与焊颈交界处不同圆角半径时的理论应力集中系数。

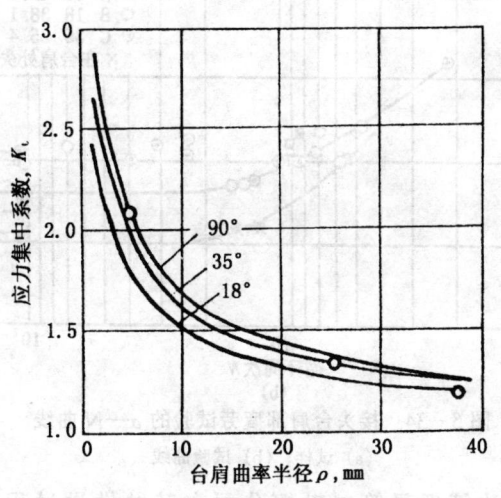

图5-33 接头台肩的曲率半径与应力集中系数的关系

不同台肩和不同圆角半径时 $3^1/_2$E 级钻杆 NC38 钻杆接头实物疲劳试验结果见图 5-34。在试验所施加的应力幅下,只有 90°直角台肩与焊颈过渡处出现疲劳断裂,其疲劳极限低于管体。当直角台肩与焊颈交界处圆角半径大于 6mm 时,K_t 小于 1.32,在实物疲劳试验所施加的应力幅内,不会发生破坏。锥形台肩与焊颈过渡处的疲劳强度高于管体,因此台肩与焊颈过渡处未出现疲劳破坏。

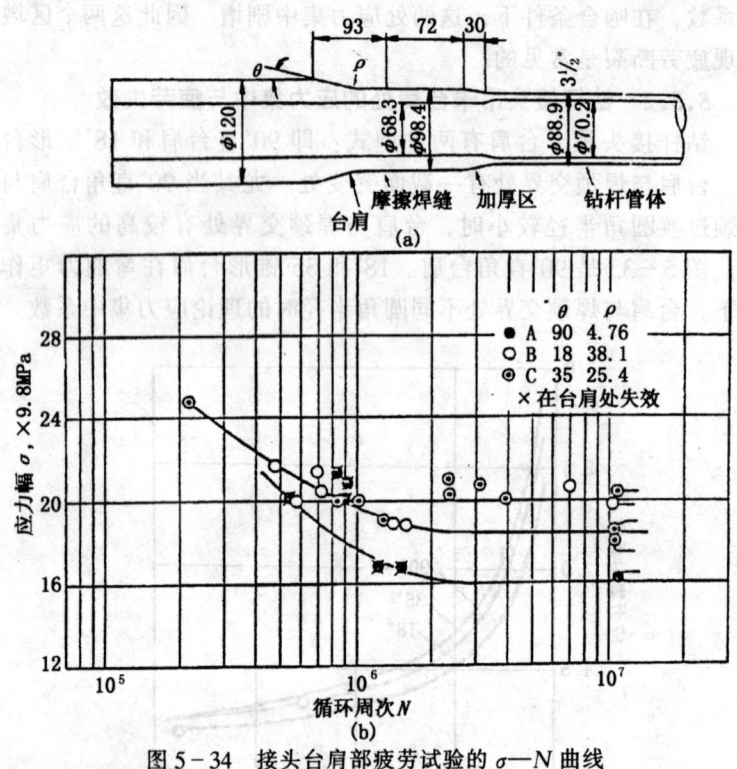

图 5-34 接头台肩部疲劳试验的 σ—N 曲线
(a) 试样;(b) 试验曲线

华北石油管理局第二勘探公司在某井钻进过程中使用的 127mm(5in)的 G105 钻杆,在井深 1800~2500mm 范围内接连发生内螺纹钻杆接头 90°坐吊卡的台肩根部刺穿、断裂事故 6 起,即是由于焊颈与台肩过渡处应力集中引起疲劳破坏。超声波探伤表明该套钻具58根内螺纹钻杆接头有半数在90°直角台肩根部有超标缺陷。该套钻具累计进尺25960m。

经1:1盐酸水溶液热蚀后发现，接头台肩部未刺穿部位外表面也有多处裂纹。金相分析表明，裂纹起源于接头直角台肩根部，裂纹扩展方向基本与轴线垂直。裂纹尖端较尖锐，并有二次扩展裂纹，见图5-35。

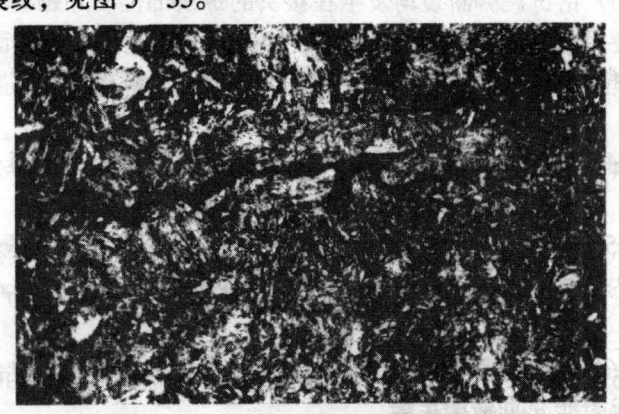

图5-35　直角台肩根部的疲劳裂纹

据检查，该接头直角台肩根部圆角半径小于5mm，台肩根部应力集中较大，服役过程中在交变应力作用下萌生疲劳裂纹，最后导致刺漏。

5.6　钻铤螺纹连接处的应力集中与疲劳失效

现场调查表明，钻铤的断裂在钻铤失效事故中占有较大的比例。四川石油管理局川东、川南、川西北三个矿区1985~1986年两年之内共发生钻铤失效事故262起，其中断裂事故达152起，占整个失效事故的58%。1988年全国油气田钻具失效情况调查表明，全国发生钻铤失效事故276起，占总事故的51.1%。钻铤螺纹断裂占75.4%，是主要的失效形式，而且绝大多数为发生于内外螺纹连接最后啮合处的疲劳断裂。

5.6.1 钻铤疲劳断裂特征

(1) 钻铤的疲劳破坏十分普遍，不同的地区均可发生。但深井地区和地层结构较复杂的地区更容易发生。

(2) 钻铤的疲劳断裂与钻杆的疲劳断裂一样，大多发生在井斜变化大，方位变化大的"狗腿子"井段及井内。

(3) 钻铤疲劳断裂均发生在接头的螺纹部位。外螺纹的断裂面一般在台肩侧螺纹的第1~2牙附近，内螺纹接头断裂面一般在距螺纹消失端第4~6牙处，即位于内、外螺纹连接的最后啮合处。

(4) 钻铤的疲劳断裂裂纹一般起源于螺纹根部，并具有多源特征，与各种因素引起的应力集中增大有关。

(5) 钻铤疲劳断裂与尺寸有很大的关系，尺寸越大越容易发生。内外螺纹连接后的弯曲强度比对钻铤的疲劳失效有严重影响。

(6) 钻铤的疲劳失效与钻铤材料的性能有关。低韧性的材料更容易发生早期疲劳失效。

(7) 在苛刻井中，当应力集中较大，结构强度和材料韧性不足时，钻铤的疲劳失效极易发生。

5.6.2 影响钻铤疲劳断裂的主要因素

影响钻铤疲劳失效的主要因素如图5-36所示。以下对几个重点问题作一介绍。

5.6.2.1 螺纹结构方面的因素

(1) 螺纹类型不当造成内外螺纹弯曲疲劳强度不平衡。为保证内外螺纹抗弯疲劳性能大致相等，防止某一部分早期疲劳破坏，在设计和选择螺纹连接类型时，必须考虑弯曲强度比。API RP 7G推荐，平衡连接时弯曲强度比为2.50:1，在钻井条件允许的范围内可在3.20:1~1.90:1之间变化。从API RP 7G图表查得的钻铤弯曲强度比如表5-6所示。从中可知，177.8mm (7in)钻铤及228.6mm (9in)钻铤分别选用$5\frac{1}{2}$FH及NC70螺

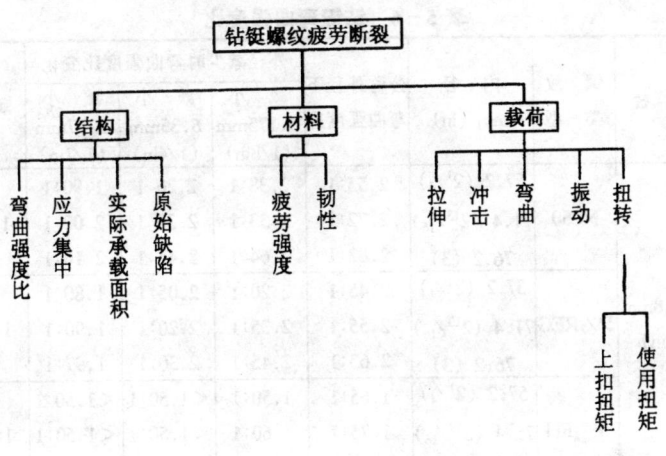

图 5-36 影响钻铤螺纹疲劳断裂的因素

纹连接时,弯曲强度比明显不足,这很容易使内螺纹危险截面处早期疲劳破坏,而这两种规格的钻铤分别采用 NC50 或 $5\frac{1}{2}$REG 及 NC61 或 $7\frac{5}{8}$REG 螺纹连接时,则弯曲强度比在 API RP 7G 推荐的 $3.20:1 \sim 1.90:1$ 之间。国内目前生产和使用的部分钻铤螺纹连接后弯曲强度比不足。例如 $\phi 120.7 \times 50.8$mm($4\frac{3}{4}$in× 2in)$3\frac{1}{2}$IF 钻铤内外螺纹连接后,弯曲强度比只有 1.78;$\phi 177.8$ $5\frac{1}{2}$FH 钻铤,当内径 $d=77.8$mm 时,弯曲强度比为 1.78,而当 $d=71.4$mm 时,弯曲强度比仅为 1.72;$\phi 177.8$ $6\frac{5}{8}$REG 钻铤,当内径 $d=77.8$mm 时,弯曲强度比为 1.60。上述钻铤当内外螺纹连接后,内螺纹的弯曲疲劳强度较低,故在使用过程中极易在内螺纹的最后啮合区(LFT 区)产生疲劳失效。如某油田使用的 $\phi 177.8$(7in)钻铤,内径为 76mm,螺纹类型为 $5\frac{1}{2}$FH,经计算,其弯曲强度比为 $1.72:1$;$\phi 158.8$($6\frac{1}{4}$in)钻铤,内径为 74mm,螺纹类型为 $4\frac{1}{2}$IF,弯曲强度比仅 $1.59:1$,结果使用不久便发生多起内螺纹接头 LET 区疲劳刺穿失效事故。

表 5-6 钻铤弯曲强度比

外 径	螺纹类型	内 径 mm (in)	公称外径下弯曲强度比	外径减少时弯曲强度比变化			锥度
				减小 3.175mm (1/8in)	减小 6.35mm (1/4in)	减小 12.7mm (1/2in)	
177.8mm (7in)	NC50	57.2 (2¼)	2.55:1	2.38:1	2.20:1	1.90:1	1:6
		71.4 (2¹³⁄₁₆)	2.72:1	2.53:1	2.35:1	2.00:1	
		76.2 (3)	2.82:1	2.64:1	2.45:1	2.10:1	
	5½REG	57.2 (2¼)	2.45:1	2.20:1	2.05:1	1.80:1	1:4
		71.4 (2¹³⁄₁₆)	2.55:1	2.35:1	2.20:1	1.90:1	
		76.2 (3)	2.63:1	2.45:1	2.30:1	1.97:1	
	5½FH	57.2 (2¼)	1.65:1	1.50:1	<1.50:1	<1.50:1	1:6
		71.4 (2¹³⁄₁₆)	1.75:1	1.60:1	<1.50:1	<1.50:1	
		76.2 (3)	1.77:1	1.63:1	1.50:1	<1.50:1	
203.2mm (8in)	NC56	71.4 (2¹³⁄₁₆)	3.00:1	2.85:1	2.70:1	2.40:1	1:4
		76.2 (3)	3.10:1	2.95:1	2.78:1	2.47:1	
		82.6 (3¼)	3.23:1	3.05:1	2.89:1	2.56:1	
	6⅝REG	71.4 (2¹³⁄₁₆)	2.60:1	2.45:1	2.30:1	2.03:1	1:6
		76.2 (3)	2.65:1	2.50:1	2.35:1	2.06:1	
		82.6 (3¼)	2.76:1	2.60:1	2.45:1	2.16:1	
	5½FH	71.4 (2¹³⁄₁₆)	2.94:1	2.77:1	2.62:1	2.31:1	1:6
		76.2 (3)	3.02:1	2.85:1	2.70:1	2.37:1	
		82.6 (3¼)	3.15:1	2.95:1	2.80:1	2.45:1	
	NC61	71.4 (2¹³⁄₁₆)	2.08:1	1.95:1	1.82:1	1.58:1	1:4
		76.2 (3)	2.12:1	2.00:1	1.88:1	1.65:1	
		82.6 (3¼)	2.15:1	2.03:1	1.90:1	1.68:1	
228.6mm (9in)	NC61	71.4 (2¹³⁄₁₆)	3.19:1	3.04:1	2.90:1	2.60:1	1:4
		76.2 (3)	3.20:1	3.05:1	2.90:1	2.62:1	
		82.6 (3¼)	3.30:1	3.15:1	2.98:1	2.68:1	
	NC70	71.4 (2¹³⁄₁₆)	1.90:1	1.80:1	1.70:1	<1.50:1	1:4
		76.2 (3)	1.93:1	1.82:1	1.73:1	1.50:1	
		82.6 (3¼)	1.95:1	1.85:1	1.75:1	1.55:1	
	7⅝REG	71.4 (2¹³⁄₁₆)	2.32:1	2.20:1	2.18:1	1.85:1	1:4
		76.2 (3)	2.33:1	2.20:1	2.10:1	1.85:1	
		82.6 (3¼)	2.35:1	2.25:1	2.10:1	1.88:1	

(2) 选用具有较小圆角半径的螺纹类型会在螺纹根部造成较大的应力集中。各种螺纹类型的螺纹牙型及螺纹根部圆角半径对比见表5-7。

表5-7 各种螺纹牙型及根部圆角半径比较

螺纹类型	螺纹牙型及代号	螺纹根部圆角半径,mm
NC23~NC77	平齿顶、圆齿底 V-0.038型螺纹	$r_m = r_{rs} = 0.965$
$2^3/_8$~$4^1/_2$REG、$3^1/_2$FH、$4^1/_2$FH	平齿顶、圆齿底 V-0.040型螺纹	$r_m = r_{rs} = 0.508$
$5^1/_2$~$8^5/_8$REG、$5^1/_2$FH、$6^5/_8$FH	平齿顶、圆齿底 V-0.050型螺纹	$r_m = r_{rs} = 0.635$
4FH、$2^3/_8$~$5^1/_2$IF	平齿顶、平齿底 V-0.065型螺纹	$r = 0.381$

从表5-7可见,数字型(NC)螺纹根部圆角半径较大,所以其应力集中较小。以203.2mm(8in)钻铤为例,接头螺纹可为NC56,也可为$6^5/_8$REG,但因螺纹根部圆角半径不同,螺纹根部的应力集中系数就不同。表5-8列出了按Neuber方法计算

表5-8 ϕ203.2NC56和$6^5/_8$REG钻铤在弯曲载荷作用下螺纹LET区根部应力集中系数

螺纹类型	理论应力集中系数 K_t		疲劳应力集中系数 K_f		螺纹根部圆角半径为 0.0965mm 与 0.635mm 的疲劳应力集中系数之比
	内螺纹	外螺纹	内螺纹	外螺纹	
NC56(203.2mm)	3.86	3.53	3.75	3.43	外螺纹=84.1% 内螺纹=83.9%
$6^5/_8$REG (203.2mm×76.2mm)	4.64	4.23	4.47	4.08	

出的这两种螺纹在弯曲载荷作用下的理论应力集中系数K_t和疲劳应力集中系数K_f数据。可见,ϕ203.2(8in)$6^5/_8$REG钻铤接

头内外螺纹根部的应力集中系数均比数字型 $\phi 203$（8in）NC50 钻铤接头大。从疲劳寿命角度分析，两种螺纹疲劳应力集中系数的相对大小在数值上等于其疲劳寿命的相对大小。外螺纹的疲劳应力集中系数比为 $K_{f0.965}/K_{f0.635}=84.1\%$，内螺纹的疲劳应力集中系数比为 $K_{f0.965}/K_{f0.635}=83.9\%$。这就是说，$6^5/_8$REG 螺纹的疲劳寿命只有 NC50 螺纹疲劳寿命的 84%，即 V-0.050 螺纹的疲劳寿命约比 V-0.038 螺纹低 16%。因此在选用钻铤时，应尽量采用具有较大螺纹根部圆角半径的数字型螺纹。

5.6.2.2 螺纹加工质量

（1）螺纹根部形状及圆角半径。以 $\phi 177.8$（7in）NC50 钻铤为例。API Spec7 规定螺纹根部圆角半径为 0.965mm，但当加工不当，螺纹根部圆角半径减少为 0.40mm 时，其应力集中系数会显著增大（见表 5-9），这时，在弯曲载荷作用下，二者的内

表 5-9　ϕ177.8NC50 钻铤螺纹根部圆角半径与应力集中系数

圆角半径 mm	理论应力集中系数 K_t				疲劳应力集中系数 K_f			
	外螺纹		内螺纹		外螺纹		内螺纹	
	拉伸	弯曲	拉伸	弯曲	拉伸	弯曲	拉伸	弯曲
$r=0.965$	3.77	3.34	3.79	3.41	—	3.25	—	3.32
$r=0.40$	5.43	3.95	4.43	3.94	—	3.88	—	3.87

螺纹根部应力集中系数之比为 85.8%，二者的外螺纹根部应力集中系数之比为 83.8%，即内螺纹的疲劳寿命约下降 14%，外螺纹的疲劳寿命约下降 16%。由此可见，螺纹加工质量对其疲劳寿命有显著的影响。例如，某油田使用的两根 $\phi 203.2$（8in）$6^5/_8$REG 钻铤，其中 1 根外螺纹根部圆角半径 r 仅 0.38mm，另一根螺纹根部形状不规则，形成两曲率半径分别为 0.21mm 和 0.29mm 的尖角。该钻铤在螺纹选型上采用 REG 螺纹，根部圆角半径本来就比数字型小，经加工后的螺纹根部圆角半径远小于

标准要求值（0.635mm），且形成曲率半径很小的尖角，这会造成严重的应力集中，导致其早期疲劳断裂。又如某科探井采用的 ϕ 203.2（8in）$6\frac{5}{8}$REG 钻铤螺纹在不到一年的时间内，发生失效事故 60 多起，失效分析结果表明，除地层复杂外，螺纹加工质量差是引起其频繁失效的重要原因。抽样检查发现，螺纹形状不规则，在螺纹根部形成 0.07～0.36mm 的尖角，导致应力集中增大，使钻铤螺纹的疲劳寿命大幅度下降。

(2) 台肩面宽度。API Spec 7 和 SY5144—86 钻铤标准均规定了内外螺纹台肩倒角直径 D_F 和公差，以保证有足够的台肩面宽度。接头在正常工作过程中，台肩一是起密封作用，二是起支承作用。台肩的密封作用取决于其宽度（面积）和压力，当密封台肩面较宽、压力较小时其密封效果较好。在上扣扭拒不变的情况下，密封宽度的减小，使密封面压力增大，在工作过程中，密封部分易于发生变形而降低其密封性能，而且，台肩宽度的减小，使台肩处的压应力增加，这会使外螺纹最后啮合区（即第 1～2 螺纹根部）的应力水平和应力集中大幅度增加。另外，密封台肩面宽度的减小，削弱了其支承作用，进一步加大了螺纹处的弯曲应力，导致接头螺纹的疲劳寿命下降。例如，某油田使用的部分 ϕ 203.2（8in）钻铤，密封台肩面仅为 12.0～22.0mm，远小于按标准计算的台肩面宽度 23.15mm，这是这批钻铤外螺纹发生早期疲劳断裂的原因之一。

(3) 接头完整螺纹长度。API Spec 7 和 SY 5144—86 钻铤标准均注明内螺纹完整螺纹长度（L_{BT}）不小于最大外螺纹长度（L_{PC}）加 3.2mm。API Spec 7 除规定外螺纹长度尺寸及公差外，还规定了内螺纹完整螺纹长度（L_{BT}）的尺寸和公差。如果外螺纹长度（L_{PC}）大于内螺纹完整螺纹长度（L_{BT}），则接头连接后，就不能保证台肩面接触或密封，易发生外螺纹早期疲劳失效或螺纹及密封面刺漏事故。例如我们曾分析过某油田 8 根失效钻铤，尺寸测量结果有 5 根外螺纹锥部总长（L_{PC}）达 130～135mm，超过标准要求 127.80mm（$6\frac{5}{8}$REG）的尺寸，达到或超过了内螺纹完整螺纹长度（L_{BT}）要求的130.2mm。

(4) 其它螺纹参数。在接头的螺纹参数中，除螺纹根部圆角半径外，其它螺纹参数如锥度、螺距、牙型半角、齿高等对螺纹的正确连接和受力乃至疲劳寿命也有重要的影响。这些参数的偏差，首先带来的问题是影响接头的合适上紧即综合反映在紧密距上，并或多或少地影响了牙廓位置和其负荷分布的不均匀。如对紧密距 ΔS 的影响可从下式求得：

$$\Delta S = (\Delta E_p + \Delta E_a + \Delta E_d) \times \frac{1}{T} \qquad (5-14)$$

式中 ΔE_p ——螺纹螺距偏差的中径当量；

ΔE_a ——螺纹牙型半角偏差的中径当量；

ΔE_d ——中径偏差的中径当量；

T ——锥度。

紧密距太大或太小会影响接头在推荐的扭矩值下实际上紧不当，造成钻铤台肩接触过紧或过松，都易促使钻铤接头危险截面处早期疲劳失效或刺穿，对牙廓位置和负荷分布均匀性的影响会促使螺纹局部应力集中严重，降低疲劳寿命。

另外，在钻铤螺纹修复加工中，外螺纹接头的大端直径、小端直径、螺纹基面中径、外螺纹圆柱部分直径、内螺纹扩锥孔大端直径、以及螺纹表面粗糙度等尺寸参数偏差都会影响钻铤使用寿命，必须严格执行有关标准。

5.6.2.3 外径磨损及内孔非标准

在实际钻井中，由于内螺纹外径磨损比外螺纹内径磨损快得多，结果弯曲强度比相应减小。当弯曲强度比下降到 2.00∶1 以下时，可能发生内螺纹疲劳失效或端部变形胀大以至纵裂。表5-10列出了钻铤外径磨损减小 3.175mm（1/8in）、6.35mm（1/4in）和12.7mm（1/2in）时，弯曲强度比的数值，例如 ϕ177.8（7in）钻铤采用 NC50 型螺纹，当内径为 57.2mm（$2^1/_4$in），外径为公称外径时，弯曲强度比为 2.55∶1，接头处于平衡连接。但当外径减小为12.7mm（1/2in）时，弯曲强度比下降为 1.90∶

1，达到推荐范围的下限。所以，外径磨损变小，是现场内螺纹接头早期疲劳失效的重要原因。内外螺纹接头抗扭平衡时，内螺纹接头危险截面受压缩应力面积 A_b 与外螺纹接头危险截面受拉伸应力面积 A_p 之比等于 1，当外径磨损变小时，内螺纹接头理论抗扭强度会有很大降低，于是钻铤外径磨损变小，还影响接头的抗扭强度平衡。

表 5-10　ϕ177.8（7in）钻铤 NC50 接头内外螺纹抗弯模量的相对变化

内　径	公称外径时内外螺纹的抗弯模型相对变化	外径减小如下数值时内外螺纹的抗弯模量相对变化		
		3.175mm (1/8in)	6.35mm (1/4in)	12.7mm (1/2in)
57.2mm ($2^1/_4$in)	2.55:1	2.38:1	2.20:1	1.90:1
71.4mm ($2^{13}/_{16}$in)	2.55:0.94	2.38:0.94	2.20:0.94	1.90:0.94
76.2mm (3in)	2.55:0.90	2.38:0.90	2.20:0.90	1.90:0.90

API Spec 7 和 SY 5144—86 钻铤标准给出了标准的钻铤内径。但在钻井现场中，常从钻井工艺上考虑（如高压喷射钻井），一般多选用内径较大的非标准钻铤。钻铤内径的大小也影响外螺纹接头的抗弯模量，从而影响弯曲强度比。内径增大时，弯曲强度比也相应增高。同样，内径的大小也影响螺纹接头的抗扭平衡，内径增大，外螺纹理论抗扭强度会有较大降低。

需要特别注意的是钻铤外径磨损变小和内径变大时，弯曲强度比仍处于平衡连接的情况，在这种情况下，内外螺纹危险截面的抗弯模量 Z_b 和 Z_p 同时下降，内外螺纹危险截面承受的弯曲应力会增大，钻铤的疲劳寿命趋于下降。表 5-10 给出了 ϕ177.8（7in）NC50 螺纹内外螺纹危险截面抗弯模量的相对变化情况。从表5-10可见当外径减小12.7mm（1/2in）和内径为76.2mm（3in）时，相对于公称外径和内径为57.2mm（$2^1/_4$in）标准钻铤尺寸，其外螺纹抗弯模量下降了10.0%，内螺纹抗弯模量下降了25.5%。由此可见，外径磨损使钻铤疲劳寿命的下降幅度比内径变大下降幅度大。钻铤外径磨损变小和内径变大对钻铤弯曲应力和疲劳寿命的影响可用下式计算：

$$\text{弯曲应力}\ \sigma_w = \frac{rP}{4Z_b} + \frac{\pi C_o ED}{432000} \tag{5-15}$$

$$N_s = \frac{\left[\dfrac{b'}{F_0}\left(\dfrac{rP}{4\Delta Z_b d_c} + \dfrac{\pi C_o E}{432000}\right)\right]^{-n}}{360 R_s} \tag{5-16}$$

式中 σ_w——弯曲应力，MPa；

N_s——疲劳寿命；

r——钻铤外径与井眼的径向间隙，mm；

P——压缩力，N；

d_c——钻铤外径，mm；

E——扬氏模量，MPa；

ΔZ_b——钻铤抗弯截面模量的变化量，mm^3；

C_o——井斜变化率，度/30mm；

b'——内螺纹接头裂纹平面直径，mm；

F_o——疲劳裂纹扩展寿命常数；

R_s——转速，r/min；

n——疲劳裂纹生长率指数。

对4145钢，$F_o = 1.00 \times 10^6$，$n = 2.68$。

由上所述，钻铤外径磨损变小和内径的非标准化，不但影响弯曲强度比的平衡问题，还影响到实际钻铤承受的弯曲应力和疲劳寿命，应规定钻铤允许外径磨损界限和内径选用准则，超过界限者报废，不必再修复，以保证修复后钻铤接头的疲劳寿命无大幅度下降。当然，考虑外径磨损和内径非标准时，还应注意其对钻铤刚度和钻铤重量的影响，以防止钻铤弯曲造成井眼偏斜和钻铤重量不足造成钻压压弯钻杆。

5.6.2.4 材料性能的影响

钻铤的材料性能直接影响弯曲疲劳寿命和失效形式。钻铤的抗拉强度除决定钻铤柱提升强度外，还相关地决定了钻铤的弯曲疲劳极限，即在一定范围内，抗拉强度越高，材料的弯曲疲劳极限越高，钻铤弯曲疲劳寿命就越长。此外研究表明，钻铤冲击韧性与疲劳失效特性有关。

5.6.2.5 扭矩的影响

（1）上扣扭矩。上扣扭矩太小，台肩负荷不够，压不紧，使用时易于分离，螺纹根部应力及应力集中大，易于发生早期疲劳失效，而且也易失去密封，造成钻井液刺出损坏螺纹和密封面。同时，在井下易于再次进扣，导致内螺纹接头胀大变形或纵裂，或外螺纹接头危险截面上的应力增高，也易发生早期疲劳失效。上扣扭矩过大，会使螺纹部分的应力水平和应力集中增大，疲劳寿命降低，同时，也会使密封台肩面擦伤而影响密封性能。

（2）使用扭矩。井下超扭矩会引起螺纹部分再次进扣，引起连接部位失效。另外，在深井、超深井、大斜度定向井等苛刻条件下，会严重降低钻铤的使用寿命，这里不再赘述。

5.6.3 预防钻铤疲劳失效的措施

（1）减小螺纹处的应力集中，改善应力分布：

1）在设计和选用钻铤螺纹时，应尽量采用螺纹根部圆角半径较大的数字型螺纹。

2）注意螺纹加工质量，尤其是螺纹根部圆角半径和表面粗糙度。

3）加工应力分散槽及适当减小螺纹附近的本体刚度是提高钻铤疲劳寿命的有效措施。

4）螺纹滚压强化可使表面产生残余压应力，从而提高疲劳寿命。

5) 螺纹镀铜不但可使表面产生残余压应力,还可改善螺纹啮合后局部产生的高应力及应力集中。

6) 根据钻铤螺纹的受力特点,可适当减小螺纹最后啮合处的螺纹牙高度,增大此处的圆角半径,减小锥度,这样可减小应力集中,并使应力分布得到改善,从而提高疲劳寿命。

7) 采用变螺距螺纹或双台肩螺纹接头可进一步减小应力集中,改善应力分布,防止螺纹部位发生疲劳或腐蚀疲劳失效。

(2) 注意钻铤螺纹连接部位的结构强度:

1) 在选择螺纹连接类型及内外径尺寸时,应注意使内外螺纹连接后,弯曲疲劳强度近于平衡。

2) 注意内螺纹接头外径磨损后引起的弯曲疲劳强度下降。

(3) 提高钻铤材料的疲劳抗力:

1) 采用P、S及有害气体含量低、杂质元素少的纯净钢。

2) 在选择钻铤用钢时,应保证淬透性要求,使热处理后在整个截面上获得细小均匀的显微组织,从而获得较高的疲劳强度和良好的塑韧性。

3) 在钻铤热处理时,应注意强度与塑韧性的合理配合,避免钢的回火脆性。

(4) 在钻铤接头及螺纹加工时,应严格执行有关标准,避免某一尺寸的加工失误对钻铤寿命造成的危害。

(5) 在使用方面,应严格执行有关标准和规范要求,并使用标准螺纹脂正确上扣,防止上扣过紧或过松造成对钻铤疲劳寿命的不利影响。

(6) 合理设计钻具组合,正确选择钻铤规格,改善钻柱整体的应力状况和局部应力分布,从而提高钻铤的使用寿命。

参 考 文 献

1 J.A 柯林斯,谈嘉祯等译.机械设计中的材料失效——分析、预测、预防.北京:机械工业出版社,1987年10月第1版

2 赵国珍、龚伟安.钻井力学基础.北京:石油工业出版

社，1988年2月第1版

3 上海交通大学金属断口分析编写组．金属断口分析．北京：国防工业出版社，1979年7月第1版

4 王大伦等编著．轴及紧固件的失效分析．北京：机械工业出版社，1988年6月第1版

5 平川贤尔，陈立人译．焊钻杆的疲劳强度试验研究．石油机械，1985，13（2）：47～61

6 API SPEC 5D 第1版，1988

7 黄炎编著．局部应力及其应用．北京：机械工业出版社，1986年10月第1版

8 李鹤林等．钻杆失效分析及内加厚过渡带结构对其寿命的影响．美国API第64届标准化年会，1987.6

9 冯耀荣，韩勇，李鹤林．钻铤连接螺纹结构对其疲劳寿命的影响．石油专用管，1995（3）：23～27

6 钻柱的腐蚀疲劳失效分析及预防

6.1 腐蚀疲劳及其特点

6.1.1 腐蚀疲劳失效

钻柱构件在腐蚀介质和交变应力共同作用下导致的破断失效称腐蚀疲劳失效。腐蚀疲劳失效是钻柱构件主要的失效形式。

腐蚀介质和交变应力的共同作用可以加速腐蚀过程，而腐蚀作用又加速了疲劳过程。腐蚀疲劳失效受腐蚀环境和疲劳载荷两种因素的支配，但不是腐蚀和疲劳的简单叠加。钻柱构件在腐蚀介质中受交变载荷作用时，它的疲劳寿命显著降低，即是腐蚀和疲劳交互作用的结果。

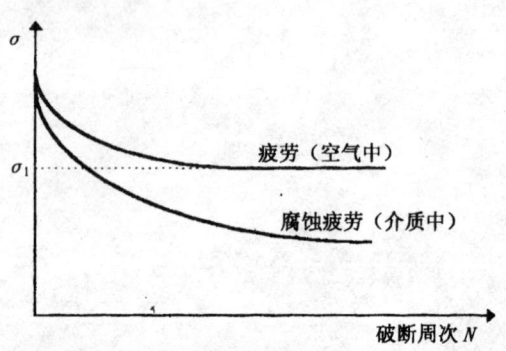

图 6-1 介质中和空气中的 $\sigma - N$ 曲线

产品或构件总是在一定介质环境中工作的，实际上大气环境也是一种介质，它对疲劳寿命是有影响的。有实验表明，在真空或纯氮气介质中，试件的疲劳寿命比空气介质中高出很多。因此严格地讲，实际条件下的大多数疲劳都可以看作是腐蚀疲劳。

6.1.2 腐蚀疲劳特点

(1) 在介质作用下,材料疲劳强度显著下降。对 σ—N 曲线而言,介质中的 σ—N 曲线和空气中的 σ—N 曲线相比更偏向于低循环一侧,而且疲劳极限消失,见图6-1。

(2) 几乎在所有环境介质中都发生腐蚀疲劳。腐蚀疲劳的产生不需要特定的材料和环境组合条件。

6.2 腐蚀疲劳裂纹和断口形貌特征

6.2.1 腐蚀疲劳裂纹形貌

腐蚀疲劳按电化学观点可划分为活性态、钝化态及不稳定钝化态。活性态是腐蚀疲劳的典型特征。

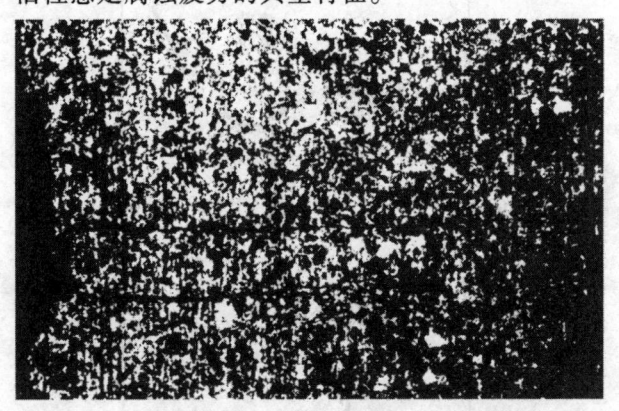

图6-2 E75钻杆腐蚀疲劳裂纹形貌

金属材料表面的钝化膜遭到破坏时,发生普遍或局部溶解,在材料表面形成半圆形蚀坑,在交变应力作用下在坑底产生裂纹,并逐渐发展。这些裂纹大多数以穿晶方式向内部扩展,由于不断受到介质的作用,裂纹外宽而内窄,成为楔形。裂纹内部或裂纹附近金属表面往往充满腐蚀产物,裂纹的形成往往是多源的,裂纹平行地向内扩展,裂纹尖端不分叉或很少分叉。图6-2是E75钻杆腐蚀疲劳裂纹形貌。

6.2.2 腐蚀疲劳断口特征

腐蚀疲劳断口从微观和宏观看都与一般疲劳有许多相似之处。其宏观特征稍明显，可出现海滩状或贝壳状痕迹，但有时因被腐蚀产物覆盖，比较模糊。由于裂纹的多源萌生及扩展，所以宏观断口上常在裂纹互相毗连的地方出现台阶。断口上常可观察到多个裂纹源。塑性材料腐蚀疲劳断口是否出现疲劳纹与应力强度因子幅、应力波形、频率、介质的性质和材料热处理状态等因素关系很大。图6-3、图6-4分别是方波循环载荷下，应力强

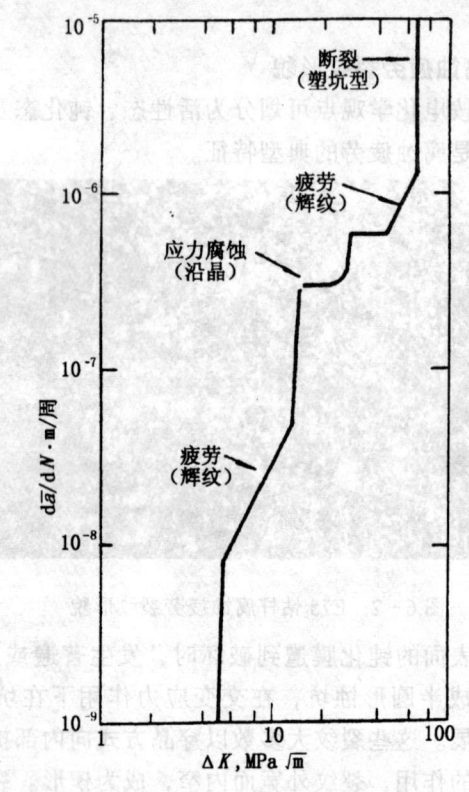

图6-3 应力强度因子幅值对断口
特征的影响示意图

度因子幅对腐蚀疲劳断口微观特征以及断口上的沿晶裂纹所占分量影响的示意图。应力强度因子幅值增加，断口在不同区域表面可相继出现疲劳纹—沿晶断裂—疲劳纹—韧窝等变化的腐蚀疲劳形貌。

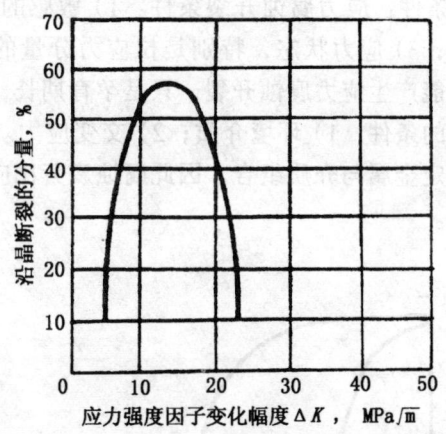

图6-4 应力强度因子变化值对腐蚀疲劳断口上沿晶裂纹所占分量的影响

腐蚀疲劳断口的疲劳纹出现与否还与介质的腐蚀溶解和腐蚀产物覆盖有关，许多实际零部件或器材的断口上疲劳纹很模糊，甚至观察不到。腐蚀疲劳断口上疲劳纹还具有较宽的间距。一般疲劳过程中，裂纹前缘在拉应力下张开时，沿有利位向可产生滑移变形并产生位错塞积，位错塞积阻止滑移的继续进行，但在腐蚀介质中，腐蚀作用可减少塞积的位错，因而使滑移量增大，因此疲劳纹间距加宽，并与腐蚀疲劳裂纹扩展速率 $\dfrac{da}{dN}$ 有对应关系。

此外腐蚀疲劳断口还可观察到脆性二次裂纹特征。

腐蚀疲劳断口具有以下特征：相邻裂纹连接处多有台阶、疲劳纹间距宽、表面有腐蚀产物等，这对腐蚀疲劳的鉴别很有帮助。

6.2.3 腐蚀疲劳与应力腐蚀开裂

为了进一步了解腐蚀疲劳的本质,这里简要地把腐蚀疲劳与应力腐蚀作一比较。

腐蚀疲劳与应力腐蚀开裂最主要的差别在于:

(1) 产生条件:应力腐蚀开裂条件:1) 敏感的金属;2) 特定的介质环境;3) 应力状态,特别是拉应力分量的存在(压应力条件下也可能产生应力腐蚀开裂,只是孕育期长,扩展慢)。

腐蚀疲劳的条件:1) 环境介质;2) 交变应力。除两个要素之外,不需特定金属与介质组合。因此腐蚀疲劳比应力腐蚀开裂更具有普遍性。

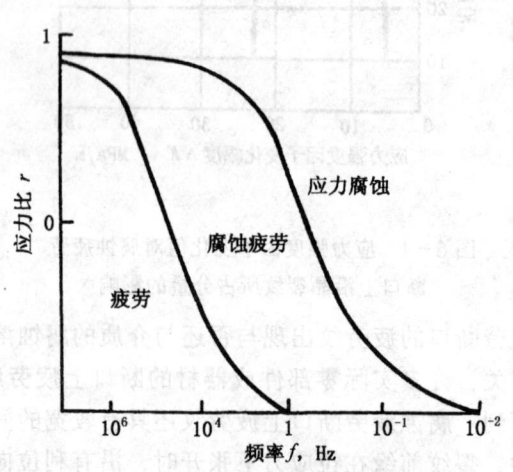

图 6-5　疲劳、腐蚀疲劳、应力腐蚀与
应力比及频率的关系

(2) 裂纹的萌生和扩展:应力腐蚀裂纹和腐蚀疲劳裂纹均起源于材料表面。在较强的腐蚀介质和较大应力条件下,应力腐蚀裂纹甚至可从光滑表面产生(当然也会在应力集中处产生),而腐蚀疲劳裂纹无一例外地起源于应力集中处。应力腐蚀裂纹多分叉，而腐蚀疲劳裂纹在大多数情况下是穿晶，很少分叉。应该强调指出，在交变载荷条件下，既可产生腐蚀疲劳裂纹，也可产生应力腐蚀裂纹。裂纹性质的转变与应力比 r（$\sigma_{min}/\sigma_{max}$）及交变频率 f 的变化相联系。如图 6-5 所示，增加 r（即增加静拉应力分量）或减少频率 f（即延长裂纹尖端在腐蚀介质中停留的周期），断裂性质可从疲劳转变为腐蚀疲劳，再转变为应力腐蚀开裂。从断裂力学的角度考察，断裂的性质与金属材料的临界应力强度因子 K_{IC}、应力腐蚀临界应力强度因子 K_{ISCC} 及腐蚀疲劳的最大应力强度因子 K_{Imax} 有关。在 $\Delta K/da > 0$ 条件下，裂纹开始扩展时，常有 $K_{Imax} < K_{ISCC} < K_{IC}$，因此裂纹首先以腐蚀疲劳开始并扩展。随着裂纹扩展，K_I 将增大，裂纹扩展到使 $K_{Imax} \geqslant K_{ISCC}$ 时，腐蚀疲劳就转化为应力腐蚀开裂。

(3) 裂纹的亚临界扩展速率和应力强度因子及频率的关系：腐蚀疲劳裂纹扩展速率虽受到频率的影响（即时间的影响），但在大多数情况下起控制作用的还是应力强度因子。应力腐蚀开裂则有所不同，应力腐蚀开裂发生在 K_{ISCC} 应力强度因子之上，主要是时间控制的，如图 6-6 所示。在应力腐蚀开裂 $\frac{da}{dN}$-ΔK 曲线上的第Ⅱ阶段，ΔK 对 $\frac{da}{dN}$ 没有作用，曲线出现一个平台，$\frac{da}{dN}$ 为一恒定值。而腐蚀疲劳的 $\frac{da}{dN}$-ΔK 曲线上 ΔK 起重要控制作用。在如图 6-7 所示的 $\frac{da}{dN}$ 和频率 f 的关系曲线上，应力腐蚀开裂的 $\frac{da}{dN}$ 以斜率为 -1 的趋势变化，$\frac{da}{dN}$ 是由时间控制的，频率 f 愈高，裂纹尖端与介质接触的时间减少，$\frac{da}{dN}$ 下降。而腐蚀疲劳裂纹的 $\frac{da}{dN}$ 虽与频率有关，但倾斜很小，表明起控制作用的是应力强度因子幅，而时间的影响却相对小。

(4) 断口形貌：应力腐蚀裂纹的慢速扩展区通常比腐蚀疲劳

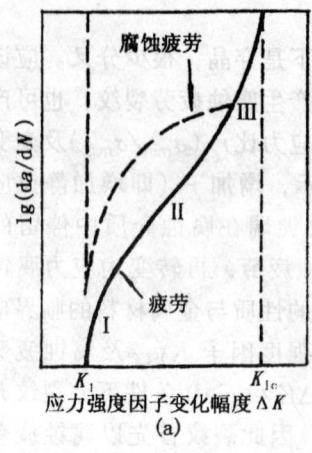
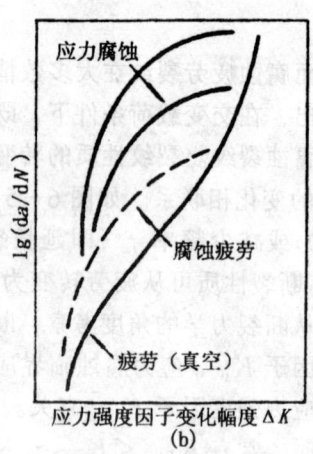

图 6-6 亚临界裂纹扩展速率与应力强度因子关系示意图

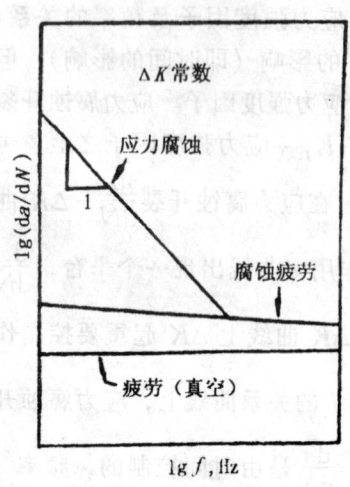

图 6-7 亚临界裂纹扩展速率与载荷循环频率的关系示意图

断口显得粗糙,而且没有腐蚀疲劳的贝壳花样。

上述是腐蚀疲劳与应力腐蚀开裂的主要区别。但也正如前面所述及的,腐蚀疲劳与应力腐蚀开裂间没有绝对分开的界限,应力腐蚀开裂与腐蚀疲劳断口的区分往往有一些困难正是由此造成的。在应力腐蚀开裂和氢脆断裂中常见的解理河流花样、二次裂纹等特征在腐蚀疲劳断口上也可能出现、腐蚀疲劳裂纹的扩展过程与应力腐蚀开裂也有些相似之处。有人把腐蚀疲劳裂纹的扩展划分为:纯腐蚀疲劳(TCF)、应力腐蚀疲劳(SCF)、纯腐蚀疲劳和应力腐蚀疲劳的叠加（TCF + SCF）。

6.3 腐蚀疲劳机理

对腐蚀疲劳过程的认识可以从两个方面考虑，一是介质如何加速了裂纹的萌生和扩展；二是循环形变又怎样促进腐蚀过程的发展。介质、形变对材料的交互作用在过程各个阶段所起作用是不同的，腐蚀疲劳规律是比较复杂的，目前对腐蚀疲劳的机理仍有不少争论，比较流行的观点是腐蚀应力集中、选择性电化学侵蚀、钝化膜的开裂、介质吸附和氢致开裂等。

（1）腐蚀应力集中：

这种观点认为腐蚀造成的表面蚀坑引起应力集中，促使裂纹萌生。支持这种观点的实验事实是腐蚀疲劳裂纹多在半圆形的蚀坑底部出现，如钻杆的腐蚀疲劳失效即是如此。而且在先腐蚀的疲劳试验中，预腐蚀时间越长，腐蚀疲劳强度下降越多。但后来有人发现蚀坑不完全是产生腐蚀疲劳的必要条件，如低碳钢在酸性介质中不产生蚀坑，腐蚀疲劳强度仍然显著下降，而在 pH 值为 12 的盐水溶液中，金属表面尽管产生了一些蚀坑，但腐蚀疲劳强度却变化不大，腐蚀疲劳裂纹并没沿着蚀坑萌生。因此这种观点比较适用于解释活性态腐蚀疲劳。

（2）选择性电化学侵蚀：

这种观点认为疲劳过程中产生集中形变区，这种区域中的位错组态或杂质沉淀与基体不同，在动态过程中这个形变集中区首先发生阳极溶解。随着疲劳过程的滑移形态的反复进行，溶解不断进行，从而出现腐蚀沟，引起应力集中而导致裂纹萌生。

（3）钝化膜开裂：

这种观点仅适用于钝化态腐蚀疲劳。许多金属都能形成钝化膜，但疲劳过程表面滑移台阶能破坏钝化膜，裸露出的金属在介质中发生阳极溶解。当钝化膜被修复后溶解停止，下一循环的滑移开始又重复同一过程，其结果形成了微观沟槽，并使滑移越来越集中在该处,以至最终形成腐蚀疲劳裂纹。

(4) 介质吸附和氢致开裂:

这种观点与应力腐蚀开裂性质的解释很相似,一般认为在金属材料表面分解的氢通过扩散进入金属,在三轴应力状态的裂纹尖端塑性区聚集成原子团使微裂纹形成,微裂纹与主裂纹前缘相连结而使裂纹向前推进。这种观点的另一说法是由于裂纹尖端金属表面吸附氢之后表面能降低,使裂纹尖端以张开型断裂方式扩展。支持上述这种观点的实验事实有:钢在水溶液或水蒸汽中的疲劳断口有准解理和沿晶小平面状形貌,这些小平面在铁素体中出现,并非由裂纹一次向前推进造成上面有规则的疲劳纹。认为这些脆性条纹是在主裂纹前形成的微裂纹,然后通过撕裂使微裂纹与主裂纹相连。

上述四种流行观点前三种着重于解释腐蚀疲劳裂纹的萌生,而后一种观点着重于解释裂纹的扩展。如前所述,腐蚀疲劳与应力腐蚀既有区别,又有联系,在同一过程中可能既存在腐蚀疲劳问题,也有应力腐蚀开裂问题。对腐蚀疲劳过程裂纹扩展的贡献可用应力腐蚀开裂的裂纹扩展速率来描述。下面介绍两种力学因素和腐蚀对腐蚀疲劳裂纹扩展速率的贡献模型:

(1) 叠加模型:腐蚀和力学因素对腐蚀疲劳裂纹扩展的贡献可以用代数方法叠加,一部分是惰性环境中疲劳裂纹扩展,另一部分是环境造成的裂纹扩展,考虑应力循环频率和平均应力等因素的影响,叠加模型用数学形式可表达为:

$$\left(\frac{da}{dN}\right)_{CF} = \left(\frac{da}{dN}\right)_{SCC} + f \cdot \left(\frac{da}{dN}\right)_{F} \qquad (6-1)$$

式中　$\left(\frac{da}{dN}\right)_{CF}$——腐蚀疲劳裂纹扩展速率;

　　　$\left(\frac{da}{dN}\right)_{SCC}$——腐蚀环境造成的裂纹扩展速率;

　　　f——载荷频率;

　　　$\left(\frac{da}{dN}\right)_{F}$——惰性环境中疲劳裂纹扩展速率。

这个模型没有考虑腐蚀和形变的交互作用，因此仅适用于应力腐蚀疲劳。从这个模型可以看出，当应力强度因子 K_{Imax} 超过应力腐蚀临界应力强度因子 K_{ISCC} 时，或当频率 f 减少，平均应力增加时，介质的作用将增大。

(2) 竞争模型：由于叠加模型有很大局限性，因此有人提出在腐蚀疲劳裂纹扩展过程中腐蚀作用和疲劳作用相互竞争，在过程占优势的断裂机制决定裂纹扩展速率的主要部分。这种模型是采用与实际腐蚀疲劳相同的介质进行高频应力循环腐蚀疲劳试验为基准，即纯粹由于力学和环境交互作用造成的纯腐蚀疲劳。与此基准对比就可确定实际腐蚀疲劳裂纹扩展的主导机制。对于具有混合型裂纹扩展特征的材料，可以把它们的 $\frac{da}{dN} - \Delta K$ 分成若干阶段，对各个阶段分别采用占优势机制的裂纹扩展速率方程来描述。

6.4 钻杆腐蚀疲劳失效过程

6.4.1 钻杆腐蚀疲劳失效事例

1982年3月25日至7月25日，华北油田某井在4个月内发生14次钻具事故，进尺仅533m。14次钻具事故除一次钻铤内螺纹断裂外，其余13次均系G105、φ127×9.19mm钻杆管体折断及刺穿，断口多位于内加厚过渡段，距接头端0.5~1.0m处，13次钻杆事故中有8次属于腐蚀疲劳引起的破坏，占61.5%。1984年华北油田对出井钻杆进行无损探伤检查，发现因蚀坑、腐蚀疲劳裂纹而报废的钻杆占受检总数的13.6%。1982年12月至1983年7月共8个月中，新疆克拉玛依油田某井先后发生钻杆管体刺穿及断裂事故54次，刺穿及断裂均位于钻杆内加厚过渡区终了处，送检的6根钻杆均属腐蚀疲劳破坏。1986年5月18日某井发生一起德国S135钻杆管体刺穿，19天内（即5月18日~6月6日）先后发生7次10根S135钻杆管体刺穿，后更换上全新的新日铁 G105 钻杆,从 7 月 6 日至 7 月 27 日又发生 10 起钻杆管体刺穿事故,据调查,事故多发井段的井斜及方位变化较大,钻杆刺穿均在内加厚过渡区与管体交界的不圆滑过渡的应力集中处,也属于腐蚀疲劳破坏。1983 年 1 月至 3 月川南矿区某井发生日本 E75ϕ127×9.19mm 钻杆管体刺穿 6 次,后换用法国 G105ϕ127×9.19mm 钻杆,又发生管体刺穿 15 次,经失效分析无一不属于腐蚀疲劳失效。据该矿区钻具大队不完全统计,1984 年 4 月至 8 月 4 个月中经过对 11 口井的在用钻杆探伤检查,发现 34 根 E75 钻杆、17 根 X95 钻杆、5 根 S135 钻杆均在内加厚过渡区终了处发现腐蚀疲劳裂纹。1986 年大港油田某井队在钻井作业中,在不到 1 个月的时间内也接连发生 5 起同类钻杆管体刺穿事故。

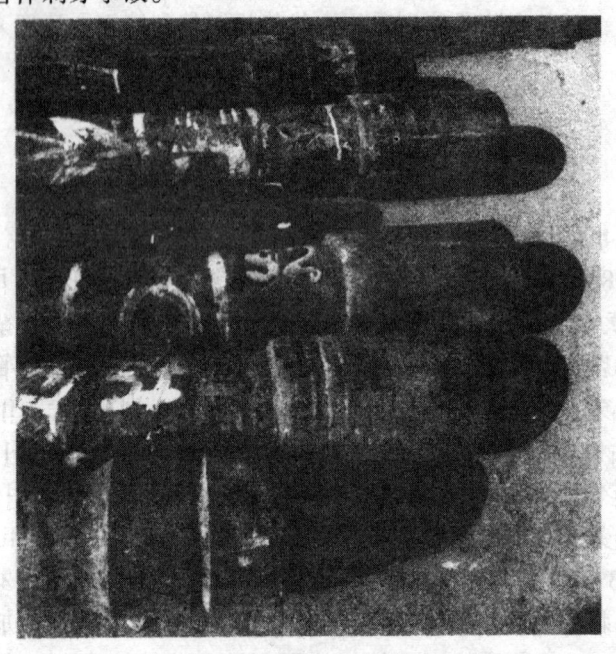

图 6-8 川东矿区失效的部分钻杆

上述事例仅是钻杆腐蚀疲劳失效事故的一部分,全国除浅油气层地区此类事故较少外,各大油气田钻井作业中时有这种事故发生。事故造成的停钻损失少则几万,多则几十万,如1983年川西南某井,由于钻杆管体刺穿造成事故,处理事故停钻127天,光折旧费一项就损失40多万元。

6.4.2 钻杆腐蚀疲劳失效过程

钻杆腐蚀疲劳失效是腐蚀介质(钻井液及地层介质)和弯曲交变应力共同作用的结果。大量失效分析中常观察到:腐蚀疲劳失效大都发生在内加厚过渡区终了处,即距内外螺纹接头端面0.5~1.0m处(图6-8、图6-9、图6-10)。

图6-9 新疆克拉玛依失效的部分钻杆

因发展阶段不同,宏观上可看到裂纹、刺孔和断裂等失效形式。腐蚀疲劳裂纹源与钻杆内壁蚀坑对应,腐蚀疲劳事故多发生在井斜和方位变化大的井段。这些现象为我们认识钻杆腐蚀疲劳过程提供了重要的信息。根据失效分析,钻杆腐蚀疲劳过程可归结为:新钻杆→蚀坑形成及裂纹萌生→裂纹扩展→刺穿和断裂。

图 6-10 大港失效的部分钻杆

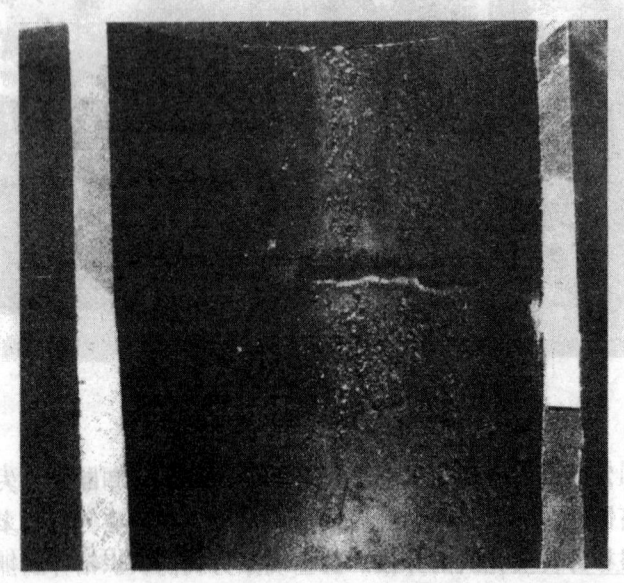

图 6-11 Cr-Mo 钢点蚀坑

6.4.2.1 蚀坑的形成和裂纹的萌生

现场常用钻杆一般有 E75、X95、G105、S135 等钢级,虽然化学成分因厂家而异,但总的来说钻杆用钢基本为 C-Mn、Cr-Mo、Cr-Ni-Mo 系,表 6-1 是从部分失效钻杆样品采集到的实测化学成分数据。

表 6-1 部分失效钻杆化学成分   单位:%(质量分数)

钢级	国别或厂家	C	Si	Mn	P	S	Cr	Mo	Ni	V
E75	美国	0.37	0.26	1.57	0.015	0.013	0.05	0.12	0.01	
	日本 NKK	0.41	0.27	1.65	0.024	0.023	<0.03	0.08		0.07
	日本住友	0.35	0.22	1.69	0.021	0.020	0.08	0.13	0.01	0.07
	德国曼内斯曼	0.44	0.31	1.64	0.014	0.025	0.11	0.08	0.01	
X95	美国	0.28	0.24	0.98	0.015	0.007	0.35	0.20		Cu
	法国	0.26	0.20	1.59	0.022	0.018	0.44	0.01	0.03	0.10
G105	德国曼内斯曼	0.41	0.24	0.68	0.010	0.013	1.09	0.22	1.13	
		0.36	0.21	0.72	0.012	0.017	1.11	0.16	<0.03	
	美国	0.34	0.19	0.84	0.011	0.008	0.45	0.24	0.10	
	日本 NKK	0.23	0.19	1.59	0.017	0.014	0.03	0.26		
	日本住友	0.27	0.22	1.15	0.023	0.009	0.35	0.22		
	新日铁	0.26	0.28	0.78	0.014	0.014	1.00	0.20		
	意大利	0.29	0.25	1.17	0.018	0.016	0.43	0.23	0.01	
S135	德国曼内斯曼	0.37	0.29	0.76	0.009	0.011	1.16	0.24	1.10	
		0.24	0.28	0.80	0.010	0.013	0.99	0.19	0.01	
	日本 NKK	0.22	0.18	1.50	0.020	0.011	0.26	0.41	0.01	0.05
	日本住友	0.23	0.20	1.48	0.020	0.015	0.05	0.37	0.01	0.05

蚀坑的形成与钻杆用钢成分及钻井液介质有关,在弱碱性条件下,Cr、Mo、Ni 含量较高,钻杆常见点蚀,失效钻杆内壁尤其在断口附近有大量小而深的点蚀,而其它区域表面光滑(图 6

-11)；Mn含量较高而 Cr、Ni、Mo 含量较低的钻杆内壁布满圆而浅的蚀坑，蚀坑直径与深度比约为 2:1，断口附近蚀坑大而深（图6-12）。一般把前者划为局部腐蚀的小孔腐蚀，后者为全面腐蚀的不均匀腐蚀，两者的蚀坑形成机理不同。在外加应力和介质的共同作用下，腐蚀加速和扩大，在蚀坑底部导致应力集中。外加应力循环一定周次后，蚀坑下开始萌生裂纹。失效钻杆内壁经1:1盐酸水溶液热蚀后，可看到点蚀坑上有数条横向裂纹，如图6-13所示。从剖面看，裂纹根部粗，与蚀坑相连，尖端较细，裂纹伸向壁厚深处。

图6-12 C-Mn钢蚀坑

钻杆表面上的蚀坑既可在使用过程中形成，也可能在钻杆出井存放或新钻杆贮存期间产生。当钻杆下井前就存在点蚀坑时，腐蚀疲劳裂纹的萌生期将大大缩短。例如新疆克拉玛依某井因事故顿弯的E75钻杆，在拉回管子站较直时断裂，分析表明系钻杆内壁存在蚀坑和坑底裂纹所致。该钻杆露天存放达7年之久才启用，使用前内表面已布满蚀坑，故下井时间很短即在蚀坑下萌生腐蚀疲劳裂纹。又如南疆1979年失效的X95钻杆，内壁光滑，但外表面布满蚀坑，腐蚀疲劳裂纹从外表面蚀坑底部萌生，据查该钻杆存放期间外壁长期与地面直接接触而形成蚀坑。再如新疆某井 G105 钻杆出井后未清洗净即存放，积存钻井液的下部管壁形成条带状蚀坑区，结果再次使用时因蚀坑底部萌生腐蚀疲劳裂纹而失效（图 6-14）。此外，钻杆在间歇使用存放期间内的腐蚀也是不能忽视的问题。一般认为在腐蚀介质中承受循环载荷的构件，其寿命即腐蚀疲劳寿命大部分是腐蚀坑的成长阶段，这就是下井前已形成蚀坑的钻杆寿命很短的原因。

图 6-13 蚀坑和坑底裂纹
(a) 管壁内表面；(b) 纵向断面

钻杆腐蚀疲劳大多发生在距内外螺纹接头端 0.5~1.0m 的内加厚过渡区终了处附近。因为这是镦粗加厚时易于产生绉折、压坑；过渡段锥度部分（Miu）过短且与管体交界处曲率半径（R）太小，形成应力集中；同时该处由于管子内径由小变大易造成钻井液涡流或滞流，产生气蚀或由于速度突然减慢，该处易残留钻井液。

图 6-14 存放时形成的内表面
腐蚀条带与腐蚀疲劳裂纹

另一方面，由于钻杆接头及加厚部分刚性较高，不易弯曲，在狗腿子井段内加厚过渡区终了处正好是截面突变处，易产生弯曲。交变弯曲应力与蚀坑形成叠加，致使蚀坑迅速加深并萌生裂纹。而钻杆外壁虽也处于钻井液介质和较高的弯曲交变应力作用下，但由于外壁较光滑，且在钻进过程中经常受井壁摩擦，不利于蚀坑的形成，出井后也容易清洗，不易残留钻井液，因此较少发生外壁蚀坑。

6.4.2.2 裂纹的扩展

腐蚀疲劳裂纹在交变应力和腐蚀介质作用下迅速扩展，高强度钻杆更甚。蚀坑下萌生的多条裂纹平行地分布于管内壁的不同水平面或同一水平面上。交变应力因管壁截面减少而增大,裂纹尖端便沿壁厚方向向金属内部扩展,当裂纹扩展至一定长度与另一扩展裂纹相遇,扩展加快。不在同一平面的两条裂纹也可能通过撕裂,从一个平面跳到另一个平面而连贯起来(图6-15)。在裂纹萌生和扩展初期,由于交变应力较低,一般认为腐蚀疲劳作用是主要的,而当应力半幅高于σ_{SCC}时,也可能是腐蚀疲劳和应力腐蚀同时起作用,使裂纹迅速扩展,实际上钻杆断口上也常常可见到这两种复合作用的特征,因此腐蚀疲劳与应力腐蚀没有截然分开的界限。裂纹的这种扩展常使断口呈台阶状(图6-16)。

图6-15 裂纹的扩展与合并

图6-16 钻杆断口的阶梯状形貌

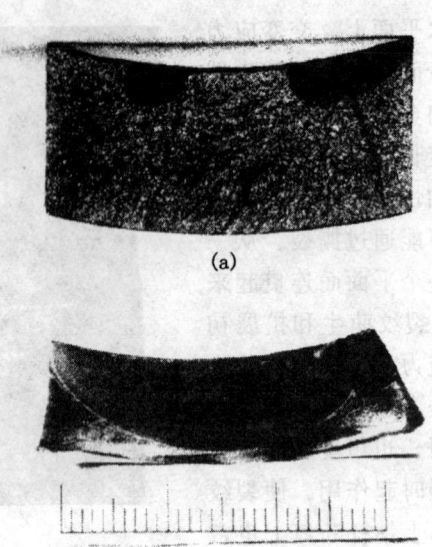

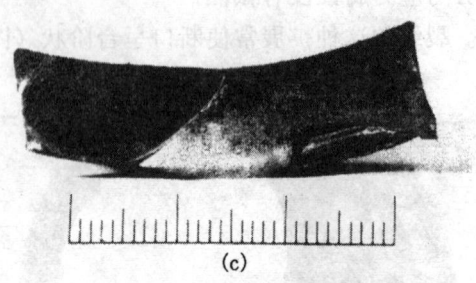

图 6-17　钻杆断口上的半圆形平台区形貌
(a) E75 钻杆；(b) G105 钻杆；(c) S135 钻杆

6.4.2.3　刺穿和断裂

由于裂纹的不断扩展，剩余壁厚愈来愈薄，进而形成穿透裂纹，高压钻井液乘隙而入形成刺穿孔，当剩余截面不足以承受工作应力时即产生断裂。

6.4.3　钻杆腐蚀疲劳特征

如前所述，钻杆腐蚀疲劳宏观断口呈锯齿状或台阶状，台阶上断口比较平坦。断口上通常有数个半圆形平台如图 6-17 所示,其颜色较深,上有腐蚀产物,有时还可看见不太明显的贝纹线。它反映了腐蚀疲劳裂纹萌生和扩展的过程,是钻杆腐蚀疲劳断口的重要特征。

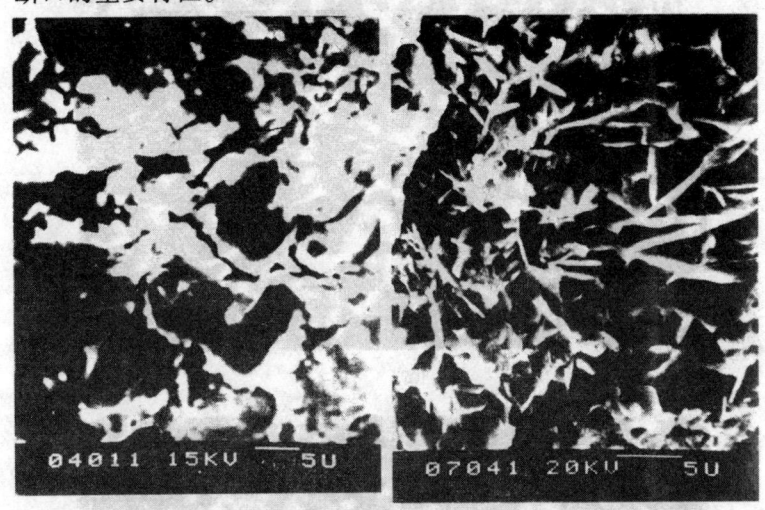

图6-18 断口上的泥纹花样　　图6-19 断口上Fe的氢氧化物形貌

断口上尤其是裂源区附近常有大量覆盖物如图6-18、图6-19所示。经X射线相分析,覆盖物主要是$NiO \cdot MnO_3$,$MgO \cdot Fe_2O_3$,$ZnO \cdot Fe_2O_3$,$CoO \cdot Fe_2O_3$,$(Ni,Zn)O \cdot Fe_2O_3$,Fe_3O_4,Fe_2O_3,$Fe(OH)_3$,$Na_2S \cdot 9H_2O$,$BaSO_4$,$YoCl$,$(Ca、Fe、Mg) \cdot SiO_3$,$CaCO_3$等,这些物质大部分是钻杆在钻井液中因电化学腐蚀形成的产物,部分物质可能是钻井液或地

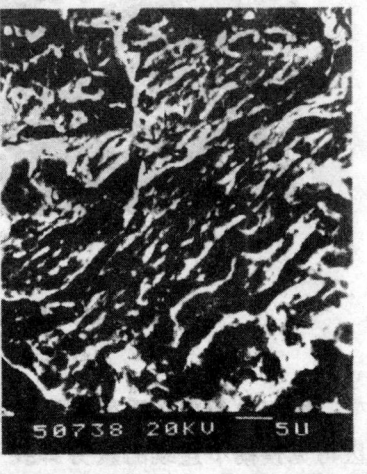

图6-20 断口上的疲劳条纹花样

下矿物质在断口上的沉积。

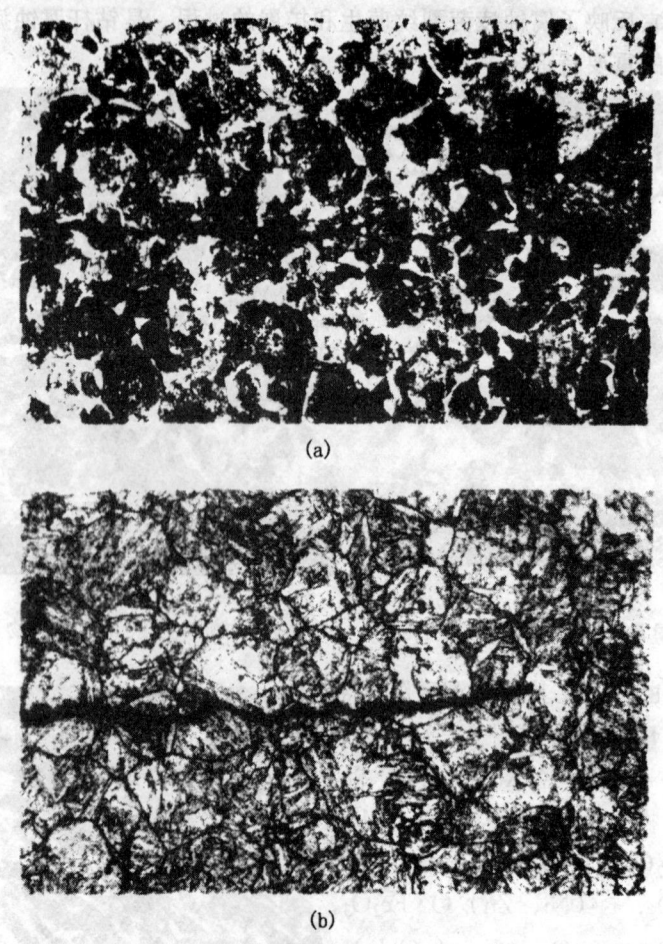

图 6-21 腐蚀疲劳裂纹的穿晶扩展
(a) 正火态；(b) 调质态

断口在裂源区明显可见点蚀坑底多处萌生裂纹，在裂纹扩展区可见模糊不连续的疲劳辉纹（图 6-20）。裂纹扩展一般呈穿晶型（图 6-21），扩展区还常有穿晶和沿晶二次裂纹，局部亦可观察到沿晶形貌,最后断裂区可表现为解理、准解理或韧窝形貌。

钻杆腐蚀疲劳裂纹扩展中还常伴有层状腐蚀(应力腐蚀的一种形式,图6-22),它是在腐蚀疲劳主裂纹的两侧产生的次生裂纹,与主裂纹垂直,沿着带状组织条带界面扩展,发达程度因材质及腐蚀介质而异。这种腐蚀开裂与主裂纹尖端"闭塞效应"有关,一般钻井液的pH值均在8以上,可有效地抑制应力腐蚀。但裂纹闭塞区介质酸化,极端情况下pH值可降为零,而钻杆带状组织的条带界面常分布有夹杂物尤其是硫化物,再加上条带间的应力集中促成了条带间的应力腐蚀即层状腐蚀的发展。

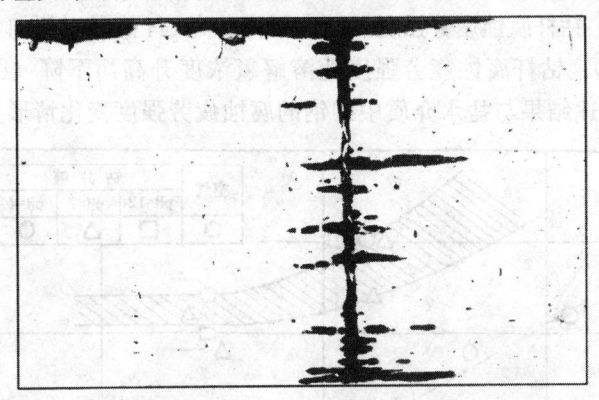

图6-22 腐蚀疲劳裂纹两侧的层状应力腐蚀次生裂纹

6.5 钻杆腐蚀疲劳的主要影响因素和预防措施

6.5.1 钻杆腐蚀疲劳寿命的主要影响因素

钻杆腐蚀疲劳寿命主要取决于蚀坑的形成和裂纹萌生阶段的寿命,但其影响因素是十分复杂的,这里仅就几个实际情况作简要的讨论,以便提出恰当有效的预防措施。

(1)介质腐蚀性的影响:

钻井液的腐蚀性主要指钻井液的pH值、溶解氧浓度等。钻杆悬臂梁旋转弯曲腐蚀疲劳试验表明，当钻井液中溶解氧含量极低（$<0.01\times10^{-6}$），pH值大于7时，钻杆腐蚀疲劳强度和大气中的疲劳强度为同一水平，甚至还稍高些，$\sigma-N$曲线有明显的水平段，具有大气中疲劳曲线的特征。但当pH值降低为4时，$\sigma-N$曲线不再有水平段，疲劳强度随循环周次增加快速下降，特别要指出的是G105钻杆比E75钻杆降得更快（图6-23、图6-24）。当钻井液中溶解氧浓度较高时，即使pH值等于10，钻杆$\sigma-N$曲线也不存在水平段，2×10^6循环周次的腐蚀疲劳强度只相当于大气中疲劳强度的一半，而且G105钻杆比E75钻杆降低幅度更大（图6-25）。综合起来，低pH值且溶解氧浓度又较高时，钻杆腐蚀疲劳强度大幅度下降；高pH值时（例如pH值等于10），钻杆腐蚀疲劳强度随溶解氧浓度升高而下降（图6-26）。上述结果与盐水介质中碳钢的腐蚀疲劳强度变化情形类似。

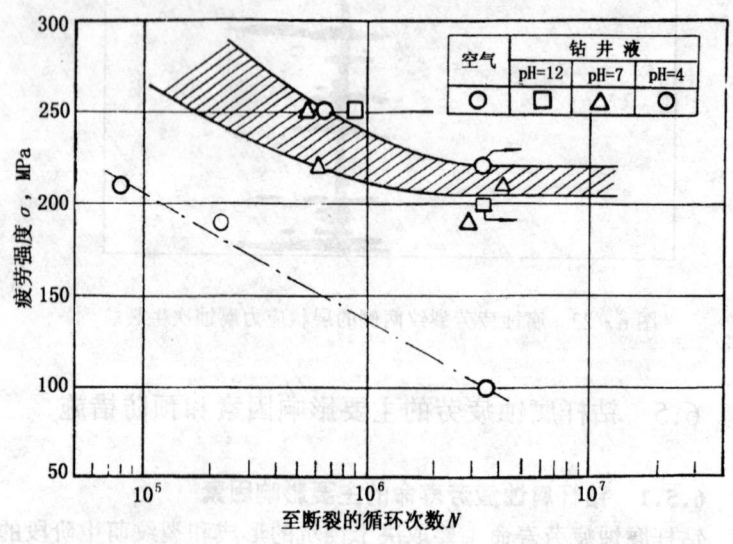

图6-23　E75钻杆在大气和不同pH值的密闭钻井液中的

$\sigma-N$曲线（溶解氧含量$<0.01\times10^{-6}$mm，17Hz）

(2) 表面涂层的影响：

钻杆内表面涂覆上一层耐腐蚀有机材料，国外早在 1960 年就得到广泛的应用，而国内目前应用还不普遍。这除了经济问题，还有一个认识问题。事实上钻杆腐蚀疲劳寿命主要取决于蚀坑形成及裂纹萌生期长短，因此如前所述调整钻井液的 pH 值，控制溶解氧在低含量水平是解决这一问题的一个方面。另一个方面，采取内涂覆层让腐蚀介质（如钻井液）与钻杆金属表面不能接触，使钻杆免遭腐蚀，也能有效提高钻杆腐蚀疲劳寿命，这是解决钻杆腐蚀疲劳失效行之有效的方法。据报道，美国使用内涂层钻杆已达 80% 以上，钻杆寿命普遍提高 1 至 2 倍。国内的使用效果也比较好，例如华北油田一套内涂层的 G105 和 E75 钻杆自 1980 年 8 月启用至 1985 年 12 月共打井 12 口，累计进尺 49315m，未发生任何事故，解剖钻杆发现其内表面完好、光滑，加厚过渡区表面也未见任何腐蚀，图 6-27 是内涂层钻杆与无内涂层钻杆使用后的对比。

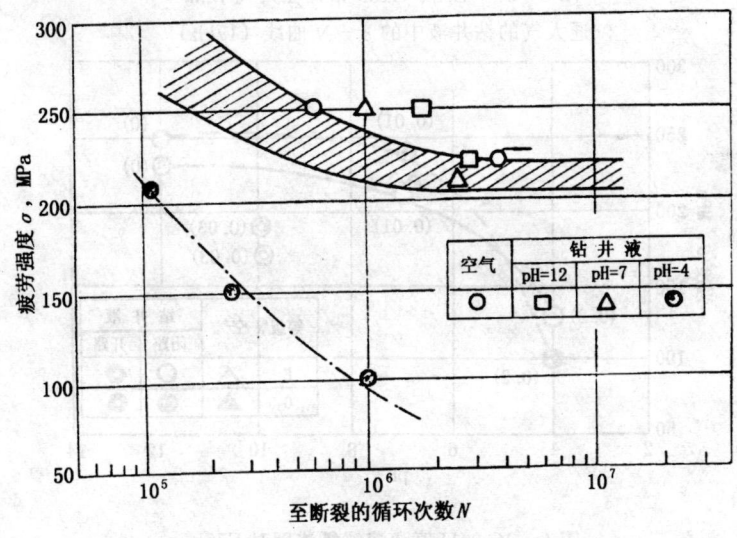

图 6-24　G105 钻杆在大气和不同 pH 值的钻井液中的
$\sigma - N$ 曲线（溶解氧含量 $< 0.01 \times 10^{-6}$ mm，17Hz）

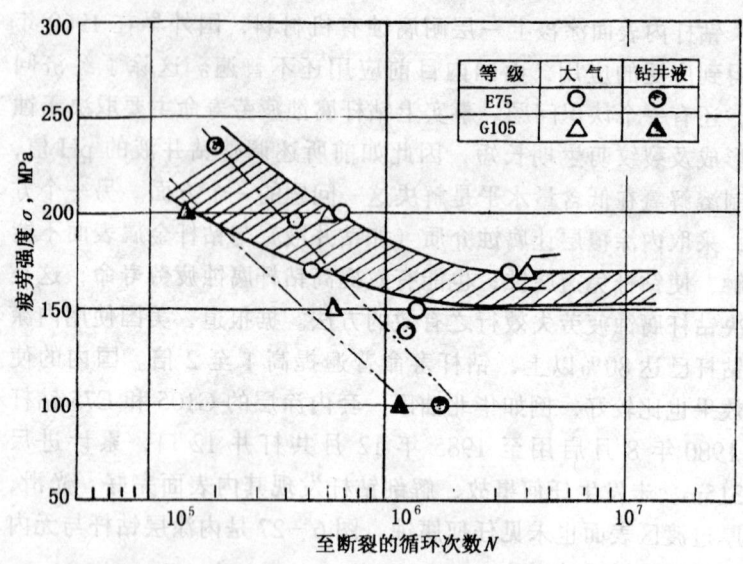

图 6-25 E75、G105 钻杆在大气中和通大气的钻井液中的 $\sigma - N$ 曲线（17Hz）

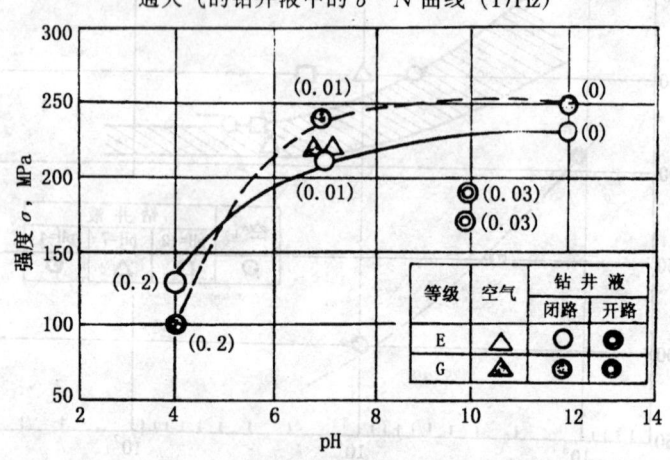

图 6-26 pH 值和溶解氧浓度对 E75、G105 钻杆疲劳强度的影响（17Hz）

注：括弧中数字表示溶解氧的体积分数（$\times 10^{-3}$ mL/L）

(3) 应力集中及内加厚过渡区结构的影响:

如前所述,许多钻杆的腐蚀疲劳失效都集中在内加厚过渡区,其原因是显然的。内加厚过渡带长度(Miu)太短,而且内加厚过渡区与管体交界处圆角过小,引起应力集中,削弱了钻杆承载能力,加剧了该区的点蚀,促进了疲劳、腐蚀疲劳裂纹萌生。对钻杆内加厚过渡段结构进行改进,使该处应力集中趋于平缓,则钻杆寿命可显著提高。此外,钻杆表面钢印、电弧烧伤、机械工具碰伤、钳印等造成的应力集中也影响钻杆腐蚀疲劳寿命。

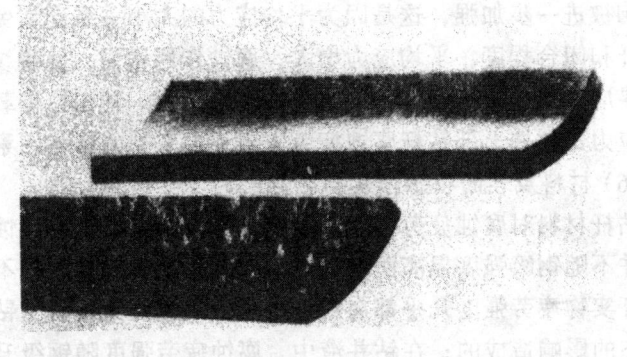

图 6-27 内涂层钻杆与无内涂层钻杆使用后的内表面状况

(4) 井斜度、方位角度变化的影响:

钻进过程中因地质、操作等复杂因素井身多有弯斜和方位变化,形成所谓"狗腿子"。"狗腿子"越严重,意味着钻杆承受弯曲交变载荷越大,从而降低钻杆的腐蚀疲劳寿命。控制井身的弯斜无疑是重要的,但井身弯斜又总是不可避免的,这给钻杆腐蚀疲劳失效的预防带来很大困难。

(5) 钻杆轴向拉伸载荷或平均应力的影响:

如果在旋转的弯曲钻杆上，增大轴向拉力即平均应力，钻杆抗腐蚀疲劳性能下降，因为轴向拉伸载荷的作用使弯曲拉应力循环的压应力减少，而拉应力加大。据巴特尔纪念研究院对S135钻杆的试验，在 5×10^6 循环寿命条件下，无轴向拉力时，缺口试件的弯曲疲劳强度为138MPa，无缺口试样的弯曲疲劳强度为586MPa；在轴向拉应力为276MPa时，缺口试样弯曲疲劳强度降为103MPa，无缺口试样弯曲疲劳强度则降为469MPa；当轴向拉应力增大至552MPa时，有缺口试样弯曲疲劳强度剧降为62MPa，无缺口试样也降至379MPa。平均应力对大气试验条件下的疲劳强度有强烈的影响，而在腐蚀介质的条件下，平均应力的影响被进一步加强，这是因为平均应力的大小关系到疲劳裂纹的张开和闭合程度，平均应力增大，腐蚀作用增强，使裂纹扩展的临界应力强度因子降低，裂纹扩展速率加快。轴向拉伸载荷即平均应力是钻柱上部钻杆腐蚀疲劳失效不可忽视的影响因素。

(6) 材料及表面状态因素的影响：

钻杆材料对腐蚀疲劳强度有影响，不同钢级钻杆的腐蚀疲劳强度并不随钢级强度提高而增加。事实上，在大气介质中不同钢级钻杆实物疲劳强度几乎都在同一水平，一般认为这是受钻杆表面状态的影响造成的；在钻井液中，腐蚀疲劳强度随钢级升高而降低。钻杆用钢中加入Cr、Mo、Ni虽能改善钢的耐蚀性，但也难免遭腐蚀疲劳。单纯通过调整合金元素来提高抗腐蚀疲劳特性其效果是不明显的。选用钻杆不可盲目选用高强度钻杆。

钻杆材料的冲击韧性对腐蚀疲劳裂纹扩展速率有较大影响，因为腐蚀疲劳裂纹一旦萌生并扩展至某一临界尺寸时，裂纹将迅速扩展，突然断裂，而临界裂纹尺寸大小取决于钻杆材料的断裂韧性。断裂韧性是钢材抵抗裂纹扩展，阻止断裂能力的度量，通常也可用夏比冲击韧性作为钢的断裂韧性的相对度量。低断裂韧性的钢具有较小的临界裂纹尺寸，它通常小于钻杆壁厚，相反，断裂韧性高的钢具有较大的临界裂纹尺寸，它可能大于钻杆壁厚（腐蚀疲劳裂纹扩展至穿透壁厚时尚未达到临界裂纹尺寸），则钻杆出现分离断裂前高压钻井液就会刺出而使泵压下降,而司钻发现刺漏即可采取措施防止钻具落井。Chevron 公司对失效钻杆（刺穿和断裂两类）研究发现,断裂钻杆的夏比冲击韧性低于 54J,而刺穿钻杆则高于 54J。断裂、刺穿和夏比冲击韧性的相关性,为我们预防钻杆腐蚀疲劳失效又提出了一个重要的启示。刺穿是指疲劳裂纹扩展穿透壁厚而形成刺孔,刺孔先于断裂。而断裂是指整体分离断裂出现在疲劳裂纹贯穿壁厚之前。刺穿失效钻杆或接头其试验温度—冲击韧性关系曲线的最小上平台能为 57J,疲劳断裂失效样品的最大上平台能为 32.5J,详见表 6-2。由表 6-2 可见低韧性和疲劳断裂的相关性。

表 6-2　现场失效样品冲击韧性试验结果

失效形式	冲击能量，J		管子钢级
	24℃时	上平台能	
刺　穿	90.8	90.8	钻杆接头
刺　穿	84.0	88.1	钻杆接头
刺　穿	25.8	57.0	E75
断　裂	13.6	32.5	加重钻杆
断　裂	19.0	32.5	G105
断　裂	19.0	24.4	G105
断　裂	25.8	29.8	S135

(7) 累积疲劳损伤的影响：

在钻进过程中,钻杆在严重弯斜井段要承受高的弯曲交变压力；当穿过严重弯斜井段后,钻杆又处于较低的应力状态。钻杆在严重弯斜井段旋转的时间间隔内将产生疲劳损伤,损伤的严重程度与钻杆在该弯斜井段工作的循环次数有关,也与新钻杆在该弯曲应力幅值下运转至失效时的总循环次数有关。由于钻杆的疲劳损伤是不能恢复的,于是钻杆经过若干个不同弯斜井段后其损伤等于每一弯斜井段的相应应力幅水平单独作用时产生的损伤量的总和，当总的损伤量达到一定临界值时就会出现疲劳失效。

关于累积损伤的概念是很简单的，但实际应用时往往有很多困难，这是因为很难确定在任何给定应力水平下运转一定循环后产生的损伤量。为了计算累积损伤的总和，不少学者已提出了许多理论，最简单的是线性损伤理论（图6-28）。根据 $\sigma-N$ 曲线的定义，在恒定应力幅 σ_1 下运转 N_1 次循环时，将产生完全损伤或称之为失效。在应力幅运转 n_1（$n_1 < N_1$）次时，将产生部分损伤量 D_1，D_1 通常称为损伤率，$D_1 = \dfrac{n_1}{N_1}$。在包含不同应力水平的应力谱下运转时，对应力谱中各个不同应力水平 σ_i，都产生一个损伤 D_i。当这些损伤率总和达到1时，就意味着出现疲劳失效，即：

$$D_1 + D_2 + \cdots\cdots D_{i-1} + D_i \geqslant 1 \text{ 或 } \frac{n_1}{N_1} + \frac{n_2}{N_2} \cdots\cdots + \frac{n_{i-1}}{N_{i-1}} + \frac{n_i}{N_i} \geqslant 1$$

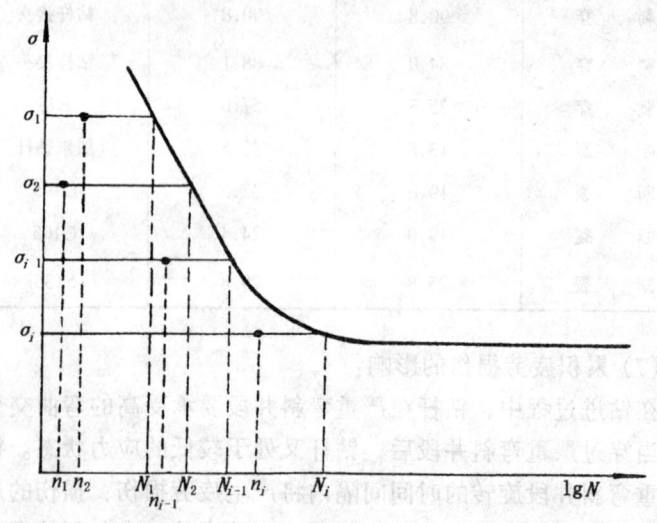

图6-28 线性疲劳累积损伤和 $\sigma-N$ 曲线关系

这就是线性累积疲劳损伤的表述。这种理论假说比较简单，故得到广泛应用。但由于它没有考虑某些因素的影响，在预测失效时会有误差，其最主要缺点是没有考虑各种应力水平作用顺序。实际上疲劳损伤的累积常常是非线性的，但现有的非线性累积损伤理论在预测失效的可靠性上并不比线性累积损伤理论优越。

由上所述，凡是已有疲劳损伤的钻杆，其疲劳寿命必然降低，这是没有疑义的。为了保证钻杆的安全，有人认为钻杆的疲劳损伤容限为30%。

6.5.2 预防钻杆腐蚀疲劳失效的措施

根据上述分析，为预防钻杆早期腐蚀疲劳失效，避免发生灾难性事故，可以采取下述几项易于实现的措施。

（1）推广使用内涂层钻杆，钻杆寿命可提高一至二倍，它相当于每年可节约一半的钻杆消耗，将使我国每米进尺消耗钻杆有较大的降低，达到或接近国际先进水平。

（2）加强钻井液管理，在条件许可的情况下，使pH值保持在10或10以上。

（3）加强钻杆出井后暂时存放期的管理，存放前应清洗、吹干。

（4）新、旧钻杆下井前应进行无损探伤，尤其应对加厚过渡区进行检查，及时发现腐蚀疲劳裂纹，把腐蚀疲劳损伤严重的钻杆及时排除。探索本地区钻杆的正常寿命周期，确定第一次探伤的时机。

（5）在满足提升强度的条件下，优先选用较低强度的钻杆，因为高强度钻杆只是静强度高，但其腐蚀疲劳强度并不比低强度钻杆优越，而且对介质敏感。采用较低强度钻杆，不仅价格便宜，而且一旦发生刺漏也不致立即断裂落井造成严重事故，应优先推荐使用经调质处理的E75钻杆。

（6）钻杆采购标准应对其夏比冲击韧性提出要求，即室温冲击时全尺寸试样夏比冲击功不小于54J。

(7) 因地制宜，根据钻具负荷采用内平钻杆，推广内加厚结构改进型的新钻杆。

(8) 新钻杆的存放场地必须保持有良好的防腐环境，且钻杆存放期最长不应超过两年。

6.6 钻杆的累积腐蚀疲劳损伤

6.6.1 钻杆累积腐蚀疲劳损伤的估算

如前所述，钻杆穿过弯斜严重井段时，要承受一定循环次数的高弯曲交变应力，钻杆会产生不可恢复的损伤。钻杆每次通过

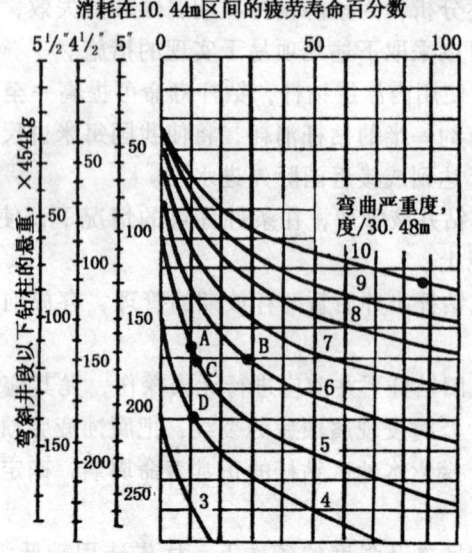

图 6-29 平缓变化的弯斜井段中的
疲劳损伤（非腐蚀介质中）
注：适用于 3½、4½、5in E级钢
转盘速度 100r/min，钻速 3.048m/h

弯斜井段所产生的疲劳和腐蚀疲劳损伤可根据弯斜井段的曲率、弯斜井段下部钻杆长度或弯斜井段中钻杆的拉力等参数从图6-29、图6-30查出。当钻进实际转速、钻速与图6-29、图6-30规定不同时，可采用下式修正：

$$D_i = D_{oi} \times \frac{实际转速}{100} \times \frac{10}{实际钻速} \qquad (6-2)$$

式中　D_i——某段钻杆的寿命消耗百分数；
　　　D_{oi}——10.44m钻杆的寿命消耗百分数。
D_{oi}由图6-29、图6-30查出。

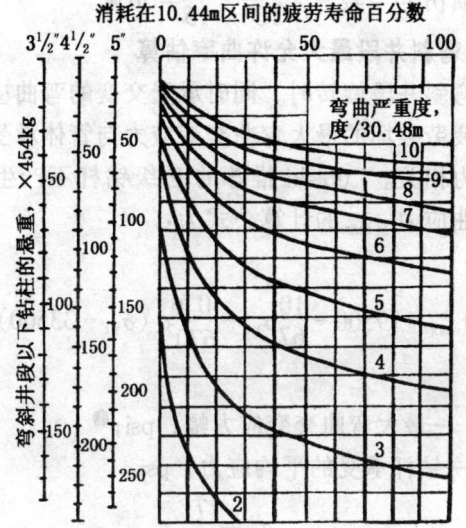

图6-30　平缓变化的弯斜井段中的
腐蚀疲劳损伤（严重腐蚀介质中）
注：适用于3½、4½、5in E级钢
转盘速度100r/min，钻速3.048m/h

由（6-2）式计算出每段弯斜井段的腐蚀疲劳损伤之后相

加,即得钻杆的累积腐蚀疲劳损伤。

注意:由于引用图和公式采用英制,因此查表和计算时必须进行换算。

例 钻速为 4.572m/h (15ft/h),转速为 200r/min,钻铤顶部 1524.0m (500ft) 处井眼曲率为 8°/30.48m (8°/100ft),假定钻杆在较苛刻的腐蚀环境条件下工作,估算 127mm (5in) E 级钻杆通过此井段所造成的腐蚀疲劳损伤。

解:对于腐蚀环境比较苛刻的条件,可从图 6-30 查出 $D_{oi}=42\%$

由于钻速、转速与图 6-30 规定不同,按(6-2)式修正后的钻杆疲劳损伤 $D = 42\% \times \dfrac{200}{100} \times \dfrac{10}{15} = 56\%$。

6.6.2 弯斜井段最大允许曲率估算

钻杆在弯斜井段旋转时,同时承受交变的弯曲应力和轴向拉力。不产生疲劳破坏的最大弯曲交变应力与管体承受的轴向拉力或平均拉应力相关。Lubiski 推荐的 E 级钻杆不产生疲劳破坏的最大允许弯曲应力 σ_{max} 的计算公式为:

$$\sigma_{max} = 19500 - \frac{10}{67}\sigma_{nt} - \frac{0.6}{670^2}(\sigma_{nt} - 33500)^2 \qquad (6-3)$$

式中 σ_{max}——最大弯曲交变应力幅,psi;❶
σ_{nt}——钻杆承受的平均应力,psi。

$$\sigma_{nt} = \frac{T}{A}$$

式中 T——弯斜井段至中和点的钻具重量和浮力的合拉力,lbf❷;

---

❶ 1psi = 6.89476kPa;
❷ 1lbf = 4.44822N。

A——钻杆管体横截面积,$in^2$❶。

Nicholson 推荐的 S 级钻杆不产生疲劳破坏的最大允许弯曲应力 σ_{max} 的计算公式为:

$$\sigma_{max} = 20000 \left(1 - \frac{\sigma_{nt}}{145000}\right) \qquad (6-4)$$

式中 σ_{max}、σ_{nt} 意义与公式 (6-3) 中 σ_{max}、σ_{nt} 意义相同。

计算出不产生疲劳破坏的最大弯曲应力幅后,则钻杆不产生疲劳破坏的最大井眼曲率可按 API RP7G 推荐公式计算:

$$C = \frac{432000}{\pi} \cdot \frac{\sigma_{max}}{ED} \cdot \frac{\text{th}KL}{KL} \qquad (6-5)$$

式中 C——钻杆不产生疲劳破坏的最大井眼曲率,度/100ft;
E——弹性模量(E 级钢钻杆 $E = 30 \times 10^6 \text{psi}$),psi;
I——管体截面惯性矩,in;
T——弯斜井段处钻杆承受的拉力,lb;
D——钻杆外径,in;
L——单根钻杆长度之半,一般 $L = 180\text{in}$。

因为引用公式采用英制,因此计算时必须进行换算。

例 114.3mm(4 ½ in)E 级钢钻杆,名义重量为 24.73kg/m(16.60ft)[实际为 26.51kg/m(17.8lb/ft)],钻井液密度为 1.7974kg/L(112.21lb/ft³)。浮力系数为 0.771,井深 3537.7m(11600ft),弯曲井段在 914.4m(3000ft)处,钻铤长 182.9m(600ft),钻杆长 3352.8m(11000ft),考虑浮力后,中和点在钻铤顶部以下 30.48m(100ft)处。求钻杆在弯曲井段不产生疲劳破坏的最大允许井眼曲率。

---

❶ 1in = 25.4mm。

解：弯曲井眼处的钻杆承受拉力 T 为：

$T = [(11000 - 3000) \times 17.8 + 100 \times 147] \times 0.771 = 121124$ (lb)

钻杆横截面积：$A = \dfrac{\pi}{4}(D^2 - d^2) = \dfrac{\pi}{4}(4.5^2 - 3.826^2)$

$= 4.4074$ (in^2)

钻杆截面惯性矩 I：

$$I = \dfrac{\pi}{64}(4.5^4 - 3.826^4) = 9.6105 \text{ (in}^4\text{)}$$

$$K = \sqrt{\dfrac{T}{EI}} = \sqrt{\dfrac{121124}{30 \times 10^6 \times 9.6105}} = 0.020496 \text{ (in}^{-1}\text{)}$$

$K_1 = 0.020496 \times 180 = 3.6894$

$\text{th}KL = \text{th}3.6894 = 0.9988$

$\sigma_{nt} = \dfrac{121124}{4.4074} = 27482$ (psi)

按 (6-3) 式：

$\sigma_{max} = 19500\dfrac{10}{67}\sigma_{nt} - \dfrac{0.6}{670^2}(\sigma_{nt} - 33500)^2$

$\qquad = 19500\dfrac{10}{67} \times 27482 - \dfrac{0.6}{670^2}(27482 - 33500)^2$

$\qquad = 15350$ (psi)

按 (6-5) 式：

$C = \dfrac{432000}{\pi} \cdot \dfrac{\sigma_{max}}{E \cdot D} \cdot \dfrac{\text{th}KL}{KL}$

$\quad = \dfrac{432000}{3.14159} \times \dfrac{15350}{30 \times 10^6 \times 4.5} \times \dfrac{0.9988}{3.6894}$

$\quad = 4.23°/100\text{ft}$

所以不产生疲劳破坏的井眼最大曲率 C 为 $4.23°/30.48m$。

参 考 文 献

1 陈南科等编著. 机械零件失效分析. 北京：清华大学出版社，1988 年 8 月第 1 版

2 李平全，宋治. 钻杆腐蚀疲劳失效及预防. 石油钻采工艺，1990，No. 2

3 [美国] A. G. 奥斯特罗夫等著，王向农等译. 腐蚀控制手册. 北京：石油工业出版社，1988 年 10 月第 1 版

4 P. L 穆尔等著，刘希圣等译. 钻井工艺技术. 北京：石油工业出版社，1982 年 8 月第 1 版

5 C. C. Patton. Corrosion Fatigue problems in petroleum production, Corrosion/71 National Conference of NACE, 1971

6 D. Buscemi, L. J. Klein, G. B. Kohut. Criterion proposed to reduce drill pipe failures, Oil & Gas Journal, Oct. 10, 1988

7 M. W. Joosten, J. Shute and R. A. Ferguson, New Study shows how to predict accumulated drill pipe fatigue. World Oil, october, 1985

7 钻柱腐蚀损伤和应力腐蚀开裂的失效分析及预防

7.1 钻柱腐蚀损伤和应力腐蚀开裂概述

7.1.1 钻柱腐蚀损伤的特点

钻柱腐蚀损伤的主要特点是：

(1) 腐蚀使金属从元素变化为化合态而失重，引起钻柱几何尺寸变化，如管壁减薄、承载能力下降、螺纹部分连接和密封受到损坏等。

(2) 腐蚀所产生的蚀坑、沟槽等可引发其它类型的失效，例如在交变载荷作用下，蚀坑可作为疲劳裂纹源，在蚀坑底部产生裂纹，最后导致腐蚀疲劳失效，已在第6章专门阐述。

(3) 腐蚀还原产物氢可进入金属，使材料发生脆化。

在上述几方面中，前者是腐蚀的直接结果，虽需要一个较长时间的腐蚀累积过程，但它只能控制，而无法防止，因此其危害性是不言而喻的。后两者是腐蚀间接的或与其它因素共同作用的结果，因而导致突发性的失效，往往发生在钻井过程中，所以其危害尤大。

钻柱失效事故中约有60%以上都与其在钻井液中的腐蚀行为有关。美国一家钻井公司曾作过这样的统计，在该公司所有降级或报废的钻杆中，因内壁全面腐蚀、点蚀、腐蚀疲劳等造成的就占75%以上。石油管材研究所对1984～1988年进行的近百次钻柱构件失效分析的统计表明，60%的失效是直接或间接地由腐蚀引起的。可见，腐蚀是造成钻柱失效的主要原因。并且腐蚀带来的附加检查、维修和事故处理等使得钻井效率下降和费用增加。

随着世界性油气资源的减少，人们正在谋求开发那些过去因腐蚀性较大而未能开采的埋藏较深的油气田。要顺利开采这些油气资源,就要求人们比过去更深刻更全面地认识钻采过程中存在的腐蚀现象,并采取适当措施减轻其危害。

7.1.2 应力腐蚀开裂

如前所述腐蚀开裂损伤特征之一,即腐蚀还原产物氢原子进入金属,使材料发生脆化,在水溶液中,这种脆化则就称之为应力腐蚀。

金属材料在拉伸应力(施加的外应力或残余应力)和一定的腐蚀介质同时作用下所导致的开裂失效称为应力腐蚀开裂(SSC)。

在腐蚀介质不存在的条件下,只有当作用于金属材料上的应力超过其抗拉强度时,材料才会断裂;反之,在应力不存在的条件下,只有当金属材料与腐蚀性很强的介质接触时,材料才会在较短的时间内受到严重腐蚀,从而破坏。但是当一定的拉伸应力和一定的腐蚀介质共同作用时,往往在低于抗拉强度而介质腐蚀性又较轻微的情况下发生开裂。这就是金属材料的应力腐蚀开裂。开裂之前,金属材料没有显著的变形或其它明显可见的宏观征兆,因此常被忽视而疏于防范,以致酿成恶性破坏事故。

应力腐蚀开裂是环境引起的一种常见的失效形式。美国杜邦化学公司曾分析在4年中发生的金属管道和设备的685例破坏事故,有近60%是由于腐蚀引起,而在腐蚀造成的破坏中,应力腐蚀开裂占13.7%。根据各国大量的统计,在不锈钢的湿态腐蚀破坏事故中,应力腐蚀开裂甚至高达60%,居各类腐蚀破坏事故之冠。应力腐蚀开裂的频繁发生及其造成的巨大危害,引起了人们的关注。

钻柱构件常用材料为碳钢和低合金钢,但由于深井、超深井、定向井、丛式井技术的推广应用,铝合金、钛合金轻质钻杆、高Ni或高Mn的奥氏体不锈钢无磁钻铤的应用也日渐增多,这些材料的钻柱构件由于应力腐蚀开裂造成的失效时有发生。

碳锰钢或低合金钢钻杆、钻铤、接头在含H_2S油气环境中产生硫化物应力腐蚀开裂（SSCC）。硫化物应力腐蚀开裂属应力腐蚀的范畴。

铝合金的应力腐蚀开裂主要发生在含 Cl^- 离子的水基钻井液中。在充气的非分散低固相水基钻井液的应力腐蚀开裂试验中也可以清楚看出 2014-T6 铝合金的应力腐蚀开裂倾向，但在脱气或经氮气冲洗和化学除氧的同一钻井液中，未见应力腐蚀开裂。Cl^- 浓度会加速其应力腐蚀开裂。铝合金钻杆在我国应用很少，钛合金钻杆更未见使用，因此关于它们的应力腐蚀开裂问题本书不作讨论。

在定向井、丛式井钻进时，尤其是近海和海上钻井作业时，无磁钻铤是重要的钻柱构件。借助无磁钻铤、转换接头和扶正器等使井下测量仪器与磁性物质（如钢制钻柱构件）分离，以保证井下测量仪器的正常工作，保证井身的定向角度准确。多年来 Momel 合金（K-Momel 500）一直被选作这类构件用材料，这是一种大约含 66%Ni、30%Cu 和少量其它元素的合金。目前已采用低成本的合金全面取代 Momel 合金。大部分新合金具有特定的成分，是属于厂家自己的奥氏体型不锈钢。这些新合金钢中 Cr、Mn、Ni 是主要的合金元素，N 也被用作合金元素，有些钢种还含少量 Mo、Nb、Ti，以获得所必须的性能。这种奥氏体不锈钢通常采用形变强化，故合金成分设计必须保证合金在一定过量变形条件下，组织结构不会失去稳定性而转变成有磁性的材料。国内已开发了此类奥氏体型无磁钻铤。这种钢的力学性能好，磁导率低，但耐应力腐蚀开裂性能较差，同时在敏化温度下，会产生沿晶应力腐蚀开裂。

钻柱的应力腐蚀开裂是环境开裂中最广泛的失效形式之一，是一个复杂的力学—化学破坏过程。它具有下列一些特征：

（1）产生应力腐蚀开裂必须同时具备特定环境、足够大的拉应力、特定的合金成分和结构三项条件。

（2）具有一定的选择性，即只有在特定环境中，特定材料才产生应力腐蚀开裂。例如碳钢和低合金钢钻柱构件在含 H_2S 的油气环境中，在含 HCO_3^- 和 CO_3^{2-} 的水基钻井液中（若钻井液中同时含有 OH^-、Cl^- 和 NO_3^- 构成的氢氧化物、氯化物及硝酸盐，SCC 还会加快），奥氏体不锈钢无磁钻铤在含 Cl^- 的水基钻井液中都会产生应力腐蚀开裂。应力腐蚀开裂只有当材料在不发生剧烈均匀腐蚀的介质中才会发生。一般促使材料发生应力腐蚀开裂的介质可以有下面三种情况：

1）在介质中含有促使材料表面形成钝化膜，但又含有破坏钝化膜完整性的离子；

2）介质能向合金材料提供足够量的氢以引起氢致开裂，并且合金材料在该介质中均匀腐蚀速度很低；

3）在介质中有促使浸入的合金材料表面形成钝化膜，并且不含破坏钝化膜完整性的离子，但钝化剂量不足，介质在材料表面缺陷中能激发内部金属溶解或缺陷内介质析氢，钝化膜强度低。

（3）应力腐蚀开裂裂纹方向和拉应力垂直，微观上可略有偏移。只有拉应力能引起应力腐蚀，压应力反而能阻止或延缓应力腐蚀。拉应力可来源于构件加工或焊接的残余应力或外载荷。

7.2 钻柱使用和存放的腐蚀环境

钻柱从进货到报废或失效一般要经历使用前存放——使用——存放——再使用——再存放，直到报废或失效这样一个过程。钻柱使用时所接触的是钻井液，存放时所接触的是室外大气、未洗净钻井液和管内未清除积水。它们构成钻柱使用和存放时的腐蚀环境。

7.2.1 钻柱使用时的腐蚀环境

钻柱使用时的腐蚀环境是钻井液。在整个钻井过程中，钻井液始终与钻柱的内外管壁接触，并可造成钻柱多种形态的腐蚀损伤。

钻井液的种类很多，物性状态也不尽相同，并且在钻井过程中还将受到地下油、气、水、岩、盐层等因素的影响,因而各油田所使用的钻井液在其成分和腐蚀性能上存在很大差异。

(1) 钻井液的组成物:

多数钻井液是含水铝硅酸盐即粘土以颗粒状态(小于 $2\mu m$)在分散介质中所形成的溶胶——悬浮体。为使钻井液具有钻井工艺所要求的各种性能,需加入各种化学处理剂。

钻井液的分散介质主要有淡水、盐水、油及其混合液 4 种,其中水为使用最早和最广泛的分散介质。

钻井液的化学处理剂主要有:

无机处理剂:纯碱(Na_2CO_3)、烧碱($NaOH$)、石灰(CaO)、石膏($CaSO_4$)、氯化钙($CaCl_2$)、食盐($NaCl$)、水玻璃(Na_2SiO_3)、三氯化铁($FeCl_3$)、重铬酸钠($Na_2CrO_7 \cdot 2H_2O$)、六偏磷酸钠[$(NaPO_3)_6$]、碱式碳酸锌[$Zn_2(OH)_2CO_3$]、重晶石($BaSO_4$)和菱铁矿($FeCO_3$)等。

表面活性剂:烷基磺酸钠及一些非离子型活性剂等。

钻井液可分为水基钻井液和油基钻井液两大类。按分散介质则可细分为:淡水钻井液——含盐量($NaCl$)<1%,含钙量(Ca^{2+})<120mg/L;盐水钻井液——含盐量>1%,包括不饱和盐水钻井液、饱和盐水钻井液和海水钻井液;钙处理钻井液——含钙量>120mg/L;混油钻井液——原油或柴油以水包油状态分散在水中;油包水钻井液(油包水状态)和油基钻井液等。按主要钻井液处理剂来划分,则又可分为如铁铬盐——石膏钻井液、CMC——铁铬盐钻井液、低固相弱酸性钻井粉、饱和盐水钻井液、铁胶钻井液、聚丙烯酰胺聚合物钻井液和三磺钻井液等。

(2) 钻井液温度:

钻井液循环途中被地热加热,温度升高,在井底附近温度最高,其温度可接近于井底温度。钻井液上返到一定高度后开始冷却,返出地面在钻井液池中继续冷却直到接近大气温度。因此钻井液温度主要与井底温度、钻井液在井内停留时间以及大气温度相关,其中最重要的因素是井底温度。井底温度与井深有关,一般地温梯度为2.4℃/100m～3.0℃/100m。钻井液在井内停留时间与排量、井深有关，一般每千米井深钻井液往返时间为0.15～0.35h。

在起下钻、接单根和处理事故时，钻井液循环停止，在井筒内处于静止状态，时间视具体情况长短不一，短的半个小时，长的则一天甚至更长。

由于钻井液上返到一定高度后即开始冷却，所以井口温度一般不超过90℃。

(3) 钻井液压力：

在井眼里，地层中的油、气、水的压力是靠钻井液的液柱压力来平衡的，在某个井深处的钻井液柱近似压力 = (1/100) × 井深 × 钻井液密度。

(4) 钻井液pH值：

钻井液pH值大致反映了钻井液腐蚀性的大小，pH值是钻井液中氢离子浓度大小的表示。各类钻井液pH值不相同，但大都在碱性范围内。如绝大多数不分散低固相钻井液pH值为7～8.5；铁铬盐盐水钻井液（CMC）pH值为9～10；钻井粉饱和盐水钻井液pH值为7～12，饱和盐水钻井液的pH值则较低，一般为6～7。钻井液的pH值可以通过加入NaOH来调整。添加一些钻井液处理剂时，pH值会降低，这是因为这些添加剂低浓度水溶液呈酸性或弱酸性。如木质素磺酸铬、褐煤、丹宁的1%水溶液时的pH值分别为7.0、3.2、5.0，1%铁铬盐水溶液也呈弱酸性。加聚合物类高分子钻井液pH值也会明显降低而增加腐蚀性。H_2S、CO_2的侵入，也会使钻井液pH值下降，腐蚀性加强。

(5) 钻井液溶解氧：

如果钻井液中存在溶解氧，则其腐蚀性大大增强，即使溶解氧的浓度很低也会造成严重的腐蚀损伤。钻井液在地面搅拌，在储罐、振动筛、离心泵、除砂器等与大气接触，氧都可以进入钻井液。

氧在钻井液中的体积分数一般为$1 \times 10^{-3} \sim 10 \times 10^{-3}$mL/L，

但在使用充气钻井液时,溶解氧含量则更高。

溶解氧通常以单分子游离状态溶解在钻井液中。氧在钻井液中的溶解度是压力、温度和溶解盐浓度的函数。一般,氧在盐水里比在清水中的溶解度小。温度降低,氧的溶解度增大;压力越大,氧溶解度越大。

钻井液中的溶解氧极易引起钻具的腐蚀,在中性水溶液中,氧电极的平衡电位是 0.815V,而氢电极的平衡电位只有 -0.413V,因此在中性和碱性钻井液中,钢质钻柱构件倾向于发生氧腐蚀,溶解氧的腐蚀速率分别是 CO_2 溶液和 H_2S 溶液的 80 倍和 400 倍。当钻井液中的 NaCl 浓度为 2%~5%,尤其是 NaCl 浓度为 3% 时,氧腐蚀速度最大。

(6) 钻井液中的硫化氢:

硫化氢溶于钻井液中的水,形成弱酸,降低钻井液的 pH 值。硫化氢除了会导致硫化物应力腐蚀开裂、氢致开裂、氢鼓泡等失效外,也会造成钻柱的全面腐蚀和溃疡状腐蚀。钻井液中的硫化氢来源:钻开油气层后,当钻井液液柱压力小于油气层压力时,油气流中所含的 H_2S 就会大量进入钻井液,即使钻井液液柱压力大于油气层压力,由于气体的吸附、扩散及油气与钻井液间局部置换、对流作用,油气中的硫化氢也会或多或少地混入钻井液中。一些钻井液中加入磺化物处理剂,这类磺化物在井底高温下不稳定,会分解出硫化氢,铁铬木质素磺酸盐和磺化褐煤分别在 130~180℃ 和 130~140℃ 就开始分解出硫化氢,厌氧硫酸盐还原菌的代谢产物中也有 H_2S,尤其是在长时间贮存的钻井液中,这种现象更明显。

钻井液的 pH 值一般大于 9,因此钻井液中分子态硫化氢较少,但如果局部酸化和连续被硫化氢污染使 pH 值下降,则有可能以硫化氢分子态存在于钻井液中。

硫化氢在钻井液中的饱和浓度随温度升高而降低,随入侵油气中硫化氢分压增加而增加。

硫化氢在盐水中的溶解能力比在淡水中小。各类钻井液中的含水量及溶解盐是不一样的,因此各类钻井液的抗硫化氢污染能力也不一样。一般说来,水基钻井液比油基钻井液和逆乳化钻井液抗硫化氢污染能力差。

钻井液中的硫化氢浓度与钻井液的硫化氢污染程度有关,含硫油气流侵入量大,浸入时间长,则钻井液中的硫化氢浓度可达到很高,钻井液的 pH 值会较大幅度下降。

(7) 钻井液中的二氧化碳:

CO_2 可溶于钻井液中形成弱酸而腐蚀钻柱构件。钻井液中 CO_2 与 H_2S 一样,可来自钻井过程中含 CO_2 油气流对钻井液的侵入,此外,钻井液中一些有机添加剂的热降解作用和细菌作用,重晶石粉或膨润土中的碳化物,苏打粉或碳酸氢钠的过度化学处理产生的 CO_2 也能进入钻井液。CO_2 在水溶液中呈多级电离,因此可以同时存在溶解 CO_2、H^+、HCO_3^- 和少量的 CO_3^{2-} 离子,CO_2 的溶解量增加可使溶液 pH 值下降。CO_2 的溶解度随温度升高而下降,随入侵油气流中 CO_2 分压增加而增加。CO_2 分压大于 0.2MPa 时即可出现 CO_2 腐蚀问题。

CO_2 在盐水中的溶解能力也比淡水中小,各类钻井液中的含水量及溶解盐不一样。油基钻井液与逆乳化钻井液中含水较少,因而抗二氧化碳污染能力较普通水基钻井液要好。

钻井液中二氧化碳的浓度与含二氧化碳油气流的气侵时间、强度和处理措施有关。如果气侵量大、时间长、处理措施不当,则二氧化碳可使钻井液 pH 值逐渐下降。CO_2 溶解于钻井液中,既可使钻柱产生均匀腐蚀,也可产生非均匀腐蚀。

(8) 钻井液溶解盐类离子:

钻井液中一般都含有大量的离子,钻井液处理剂和地下油、气、水、盐、岩层中物质是这些离子的主要来源。

饱和盐水钻井液中氯离子浓度不小于 170000mg/L。食盐在水中的溶解度随温度升高而增加,可以从 40℃时的 36.6% 增加到 100℃时的 39.8%,可见井底的盐度可能比井上部要高,特别是钻遇盐层时,要加入过饱和的食盐。其它类型钻井液中的氯离子浓度与添加剂、水来源和地质情况有关，浓度上差距很大。一般来说，任何类型钻井液在钻遇盐层时和与高矿化度地下水串流时，氯离子浓度都会升高。使用海水钻井液时氯离子浓度大于 1.9%。

SO_4^{2-} 离子主要来自中等钙含量处理钻井液中的石膏成分，其浓度一般为 0.03%～0.05%。地下盐水中也经常含有高浓度 SO_4^{2-} 离子，有的甚至可接近 $CaSO_4$ 饱和浓度。海水钻井液中也含有 0.25% 左右的 SO_4^{2-} 离子。

钻井液中其它如 Ca^{2+}、HCO_3^-、CO_3^{2-} 等浓度视具体情况差距很大。

如上所述，在 NaCl 浓度为 3% 左右时，溶解氧的腐蚀速度最大，Cl^- 本身并没有腐蚀作用，但 Cl^- 离子有催化、促进腐蚀的作用。卤族离子均有破坏钝态的能力，尤其是氯离子，具有较强的活化能力。一般认为氯离子半径小、穿透能力强，容易透过钻柱构件表面膜内极小的孔隙，直接与金属接触而形成可溶性化合物；也有人认为 Cl^- 离子有很强的被金属吸附的能力，优先吸附，并可从金属表面清除吸附的致钝的氧。由于 Cl^- 离子的"深挖"作用引起缝隙局部酸化可促进缝隙腐蚀。

硫酸根离子是厌氧硫酸盐还原菌（SRB）生长的基本条件，SRB 在代谢过程产生的 H_2S 能引起金属阳极溶解，可使钻柱构件产生点蚀直至穿孔。

7.2.2 钻柱存放时的腐蚀环境

新钻柱或暂时不使用的钻柱一般都是单件送到管子站存放，并在那儿作适当检查和修整，这些钻具绝大多数都是露天存放的。钻具在管子站可能存放几个月、几年甚至十几年。

潮湿的室外大气是钻柱存放时的主要腐蚀环境。从全球范围看，大气的主要成分几乎是不变的，只有其中的水气含量和二氧化硫、二氧化碳及氯化钠微粒等含量将随地域、季节、时间等条件而变化。

根据其中水气的冷凝或饱和情况，可将大气分为干大气、潮大气和湿大气三类。干大气中金属表面不存在液膜层,潮大气的相对湿度较高,水气可在金属表面形成肉眼看不见的薄液膜,湿大气的湿度太高,以致在金属表面形成了肉眼可见的水膜或水滴。

除上述基本成分外,由于地理环境的不同还含有其它杂质,这些物质被称为大气污染物质。除二氧化硫、三氧化硫和氮化物等污染物质外,还有来自自然界如海水的氯化钠以及其它固体颗粒。二氧化硫的含量冬季比夏季高,工业大气为 $350mg/m^3$,农村大气为 $100mg/m^3$,三氧化硫一般只有二氧化硫的 1% 左右。在海岸附近,大气中含有不少微小的海水水滴,经进一步蒸发,使得海洋大气中含有较多微小的 NaCl 固体颗粒。

使用后钻具内外表面一般都粘有钻井液,特别是内表面,由于内加厚过渡区结构的变化造成清洗和流液困难,使得钻杆内表面仍可残留一些钻井液,如遇潮湿季节,钻井液很长时间保持潮湿状态。

所有这些都使钻柱构件在存放过程中继续发生腐蚀,有时存放过程中发生的腐蚀比钻进过程中还要严重。

7.3 钻柱的腐蚀损伤及控制

7.3.1 钻柱的全面腐蚀和局部腐蚀损伤或失效

钻柱构件的腐蚀损伤或失效按腐蚀形态可以分为全面腐蚀和局部腐蚀两大类。全面腐蚀又可以分为均匀全面腐蚀和不均匀全面腐蚀,一般情况大多是不均匀全面腐蚀。钻柱的局部腐蚀主要有点蚀、缝隙腐蚀、腐蚀疲劳、应力腐蚀开裂和氢脆等。

(1) 钻柱的全面腐蚀损伤或失效:

钻柱全面腐蚀的结果使壁厚相对均匀地减薄,钻柱承载能力下降,容易造成过载断裂。如 1989 年初,辽河油田某井发生了一起钻杆断裂事故,就是属于这种原因造成的腐蚀断裂失效(图 7-1)。该钻杆因腐蚀其壁厚从 API 规定的 9.19mm 减薄到最薄

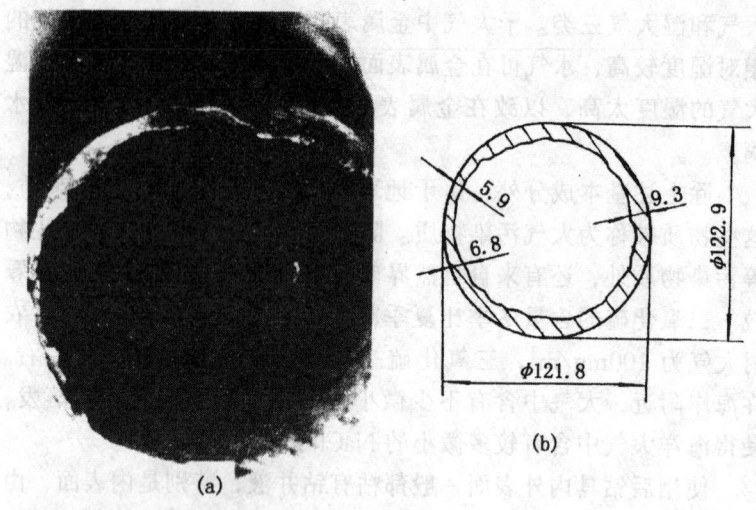

图 7-1 G105 钻杆断裂形貌
(a) G105 钻杆断裂实物;(b) 距断口 270mm 处管体横截面尺寸示意图

处的 5.9mm,实际承载能力下降 36%。

不均匀全面腐蚀本身也可能造成管壁穿孔,因为当局部的腐蚀坑底壁厚很薄时,会在钻柱内外壁压力差(有时可达数十兆帕)的作用下穿孔。图 7-2 就是这种腐蚀穿孔的例子。

(2) 钻柱的缝隙腐蚀:

钻柱各配合处存在缝隙的地方都可能发生缝隙腐蚀,如钻杆、钻铤及转换接头的螺纹连接处、护箍等。石油管材研究所在进行 1988～1989 年的失效分析调查时,在长庆油田钻井二处管子站发现了十几根带胶皮护箍的钻杆在护箍下发生了缝隙腐蚀(图 7-3);在中原油田也发现了几十根带金属胶皮复合护箍钻杆在护箍下发生的缝隙腐蚀,严重的几乎穿透管壁,并因此而使钻杆报废。

缝隙腐蚀产生的蚀坑会造成密封不良,并将导致疲劳寿命下降,也可能直接穿透管壁而失效。

钻柱的缝隙腐蚀是由于缝隙内外的宏观电池引起的。根据缝

图 7-2 钻杆内壁的大量深腐蚀坑和腐蚀穿孔

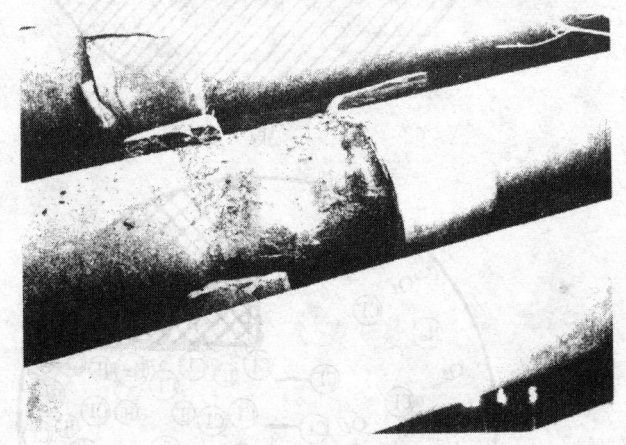

图 7-3 钻杆护箍下的缝隙腐蚀

隙腐蚀机理，护箍和管体之间存在一定的缝隙，置于充氧的钻井液中后，即开始产生如氧腐蚀那样的铁的阳极溶解反应和阴极的氧还原反应。即：

阳极：$Fe - 2e \longrightarrow Fe^{2+}$

阴极：$O_2 + 2H_2O + 4e \longrightarrow 4OH^-$

当钻柱刚接触钻井液时，缝隙内外的反应是以同样方式和速度进行的，如图 7-4 (a) 所示，但经过一个不长的时期后，缝

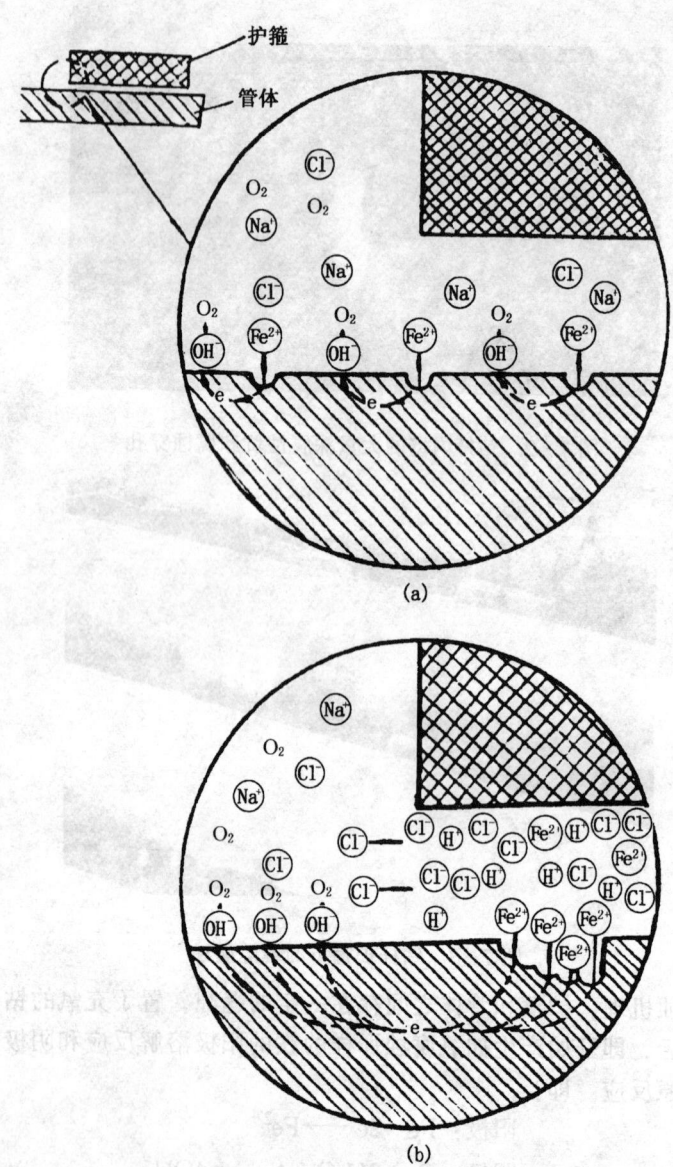

图 7-4 缝隙腐蚀过程示意图
(a) 缝隙腐蚀开始阶段;(b) 缝隙腐蚀后期

隙中的氧很快被消耗掉了,由于氧的扩散迁移很困难,因此在缝隙内的氧还原反应自然停止。由于缝隙外的金属表面仍然存在氧还原反应,即缝隙内阳极溶解释出的电子可顺利转移到缝隙外并立即被氧所消耗,这样就形成了缝隙内金属表面与缝隙外部相邻的自由表面间的宏观电池,从而导致缝隙内金属阳离子的过剩。但缝隙内的电荷总要保持自然的平衡状态,因而缝隙外部的阴离子如 Cl^- 不断地向缝隙内迁移,造成缝隙内氯化铁浓度的增加,随后氯化铁在缝隙内水解:

$$FeCl_2 + 2H_2O \longrightarrow Fe(OH)_2 + 2H^+ + 2Cl^-$$

水解形成微溶的氢氧化铁絮状物和过量的 H^+,结果使这些氢氧化铁在缝隙内堆积,造成氧向缝隙内和铁离子向缝隙外的进一步扩散困难。水解的另一结果是缝隙内的不断酸化,无论外部钻井液的碱度有多高,但缝内最终会达到 pH 值为 2~3 的酸性。此外缝内的 Cl^- 和 H^+ 的浓缩会使阳极过程加剧(也许是通过降低缝内的电位而影响的)。经过这样一系列连续的过程,就形成了所谓的闭塞电池,如图 7-4 (b) 所示,闭塞电池的自催化效应使得缝隙内具有很高的腐蚀速度,管体在护箍等缝隙内被快速腐蚀。

(3) 钻柱的点蚀:

钻杆经酸洗或机械除锈后,我们经常能发现钻杆内外表面有大量点蚀坑。如果仔细观察,就能发现蚀坑会诱发疲劳裂纹的萌生。

钻杆内壁管体上存在的点蚀坑,一般说来直径都大于深度。我们曾对某段管内壁的蚀坑作过测量,其孔径和深度比约为4:1。图 7-5 即是较典型的点蚀坑形貌。

点蚀与缝隙腐蚀有很相似的机理,只不过不存在象缝隙腐蚀那样事先存在的缝隙而已。点蚀存在一个蚀孔起源问题,对于可钝化金属来说,膜的局部溶解是点蚀的起源。而象钻柱这类低合金钢,即使在强碱性钻井液中也不一定存在宏观可见的钝化膜,因此,点蚀源的产生主要来自于钢材表面的缺陷如位错、晶界、疏松和夹杂物等处（因为夹杂物被腐蚀掉后就会留下一个小坑）。点蚀一旦起源后，就会连续发生与缝隙腐蚀一样的孔内变化。

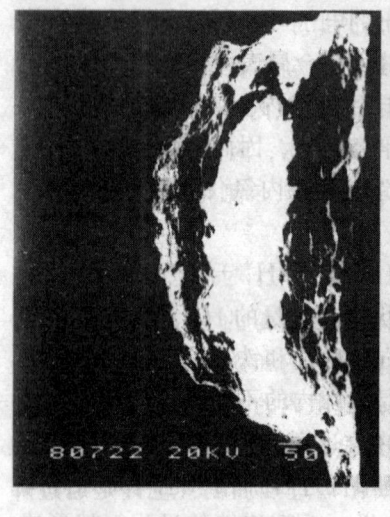 

图 7-5　钻杆内壁的点蚀坑形貌　　图 7-6　蚀坑底及裂纹内的腐蚀产物堆积

在点蚀发生的初始阶段，由于阳极溶解下来的金属离子水解生成 H^+，因此蚀孔中溶液的 pH 值下降，具有强酸性，这样又加快了金属的溶解，从而造成了蚀孔的扩大与加深。随着腐蚀的不断进行，在蚀孔上及内部形成了腐蚀产物（图 7-6），致使孔内外的物质特别是溶解氧和铁离子的迁移困难。这样，蚀孔内的金属盐愈加浓缩，因水解而使 pH 值愈加降低。孔内欲维持电荷自然平衡，阴离子如 Cl^- 不断地通过腐蚀产物向蚀孔内迁移，导致孔内 Cl^- 进一步富集，这就是点蚀发展的自催化过程。图 7-7 为点蚀发展的自催化过程示意图。

按钻柱所处环境中的主要腐蚀介质，将钻柱腐蚀损伤或失效分为硫化氢腐蚀、二氧化碳腐蚀、溶解氧腐蚀和大气腐蚀等类型。

（1）硫化氢腐蚀：

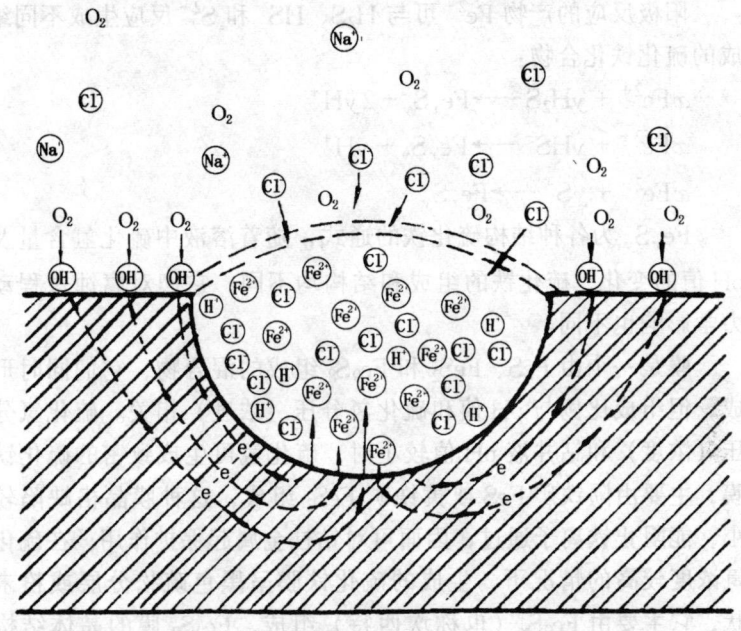

图 7-7 点蚀发展的自催化过程示意图

在大量硫化氢气侵的情况下，钻井液 pH 值可下降到 4~5 左右。由于钻井液中 HS^- 和 S^- 离子的存在使氢原子结合成氢气的反应受到阻碍这一特殊效应，使得即使井筒里只含有少量（百万分之几）的硫化氢，钻柱就有可能发生硫化物应力腐蚀开裂和氢断裂，这里不再赘述。除此之外，硫化氢还会使钻柱发生电化学失重腐蚀。硫化氢造成的电化学失重腐蚀的主要形态是全面腐蚀和溃疡状腐蚀，在钻柱表面形成形状、大小、深度各异大量的腐蚀坑和腐蚀条带，导致壁厚减薄、穿孔、甚至破裂。

钻柱在含硫化氢钻井液中的腐蚀是氢去极化腐蚀，硫化氢侵入钻井液后，溶于钻井液中的水电离出 H^+、HS^- 和 S^{2-}，这些离子对腐蚀过程中的氢去极化和阳极溶解反应都有一定的影响。HS^- 和 S^{2-} 除可使钢中氢浓度增加外，还可与铁原子牢固键合，使金属原子间结合减弱，从而使金属易于电离，阳极溶解速度加快。

阳极反应的产物 Fe^{2+} 可与 H_2S、HS^- 和 S^{2-} 反应生成不同组成的硫化铁化合物：

$$xFe^{2+} + yH_2S \longrightarrow Fe_xS_y + 2yH^+$$
$$xFe^{2+} + yHS^- \longrightarrow Fe_xS_y + yH^+$$
$$xFe^{2+} + yS^- \longrightarrow Fe_xS_y$$

Fe_xS_y 为各种结构硫化铁的通式，随着溶液中硫化氢含量及 pH 值的变化，硫化铁的组成和结构均不同，它们对腐蚀过程动力学影响也不同。

膜是一个由 FeS、FeS_2 和 Fe_9S_8 组成的混合物，它们同时形成，但组成比例与 pH 值和硫化氢分压（浓度）相关。硫化氢分压（浓度）和钻井液 pH 值较小时，硫化氢可生成致密的硫化铁膜，主要由陨铁矿 FeS 或黄铁矿 FeS_2 组成，这种膜晶格缺陷较小，能阻止铁离子通过，因而可对钻柱金属起保护作用；在硫化氢浓度较高的情况下，生成的硫化铁膜呈黑色疏松分层或粉末状，它主要由 Fe_9S_8（也称坎西特）组成，Fe_9S_8 膜的晶体结构不完善，不能阻止铁离子通过，因而没有保护作用。

一般认为，当 H_2S 分压小于 6.5×10^{-5}MPa（有资料认为浓度小于 2.0mg/L）时，膜主要由 FeS 和 FeS_2 组成，只有少量的 Fe_9S_8；当分压大于 $3.7\times10^{-4} \sim 2.2\times10^{-2}$MPa（或认为浓度大于 20mg/L）时，只有少量的 FeS、FeS_2，主要是大量的 Fe_9S_8。

溶液的 pH 值对膜的组分也有很大影响，在 pH 值为 $6.5\sim8.8$ 范围内，Fe_9S_8 较易生成，此 pH 值范围内钻柱金属的腐蚀速度较快。

我们知道，地层压力一般都较高，因而，即使油气中硫化氢浓度很低，其分压也常常超过 0.1MPa，甚至可达几个或几十个兆帕，并且许多钻井液的 pH 值都在弱碱性范围内，如目前使用最广泛的新型钻井液——低固相不分散钻井液的 pH 值为 $7\sim8.5$。因此钻柱受硫化氢腐蚀时，膜主要由 Fe_9S_8 组成，这种膜不仅无保护作用，甚至加速钻柱的进一步腐蚀。

现已确定，硫化铁对于铁和钢是阴极，可与之形成腐蚀电偶，其电位差可达 0.2~0.4V。硫化物与钢形成的强电偶，导致钻柱表面产生很深的溃疡状蚀坑而很快破坏。

7.3.2 钻柱在几种主要介质的腐蚀损伤或失效

有人曾用腐蚀环在井口对腐蚀速度进行了测试，钻井液中硫化氢浓度为 0.0033%~0.019% 时的腐蚀速度是 2~4mm/a。由于井口温度比井底低得多，且受钻井液的冲刷作用小，因而井底钻柱的实际腐蚀速度要比这个数据大。

(2) 二氧化碳腐蚀：

常温常压下二氧化碳的腐蚀也许是微弱的，但对于钻柱来说，井筒里是高温、高压和高浓度的二氧化碳环境，因此这时二氧化碳的腐蚀是非常显著的，甚至达年腐蚀量十几个毫米左右。二氧化碳环境中钻杆的损害主要是快速的电化学失重腐蚀，其形态也大多是不均匀全面腐蚀。

二氧化碳为弱酸性气体，溶于钻井液后生成碳酸，并电离出 H^+、HCO_3^-、CO_3^{2-}，H^+ 主要来自它的一级电离。

二氧化碳气侵后可使钻井液 pH 值显著下降，必须不断加入碱性物质以调节 pH 值，但大量气侵时要维持 pH 值则是很困难的。

钻柱材料在二氧化碳气侵的钻井液中的电化学腐蚀也是氢去极化腐蚀，在夹杂物、晶界等处，H^+ 被还原成 H 原子，随后聚合成氢气析出，即：

$$2H^+ + 2e \longrightarrow 2H \longrightarrow H_2 \uparrow$$

这一步反应生成的氢能顺利析出，不会大量进入材料内部，因而不会产生氢脆或应力腐蚀断裂。腐蚀的阳极过程是铁的溶解：

$$Fe - 2e \longrightarrow Fe^{2+}$$

亚铁离子进入溶液后可与 HCO_3^-、CO_3^{2-} 离子进行二次反应生成腐蚀产物。图 7-8 为钻柱材料在含二氧化碳环境中腐蚀机理示意图。

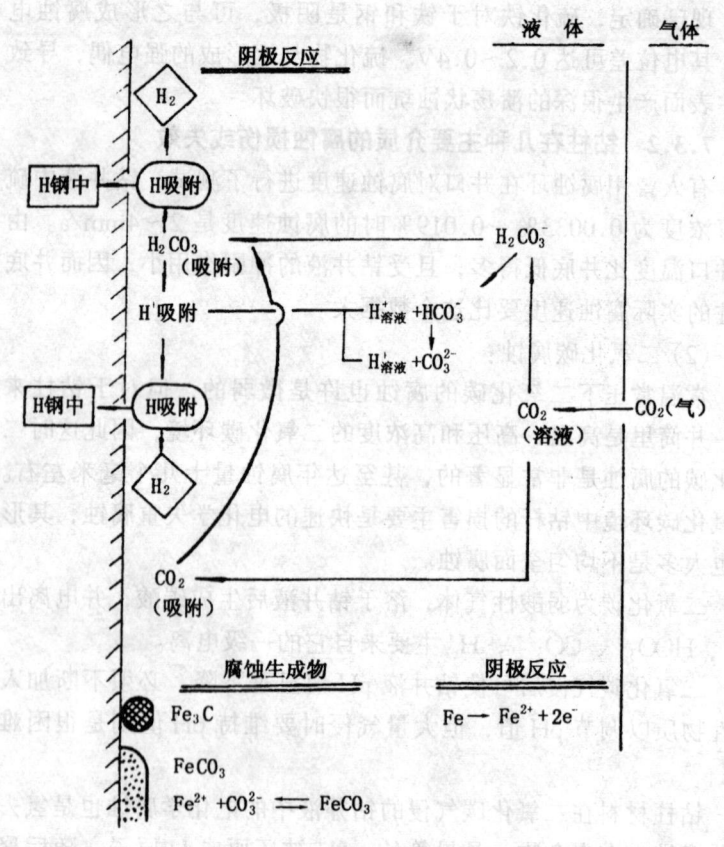

图 7-8 CO$_2$ 的腐蚀机理

当溶液中铁离子浓度较低时，腐蚀产物主要是黑色磁性物质 FeO·FeCO$_3$，当溶液中的铁离子浓度较高时，则生成 FeCO$_3$（菱铁矿），它可在金属表面形成连续的致密层，阻挡金属的进一步腐蚀，即对金属有保护作用，这已从含不同铁离子浓度的二氧化碳水溶液中的阳极极化曲线上得到证实（图 7-9）。图中极化曲线表明，在含铁的二氧化碳水溶液中，钢的腐蚀速度远小于不含铁离子水溶液中的腐蚀速度，并且含铁离子水溶液中存在一个钝化电流，说明腐蚀产物膜具有保护性，而不含铁离子的曲线中则无钝化电流,说明腐蚀产物膜无保护性。

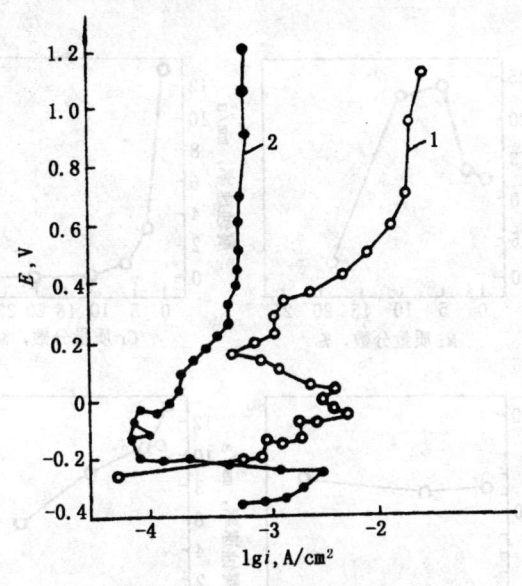

图7-9 碳钢在二氧化碳水溶液中的阳极极化曲线(温度80℃,CO_2分压为0.7MPa)

E—电压,V; i—电流密度,A/cm²;
1—不含铁离子; 2—铁的浓度为251mg/L

钻井液本身几乎不含铁离子,腐蚀得到的铁离子对整个钻井液系统来说是极少的,因此可以认为钻柱在二氧化碳气侵时钻井液中的腐蚀产物膜是无保护性或不存在的。因此,钻柱的二氧化碳腐蚀使钻柱壁厚持续减薄、导致承载能力下降而失去使用性能。

二氧化碳腐蚀是一种类似溃疡状的不均匀全面腐蚀,严重时可能呈蜂窝状,在表面形成许多大小形状不同的蚀坑、沟槽等,腐蚀穿透率较高,达几毫米/年到十几毫米/年。

二氧化碳腐蚀的影响因素包括材料和环境因素:

1) 材料因素:合金元素对管材的耐二氧化碳腐蚀性能影响

很大。图7-10为一组在充二氧化碳气体的人工海水中得到的实验结果。

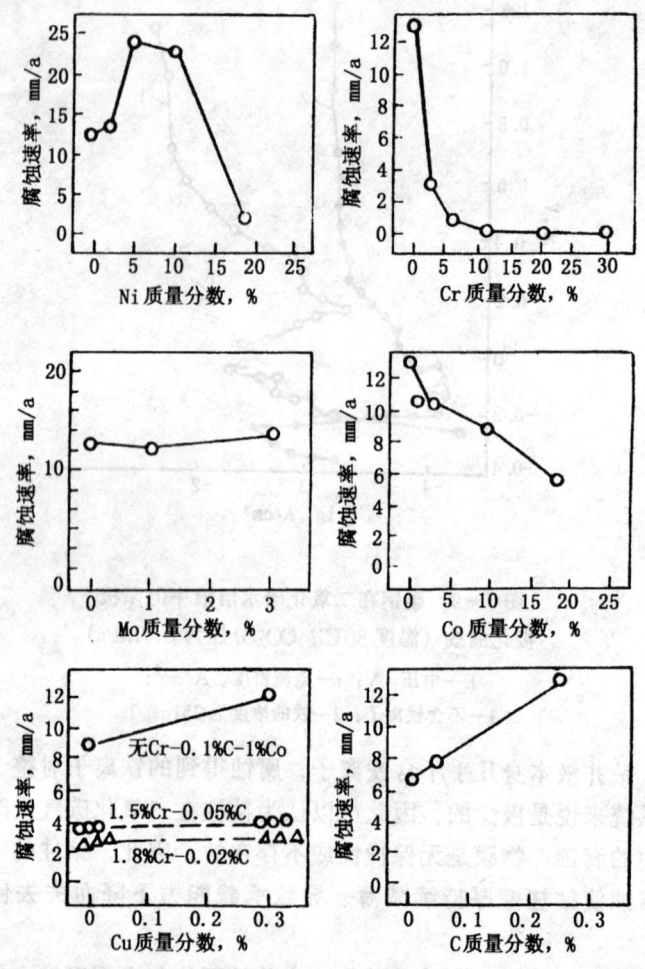

图7-10 合金元素对材料在含二氧化碳
人工海水中腐蚀速度的影响

从图7-10可见，Cr、Co元素对材料的耐二氧化碳腐蚀性能有益；而C、Cu元素则有害；Mo元素的影响不大；Ni元素含量小于5%时有害,而当其含量大于5%后,则可显著提高材料的耐蚀性能。

根据铬元素对材料耐二氧化碳腐蚀性的影响特征,人们已发展了系列的含铬材料来提高钻柱的耐二氧化碳腐蚀性能。

2) 环境因素:二氧化碳的分压对腐蚀速度的影响最大,分压越大,则溶入钻井液的二氧化碳越多,腐蚀速度越大,如图7-11所示。

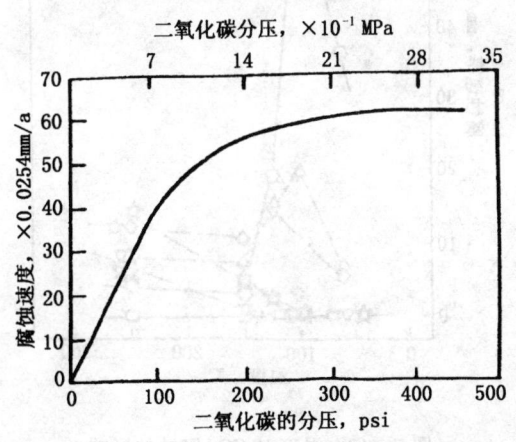

图7-11 钢在与不同二氧化碳分压的气体平衡的水溶液中的腐蚀

温度对二氧化碳的影响见示意图7-12。图中可以看出,温度对碳钢的耐蚀性影响较大。在小于100℃时,温度的升高使二氧化碳腐蚀速度急剧增加,超过100℃后则又急剧下降,大于150℃后腐蚀速度处于最低水平并保持平衡。但随着材料中铬含量的提高,温度的这种效应逐渐减弱,并表现出很好的耐蚀性能。普通钻柱材料中一般添加很低含量的铬元素或不添加铬元素,因此,在含二氧化碳钻井液中的腐蚀速度在100℃附近达到最高水平。

此外,钻井液pH值的提高,可使二氧化碳腐蚀速度下降。

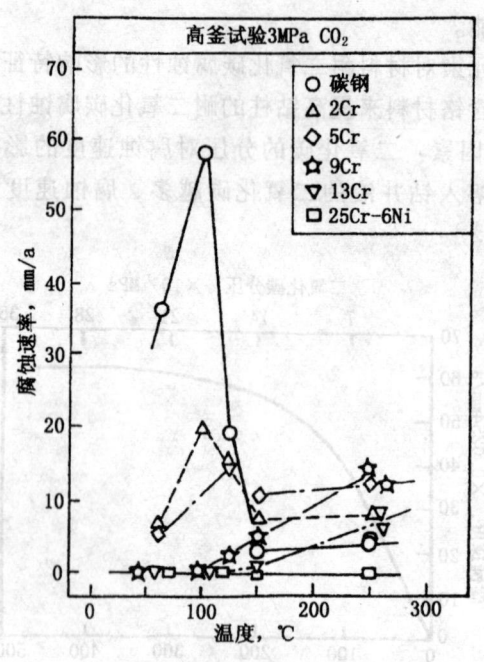

图 7-12 温度对 CO_2 腐蚀的影响

钻井液流动可使钻柱表面膜破坏,并且流动使反应物质传质容易,因而能促进腐蚀。

3) 溶解氧腐蚀:溶解氧腐蚀是钻柱使用寿命下降的最重要的原因,虽然硫化氢和二氧化碳引起的后果是严重的,但毕竟能造成大量硫化氢和二氧化碳气侵的情况并不多,最普遍存在的是由钻井液中溶解氧引起的各种形态的腐蚀,如腐蚀疲劳、缝隙腐蚀和点蚀。

溶解氧腐蚀都是在中性和碱性环境中发生的,而钻井液的 pH 值绝大多数是中性和碱性。钻柱的溶解氧腐蚀是氧去极化过程:

阳极：$Fe - 2e \longrightarrow Fe^{2+}$

阴极：$O_2 + 2H_2O + 4e \longrightarrow 4OH^-$

总反应式：$2Fe + O_2 + 2H_2O \longrightarrow 2Fe^{2+} + 4OH^-$

亚铁离子随后水解生成 FeO（OH），脱水和进一步氧化后变成 Fe_2O_3。这可以从钻柱构件表面上的黄色 FeO（OH）和棕红色 Fe_2O_3 等腐蚀产物得到证实。我们曾用 X 射线衍射仪对钻柱内壁的氧腐蚀产物进行过分析，主要是 FeO 和 Fe_2O_3 及其水化物。腐蚀产物对腐蚀的动力学有很大影响，一般情况下，Fe_2O_3、FeO 都是疏松多孔的，并且在基体上附着能力差，因此无保护作用。氧腐蚀一般都无阻碍地可继续进行。

钻柱的氧腐蚀速率基本上受氧的扩散控制，即提供给钻柱表面的氧越多，腐蚀速度越大。

温度较低时氧的点蚀倾向较大，而温度升高时则转向全面腐蚀。

溶解氧腐蚀对腐蚀起主导作用的是氧浓度，实验证明，随氧浓度的增加，腐蚀速度呈线性增加，如图 7-13 所示。溶解氧的强去极化作用使得即使是浓度很低的氧（<0.0001%）也可以引起钻柱的腐蚀。

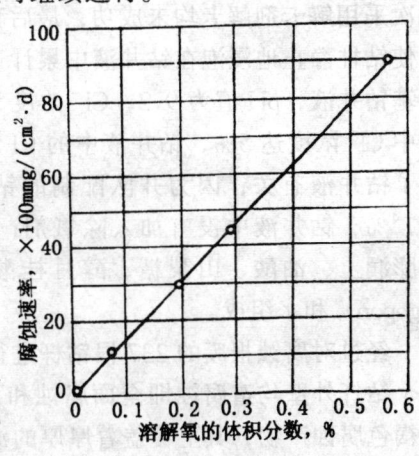

图 7-13 在 25℃含 0.165mL/m³ $CaCl_2$ 的缓慢流动水中溶解氧对低碳钢腐蚀的影响

钻井液中的大量微小固体颗粒对管壁起着冲刷和阻止表面膜形成的作用，使钻柱金属始终无保护地暴露在含溶解氧的钻井液中，因而腐蚀加剧。钻井液通过水眼段时，由于管径的急剧变化，使钻井液在这个部位形成紊流和涡流，因而该处的腐蚀就比别的地方严重，成为一个腐蚀集中区。

此外，钻井液流动加速了氧向管壁的扩散，使管壁附近溶液中因腐蚀而消耗的溶解氧得到充分补充，因而也使腐蚀速度加快。

与任何其它化学反应一样，随钻井液温度的升高，钻柱的溶解氧腐蚀速度加快，但由于温度的升高可使溶解氧的溶解度下降，因而，温度对钻柱在钻井液中腐蚀的实际促进作用会受到一定的抑制。

新疆塔西南柯深 1 井在钻进过程中曾出现 G105 钻杆严重溶解氧腐蚀问题。发生腐蚀的钻杆在使用期间发生多次压差卡钻，几次采用解卡剂解卡均未成功，最后套铣取出钻具，几次卡钻事故使钻柱静止地浸泡在钻井液中累计达 2 个月之久。钻井液为淡水基钻井液，pH 值为 9.2，Cl^- 浓度为 0.264%，钻井液的过滤液中 Cl^- 浓度达 5%，钻井液中的 Cl^- 可能与钻进中钻遇盐层污染了钻井液有关，因为井队配制的钻井液 Cl^- 离子浓度仅 4×10^{-4}%，钻井液中没有加入除氧剂；解卡剂由柴油、沥青、有机膨润土、油酸、山梨糖、醇月桂酸脂（span）、胰加漂 T 类（Igepon）和水组成。

经过对腐蚀报废的 237 根钻杆进行宏观观察发现，除接头外整个钻杆外壁均遭腐蚀即全面腐蚀和局部腐蚀。腐蚀面有黑色、棕褐色腐蚀产物，其上覆盖着厚厚的泥饼，均匀腐蚀的壁厚减少不大，但局部腐蚀的麻点均布在所有钻杆的外壁，直径约 1～3mm，深度 0.5mm 左右，局部腐蚀凹坑分布在腐蚀严重的钻杆外壁，外径约 3～10mm，深度 0.5～1.5mm，局部腐蚀的沟槽在少数钻杆的个别部位出现，纵向或横向上的长为 50～400mm、宽一般为 20mm、深 1.5～3mm。外壁腐蚀产物 Fe_2O_3 和 Fe_3O_4，在泥饼覆盖处，腐蚀产物具有分层沉积特征，腐蚀产物下是蚀坑，腐蚀严重，在无泥饼处腐蚀轻微。钻杆内壁有涂层，无任何腐蚀。分析表明，柯深 1 井钻杆腐蚀属临界 Cl^- 离子浓度下溶解氧的加速腐蚀，主要原因是钻井液在钻杆表面沉积成泥饼和大量

Cl⁻的存在，促进泥饼和钻杆缝内的缝隙腐蚀。

接头或钻铤腐蚀较轻的原因可能与不易形成泥饼有关。图7-14是G105钻杆溶解氧腐蚀的部分形貌，这种腐蚀与钻杆钢级无关，在发现G105钻杆腐蚀后，曾全部换用新的S135钻杆，又发现类似腐蚀现象。

图7-14 G105钻杆氧腐蚀形成的点坑和沟槽
(a) 点坑；(b) 沟槽

4) 硫化氢、二氧化碳、溶解氧和溶解盐对钻柱腐蚀的相互影响：我们知道，油气中往往同时含有硫化氢和二氧化碳，它们气侵时可使钻井液同时含有这两种气体，并且钻井液中几乎不可避免地会混入一定量的氧气，加上绝大多数钻井液本身就是一个盐水溶液，因此这四种腐蚀性物质常常是不同组合或全部地存在于同一钻井液环境中，并共同作用，造成钻柱腐蚀，这种腐蚀往往比上述单一物质造成的腐蚀更加严重。

经验告诉我们，硫化氢、二氧化碳、溶解盐对钻柱的腐蚀是相互促进的。含硫化氢、二氧化碳和溶解盐（$NaCl$、$CaCl_2$、$MgCl_2$、$NaHCO_3$、$BaCl_2$、Na_2SO_4）的油田水环境中碳钢的腐蚀试验，试验结果见图7-15、图7-16、图7-17。

从图7-15中可以看出，即使二氧化碳浓度急剧下降，随总盐量的提高，二氧化碳腐蚀速度仍急剧上升。图7-16显示对于硫化氢腐蚀来说，随着腐蚀溶液中硫化氢浓度的急剧下降，总溶盐量的提高，腐蚀速度几乎不变。图7-17表示，对二氧化碳、硫化氢联合腐蚀体系，即使二氧化碳和硫化氢浓度同时急剧下

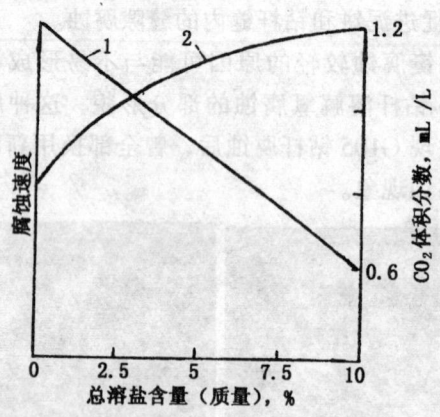

图 7-15 总溶盐对二氧化碳
腐蚀速度的影响

1—CO_2 体积分数；2—腐蚀速度

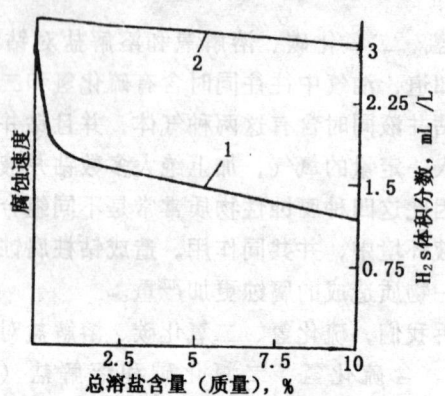

图 7-16 总溶盐对硫化氢
腐蚀速度的影响

1—H_2S 体积分数；2—腐蚀速度

降，随总溶盐量的提高，腐蚀速度仍急剧上升。因此可以认为，总溶盐量的提高对二氧化碳、硫化氢或它们的联合腐蚀都有促进作用，尤其是对二氧化碳和二氧化碳/硫化氢联合腐蚀的作用尤

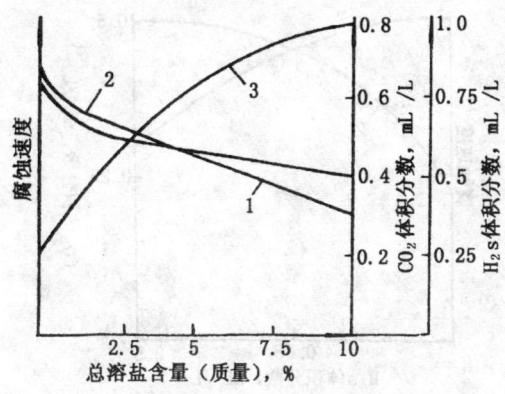

图 7-17 总溶盐对 CO_2/H_2S 联合腐蚀的影响
1—H_2S 的体积分数；2—CO_2 的
体积分数；3—腐蚀速度

为显著。所以，现场作业中应尽量选用低盐度的钻井液，以防钻柱被二氧化碳、硫化氢腐蚀。

硫化氢对二氧化碳腐蚀的影响试验结果见图 7-18。从图中可以看出，即使二氧化碳浓度急剧下降，随硫化氢浓度的升高，腐蚀速度仍急剧上升。二氧化碳对硫化氢腐蚀影响的试验结果示意于图 7-19。从图 7-19 中可以看出，即使硫化氢浓度呈线性急剧下降，随二氧化碳浓度的升高，腐蚀速度仍急剧上升。因此可以看出，二氧化碳和硫化氢之间有着强烈的腐蚀相互促进作用。所以，应尽量避免钻井液气侵，尤其是应预防同时含有二氧化碳和硫化氢的油气层气侵。

现场调查和经验都证明，溶解氧对二氧化碳和硫化氢腐蚀也存在强烈的促进作用，甚至可能比二氧化碳、硫化氢和溶解盐之间的相互促进作用还要显著。

7.3.3 钻柱存放时的腐蚀

钻柱存放时，可因空气中水气和氧等的电化学作用引起钻柱内外管壁的大面积锈蚀。对于钻杆来说，由于内加厚过渡区台阶

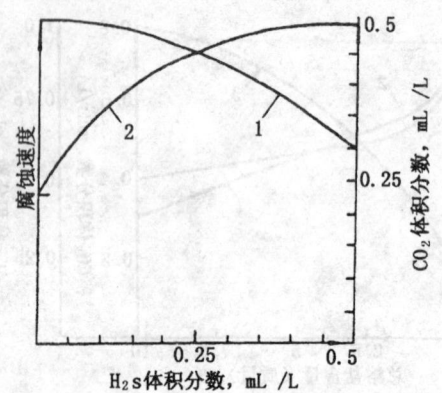

图 7-18 硫化氢含量对
二氧化碳腐蚀的影响
1—CO_2 体积分数；2—腐蚀速度

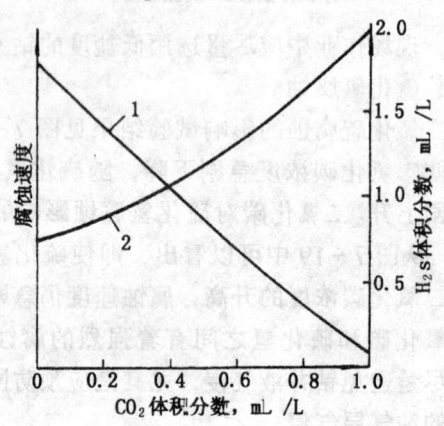

图 7-19 二氧化碳对
硫化氢腐蚀的影响
1—H_2S 体积分数；2—腐蚀速度

的存在，使得易在台阶以下的管壁上造成积液。积液主要来自清洗残留液、未洗净钻井液或雨水。积液的存在加速了大气环境对钻杆内壁的腐蚀，表现为积液所对应的部位最后形成一条由密集的蚀坑、蚀斑等组成的腐蚀带。腐蚀带上的蚀坑如同钻柱在使用时形成的蚀坑一样,也会导致钻杆使用寿命的大幅度下降。

为了在现场验证腐蚀带的存在和判断它的位置,我们曾在四川矿区某管子站用内窥镜对存放较久的钻杆内壁进行了观察,发现腐蚀带位置正好位于管子的最下部,宽度约为圆周的$\frac{1}{10}\sim\frac{1}{6}$。此外,在我们分析过的失效样品中,也频频发现有这样的腐蚀带存在。

1989年3月底,在川南矿区使用的日本NKK产G105钻杆在累计使用仅287.2h,进尺743.23m时即发生了疲劳断裂。失效样被解剖后发现,内壁存在一条宽约$\frac{1}{6}$圆周长的腐蚀带,其余表面光滑如新,裂纹正是从这条腐蚀带上的蚀坑处萌发的。可以断定这条腐蚀带是因新钻杆存放不当,内进雨水造成的(图7-20)。

图7-20 日本NKK产G105新钻杆内壁上的腐蚀带

1986年9月,新疆某井连续发生数起钻杆刺穿事故。该钻杆累计进尺仅8624m,尚属新钻杆。为了找出该钻杆连续早期失效的原因,我们取样进行了分析,剖开断裂钻杆管体发现,钻杆内壁有两条严重的腐蚀带,带宽各为管子圆周长的$\frac{1}{10}$,并在圆周向呈130分布,刺穿发生在其中的一条腐蚀带上,而腐蚀带以外的其它管壁上几乎无任何腐蚀痕迹,如图7-21所示。显然腐蚀带是在存放过程中形成的。据查证,该钻柱共用于钻井2口半,在管子站存放过2次,两条腐蚀带正好与这一事实相吻合。

暴露在室外大气中的钻柱的全表面都将受到大气的腐蚀。室外环境下钻柱的腐蚀是潮、湿大气腐蚀交替进行的。

图7-21 刺穿钻杆腐蚀带形貌

我们知道,潮、湿大气中都含有大量水气,这些水气会在金属表面凝露而形成一层薄液层。大气中的二氧化碳、二氧化硫及海洋大气中的盐颗粒等物质溶于这一水膜中后即形成电解质溶液环境。大气腐蚀正是金属在表面的这层电解质溶液中进行的电化学腐蚀现象。

大气腐蚀属氧去极化腐蚀,即在阳极发生铁的溶解,在阴极进行氧还原反应。阳极的初级腐蚀产物是亚铁化合物,呈黄绿色,但在空气中可进一步氧化成棕红色的铁锈,疏松多孔的铁锈有利于水分的保持,促进腐蚀的进一步发展。

在钻柱内壁存在积液时,特别是当积液中含有钻井液成分的情况下，由于钻井液本身含有大量的溶解盐类，于是积液处的腐蚀严重。此外，内壁积液比外壁雨水干得慢，如果恰处雨季或南方潮湿地区，有时积液能保持几个月甚至更长时间不干，形成严重的腐蚀带。

此外，钻柱存放不合理会加剧钻柱的腐蚀。在油田调查时经常看到，钻杆没有按规定悬空排放在管架上，而是堆放在泥地上，这样在触地的部位腐蚀就会加剧。如在南疆某井断裂的X95钻杆就是因为在泥地放置时间太久，在外壁造成了许多蚀坑，使用过程中外壁的蚀坑诱发了疲劳裂纹最终导致失效。图7-22是某油田不合理存放钻杆的情况。

图7-22 钻杆存放情况

在某些特殊地区，钻柱在存放过程中的腐蚀损伤或失效与酸雨有很大关系。酸雨是pH值小于5.6的自然降水（包括雨、雪、雾、露、雹、霜等）的总称，它能引起严重的大气腐蚀。如果空气中含有工业、民用燃料排放出的大量烟尘和废气，如硫化物（SO_2）、氮化物（NO_x）、氟化物等，它们遇到空气中的水就会形成酸性的水滴，在自然降水时形成酸雨。

在酸性潮湿大气或酸雨中，一个 SO_2 分子可使几十个 Fe 原子腐蚀变成氧化物，可见酸雨或酸性潮湿大气腐蚀性极强，其反应如下：

$2SO_2 + O_2 \longrightarrow 2SO_3$（在 Fe 及表面氧化物催化下）

$SO_3 + H_2O \longrightarrow H_2SO_4$

$H_2SO_4 + Fe \longrightarrow FeSO_4 + H_2 \uparrow$

$4FeSO_4 + O_2 + 2H_2SO_4 \longrightarrow 2Fe_2(SO_4)_3 + 2H_2O$

腐蚀产物 $Fe_2(SO_4)_3$ 水解后又生成 H_2SO_4，继续使 Fe 受腐蚀：

$Fe_2(SO_4)_3 + 6H_2O \longrightarrow 3H_2SO_4 + 2Fe(OH)_3$

当钢管表面锈层有水膜时，氧通过困难，但锈层可作为氧化剂，发生阴极去极化反应：

$4Fe_2O_3 + Fe^{2+} + 2e \longrightarrow 3Fe_3O_4$

当钢管表面干燥时，锈层是透氧的，具有磁性的黑色 Fe_3O_4 被进入锈层的氧重新氧化成 Fe_2O_3。

在酸雨或酸雾与干燥环境交替存在的情况下，表面锈层会加速腐蚀过程。

当钻柱构件表面连续的氧化皮或保护层破损、表面粗糙、落有灰尘或砂粒时，水蒸气或雾会凝聚在低凹处或固体颗粒与钢管表面之间的缝隙处，形成肉眼看不见的很薄的水膜，使这些地方吸附比大气中浓度高的 SO_2，SO_2 的存在会加速这些部位的大气腐蚀。

7.3.4 钻柱的腐蚀控制

由上述分析可知，钻柱的腐蚀源很多，腐蚀形态各异，因此，抑制腐蚀的方法也很多。

7.3.4.1 硫化氢腐蚀的控制

关于硫化氢应力腐蚀开裂及腐蚀疲劳的控制已在第六章及第七章讨论过，那些措施对于电化学失重腐蚀损伤或失效同样是有效的。通常，保持高的 pH 值以中和硫化氢溶解于钻井液引起的酸化，对于控制电化学失重腐蚀的腐蚀速率是很重要的，它能防止来自地层、钻井液处理剂、热降解、SRB 分解的硫化氢侵入钻井液系统。加入碳酸铜、铬酸钠、碱式碳酸锌、锌铬酸盐和亚硝酸钠、海绵铁，可迅速去除硫化氢。地面脱气处理也是消除 H_2S 的有效办法。Dowell 成膜缓蚀剂 IDFILM 有助于保护钻柱，Dowell's IDCIDE 产品使用三氮杂苯（$C_3H_3N_3$）作为控制细菌分解的杀菌剂。在钻井时，尽量选用油基钻井液或是以油为连续相的反乳化钻井液，并用熟石灰处理，也是控制硫化氢腐蚀的有效措施。

井下温度较高时，电化学失重腐蚀速度很快。根据现场经验，温度每升高 10℃，电化学腐蚀速度增加 2~4 倍，因此，在井下主要控制电化学失重腐蚀（在井底高温环境下，通常不产生硫化物应力腐蚀开裂，而在井口附近温度低于 65℃ 时，则主要是要考虑控制应力腐蚀开裂），可采取喷涂塑料涂层控制 H_2S 化学失重腐蚀。

7.3.4.2 二氧化碳腐蚀的控制

(1) 选用耐二氧化碳腐蚀材料：

试验证明，Cr 含量大于 5% 如含 9%Cr、13%Cr、25%Cr 的材料具有较好的抗 CO_2 腐蚀能力，但是，目前钻柱构件的主要用钢是中碳低合金钢，因此，通过选材能解决的 CO_2 的腐蚀问题是非常有限的。因此，最主要的措施是防止气侵、除气和加缓蚀剂。

(2) 防止 CO_2 气侵：

如前所述，CO_2 可来自地层，还可来自有机材料热降解、重晶石粉或膨润土中的碳酸盐、苏打粉或碳酸氢钠的化学过度处理，木质素磺酸盐添加剂高温热降解产生细菌活动或电化学反应都会产生 CO_2。防止 CO_2 气侵必须根据 CO_2 的来源采取相应的措施。

(3) 脱除钻井液中的 CO_2：

已被 CO_2 气侵的钻井液可采用在钻井液中加入 CO_2 清除剂

和表面机械脱气两种方法来防止钻柱的 CO_2 腐蚀。

机械除气法可以采用自动传动带式钻井液筛、水力旋流器、振动筛,也可用喷咀喷雾法完成。机械除气法的缺点是:不能完全将 CO_2 除去,并且在钻井液强烈搅拌过程中有再充气的可能性,因此,只有在气侵量很大时才有效。

最有效的方法是真空除气法,这种方法在除气过程中能增加破坏小气泡的可能性,并且可消除再充气现象。

在除气后,可加入氢氧化钙,它与 CO_2 反应生成碳酸钙沉淀,可进一步去除钻井液中的 CO_2。

(4) 添加缓蚀剂:

目前已开发的抗 CO_2 腐蚀的缓蚀剂种类很多,如脂肪胺、咪唑啉、炔醇、季铵盐、含 N、S 的杂环化合物以及复合配方的缓蚀剂。在美国主要采用脂肪胺类、咪唑啉类、烷基吡啶及季胺盐类缓蚀剂,由于咪唑啉类缓蚀剂不存在相容性及挥发性问题,用量极大,因此,占抗 CO_2 腐蚀的缓蚀剂用量的 90%。前苏联也开发了 200 多个酸性介质用缓蚀剂,其中有 40 多个品种用于生产性试验,而大量应用的仅限于 10~15 个品种。

表 7-1 和表 7-2 列出了几种缓蚀剂在不同浓度、不同温度下的对比试验结果。其中 WSI-02 是中科院腐蚀所最新研制的一种 CO_2 缓蚀剂,效果较好。

表 7-1 不同的缓蚀剂在 60℃ 条件下的缓蚀率[1]

试验编号	药品名称	加药量	腐蚀速度 $g/m^2 \cdot h$	缓蚀率 %	外观
1	7312	0.1%	0.7309	13.95	较严重腐蚀
2	7701	0.1%	0.5128	39.59	较严重腐蚀
3	WSI-01	0.005%	0.0536	93.76	轻微均匀腐蚀
4	WSI-02	0.005%	0.0391	95.39	轻微均匀腐蚀

[1]条件:3%NaCl + 0.5%$CaCl_2$ + 0.002% HAC 水溶液充 CO_2 气至饱和,时间 72h。

表 7-2 不同缓蚀剂在 148±1℃ 条件下的缓蚀率[①]

试验编号	药品名称	加药量 %	腐蚀速度 $g/m^2 \cdot h$	缓蚀率 %	备 注
1	SC-203F	0.005	0.3992	31	斑点腐蚀
2	SC-204F	0.005	0.4163	27	严重局部腐蚀
3	CT2-2	0.005	0.5465	5	严重局部腐蚀
4	WSI-02	0.005	0.2604	54.76	均匀轻微腐蚀

[①]条件：3%NaCl+0.002% HAC 水溶液 $p_{CO_2}=0.7MPa$，时间48h。

注：SC-201F、SC-203F、SC-204F 为美国产 CO_2 缓蚀剂，CT2-2 为国产产品。

(5) 其它措施：

提高钻井液的 pH 值、使用塑料内涂层钻杆、尽可能选用油基和反乳化钻井液、控制钻井液柱压力与地层流体的平衡以防气侵等都能收到良好效果。

7.3.4.3 溶解氧的腐蚀控制

(1) 脱除钻井液中的氧：

通常采用加入除氧剂和表面机械脱气二种方法消除溶解氧的腐蚀作用。钻井液的脱氧必须在密闭环境中，一般脱气后再加除氧剂处理。常用的除氧剂有亚硫酸钠，溶解氧气在亚硫酸盐氧化成硫酸盐的过程被除去的。按理论计算，每 1×10^{-4}% 的溶解氧需要用 7.9×10^{-4}% 亚硫酸钠与其反应，实际操作中，每除去 1×10^{-4}% 溶解氧需要耗用 10×10^{-4}% 或更多的亚硫酸钠。镁、铜、钴、镍和铁的二价离子可作为亚硫酸钠加速氧化的催化剂。肼也是一种除氧剂，但温度较低时，肼与氧反应相当缓慢。

(2) 控制钻井液中的盐度：

通常，在水中 NaCl 浓度上升至 3.5% 时，溶解氧的腐蚀速率最快，但 NaCl 浓度超过 15% 以后，腐蚀速率低于淡水，因此，钻井液中盐浓度应当避开溶解氧腐蚀速率最快的范围。较高的 NaCl 浓度反而有利降低溶解氧浓度，减轻溶解氧的腐蚀。

(3) 其它措施：

在存在溶解氧的钻井液中，加入成膜型有机缓蚀剂能降低点坑的腐蚀速度，但并不能消除点坑腐蚀。在钻柱构件内表面，采用塑料涂层保护以密闭钻井液系统，避免钻井液充气，使钻井液的 pH 值大于或等于 10 都是控制氧腐蚀的有效途径。

7.3.4.4 钻柱存放时的防腐措施

我们知道，钻柱金属表面存在水膜和管内残留积液是造成钻柱存放时腐蚀的最重要的原因，因而，所有能改善水膜和积液情况的措施都能起到一定的防腐作用，所以，我们可采取以下防腐措施：

(1) 如有条件，钻柱应存放在避雨的棚架下；

(2) 应使管子悬空，整齐地排放在排放架上，严禁直接在泥地上堆放；

(3) 刚使用完的钻具，应尽快洗净内外壁的钻井液，然后保持一段时间的竖立，以利于流去残留液，或用热空气逐根吹干；

(4) 长时间存放的钻柱可在洗净吹干后设法在内外壁涂上防腐、防酸雨涂层。

7.4 含 H_2S 钻井液环境中钻柱硫化物应力腐蚀开裂和氢损伤失效分析及预防

7.4.1 硫化物应力腐蚀开裂失效机理

碳锰钢钻杆或低合金钢钻杆、钻铤、接头在含 H_2S 钻井液环境中会发生硫化物应力腐蚀开裂（氢脆）失效。这类失效事故往往是突发性的灾难事故，有很大的危害性。

H_2S 是一种无色、有臭鸡蛋味的、易燃、易爆、有毒和腐蚀性的酸性气体。它不仅对人体的健康和安全，而且对钻具的可靠使用和钻井液性能都有极大的危害性。因此在钻井过程中应极力避免钻井液的硫化氢污染。

通常钻井液中总含有一定量的水，即使是油基钻井液也是如此。H_2S 在钻井液中的存在状态及其产生的应力腐蚀开裂行为与其在水溶液中是一样的。

H_2S 在水中的溶解度很大，水溶液具有弱酸性，如在 0.1MPa 大气压下，30℃水溶液中 H_2S 饱和浓度大约是 300mg/L，溶液的 pH 大约是 4。水溶液中的 H_2S 可分步离解：

$$H_2S \underset{}{\overset{I}{\rightleftharpoons}} H^+ + HS^- \underset{}{\overset{II}{\rightleftharpoons}} 2H^+ + S^{2-}$$

式中（Ⅰ）步离解常数 $K_1 = 10^{-7}$，（Ⅱ）步离解常数 $K_2 = 10^{-13}$。可见在水溶液中有 H_2S（分子）、H^+、HS^- 和 S^{2-} 同时存在。pH 值对 H_2S 在水溶液中的存在状态有很大影响。在 pH 值为 3～6 时，溶解的 H_2S 以分子形式存在，当 pH 值在 6～14 之间时，H_2S 则开始以 HS^- 和 S^{2-} 形式存在。

钻柱材料在含 H_2S 钻井液中的腐蚀是一种氢去极化过程，铁溶解和析氢分别在阳极和阴极上进行：

阳极反应：$Fe \xrightarrow{I} Fe^+ + 2e$

阴极反应：$2H^+ + 2e \xrightarrow{II} H_{ad} + H_{ad} \xrightarrow{III} H_2 \uparrow$

$$H_{ab} \xrightarrow{IV} 钢中扩散$$

式中 H_{ad} 为表面上吸附的氢原子，H_{ab} 为钢中吸收的氢原子。H_2S 溶于钻井液中的水并电离出 H^+、HS^- 和 S^{2-}。HS^- 和 S^{2-} 离子与钻柱材料表面发生吸附反应，使吸附的氢原子 H_{ad} 脱附成 H_2（过程Ⅲ）的过程受到抑制，使表面吸附氢原子 H_{ad} 浓度增加，促进钢吸收氢原子（过程Ⅳ），吸收的氢原子在钢中扩散。HS^- 和 S^{2-} 除可使钢中氢浓度增加外，还可与铁原子牢固键合，使金属原子间结合减弱，从而促进 Fe 的阳极溶解速度。

对于强度较低的钻柱构件，原子态氢将在材料内的各种缺陷如第二相、晶界、空穴等处聚合成分子氢。由于氢的不断复合和增加，这些缺陷处可形成压力很高的氢气区（可高达数十个兆帕）。由于低强度材料塑性较好，所以在靠近表面处使金属变形外凸,形成鼓泡;较内部的缺陷处,高压使材料产生阶梯形裂纹或分层,随着裂纹的连接可以变成贯穿裂纹,从而引起钻柱构件破裂(图7-23、图7-24)。

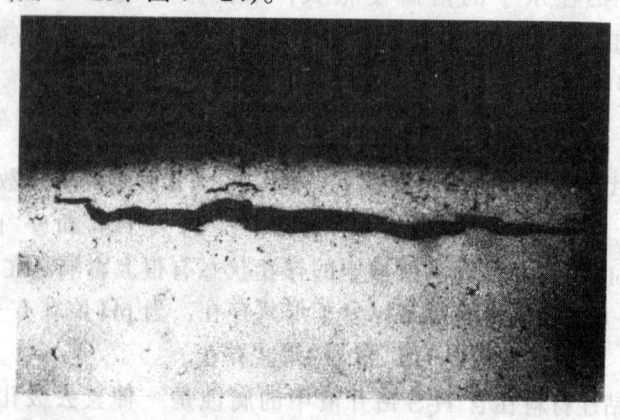

图7-23 氢鼓泡下的氢致裂纹　37.5×

图7-24 即将连接成大裂纹的阶梯状裂纹　37.5×

对于强度较高的钻柱构件(强度大于655MPa或硬度大于HRC22),进入材料的氢可能导致钻柱的硫化氢应力腐蚀开裂。

60年代初人们就开始重视并研究湿硫化氢中钢的应力腐蚀开裂问题,但至今人们还没能在机理问题上取得统一的认识。

氢脆可分为可逆氢脆和不可逆氢脆两种。金属材料在低速变形后卸载并静置一段时间再快速变形，若塑性能恢复，称为可逆氢脆，反之为不可逆氢脆。

目前氢脆的较公认的机理是氢压理论。这一理论认为与形成氢致鼓泡原因一样，在夹杂物、晶界等处形成的氢气团可产生一个很大的内应力，在强度较高的材料内部产生微裂纹，并由于氢原子在应力梯度的驱使下，向微裂纹尖端的三向拉应力区集中，使晶体点阵中的位错被氢原子"钉扎"，钢的塑性降低，当内压所致的拉应力和裂纹尖端的氢浓度达到某一临界值时，微裂纹扩展，扩展后的裂纹尖端某处氢再次聚集、裂纹再扩展，这样最终导致破断。

硫化氢应力腐蚀开裂和硫化氢引起的氢脆断裂没有本质的区别，不同的是硫化氢应力腐蚀开裂是从材料表面的局部阳极溶解、位错露头和蚀坑等处起源的，而氢致开裂裂纹往往起源于材料的皮下或内部，且随外加应力增加，裂源位置向表面靠近。对硫化氢应力腐蚀来说，由于表面局部阳极溶解、位错露头和蚀坑处的应力集中，氢原子易于富集，因而导致脆性增大，当氢浓度达到某一临界值时裂纹萌生。裂纹萌生后，裂纹内的局部酸化使裂纹尖端电位变负，电化学氢去极化腐蚀加剧。裂纹尖端的腐蚀、增氢和应力集中状态使得裂纹快速扩展，直至断裂。

7.4.2 硫化氢应力腐蚀开裂失效断口特征

硫化氢应力腐蚀和氢致开裂是一种低应力破坏，甚至在很低的拉应力下都可能发生开裂。如四川川中某深井使用的德国进口88.9mmG105钻杆浸在含硫化氢460~490mg/L的地层水中约41h后，钻杆在静止自重状态下突然断裂。该断裂钻杆使用时间仅4个月，内外壁无明显磨损和腐蚀坑，断裂部位仅承受了100MPa的轴向拉力。一般说来，随着钢材强度（硬度）的提高，硫化氢应力腐蚀开裂越容易发生，甚至在百分之几屈服强度时也会发生开裂。

硫化物应力腐蚀和氢致开裂均属于延迟破坏，开裂可能在钻

柱接触 H_2S 后很短时间内（几小时、几天）发生，也可能在数周、数月或几年后发生，但无论破坏发生迟早，往往事先无明显预兆。如在四川川中发生 G105 钻杆硫化物应力腐蚀开裂，在悬挂 41h 后突然发生。

硫化物应力腐蚀开裂和氢致开裂也同属于局部腐蚀破坏，前者往往发生在应力集中部位，后者往往发生在钢材内部有缺陷的部位。当发生硫化氢应力腐蚀和氢脆时，往往从整体上并未观察到明显的腐蚀减薄现象。

硫化氢应力腐蚀和氢致开裂均属于脆性破坏。应力腐蚀裂纹源及扩展区断口平齐、无宏观塑性变形（图 7-25），颜色较暗，甚至为暗黑色，与最后断裂区有明显界限，而且越靠近裂源区，

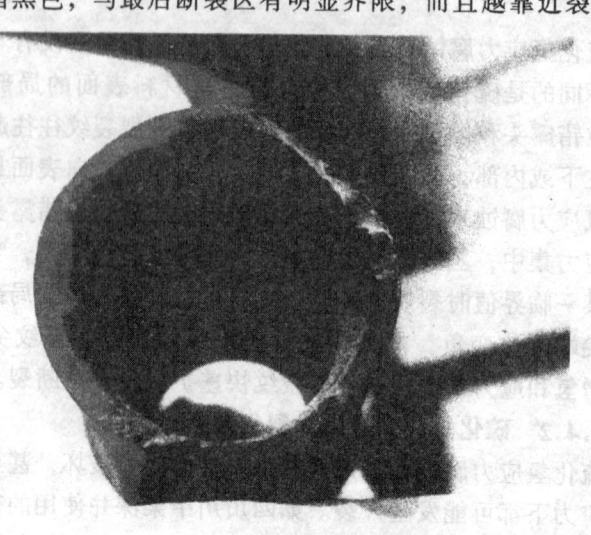

图 7-25 日本 E 级钻杆硫化氢应力腐蚀
开裂宏观断口形貌 20.4×

颜色越深。在断口上有较多的腐蚀产物（FeS），裂纹源附近腐蚀产物最多。对于强度较高的钢铁材料，硫化物应力腐蚀裂纹往往为沿晶断裂（图 7-26），裂纹有多个分岔，二次裂纹较多。而氢脆断口宏观特征较光亮，刚断开时无腐蚀，微观特征一般在裂

纹源区除有沿晶断裂外,也可观察到解理、准解理和韧窝形貌(图 7-27),在晶界面上有撕裂棱或发纹,断口上一般无腐蚀产物、无二次裂纹或二次裂纹很小。

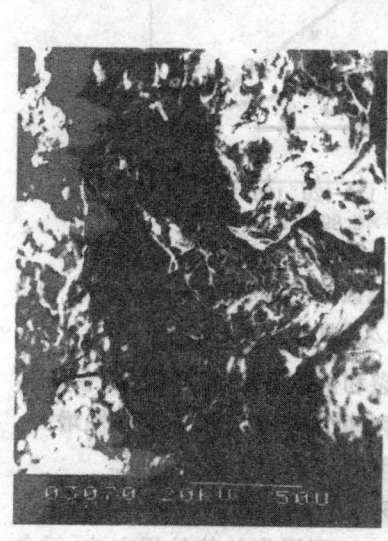

图 7-26 日本 E 级钻杆硫化氢应力腐蚀开裂断口微观形貌

图 7-27 氢脆断口微观形貌

7.4.3 硫化氢应力腐蚀开裂和氢损伤的影响因素

7.4.3.1 材料因素

在所有钻柱可能发生的腐蚀类型中,以硫化氢腐蚀时材料因素的影响作用最为显著,而其中又以显微组织和材料强度(硬度)的影响最为重要。

在 H_2S—水系统中,相同成分的碳钢或低合金钢抗硫化氢应力腐蚀性能方面显微组织的影响如图 7-28 所示,它们的顺序按:铁素体中球状碳化物组织→完全淬火和回火组织→正火和回火组织→正火后组织→淬火后未回火的马氏体组织次序递降。可见,高强度钢对抗硫化氢应力腐蚀开裂和氢损伤起重要作用的是显微组织。

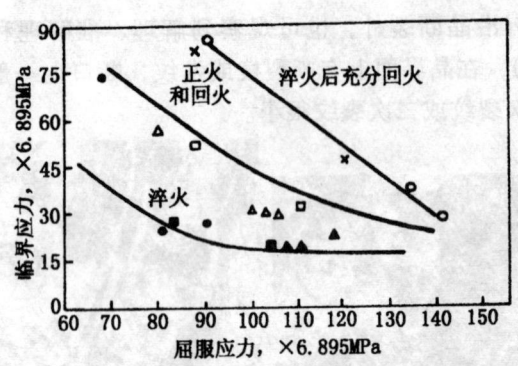

图 7-28 硫化氢应力腐蚀断裂临界应力和
材料的显微组织及强度的关系

马氏体对硫化氢应力腐蚀开裂和氢致开裂非常敏感,但在其含量较少时,敏感性相对较小,随着含量的增多,敏感性增大。严重时即使加上百分之几屈服强度的应力也可发生断裂。

就材料显微组织而言,总的来说,越是能使金属内部各相达到平衡的热处理方法,就愈能提高材料对硫化氢的应力腐蚀开裂和氢致开裂抗力。

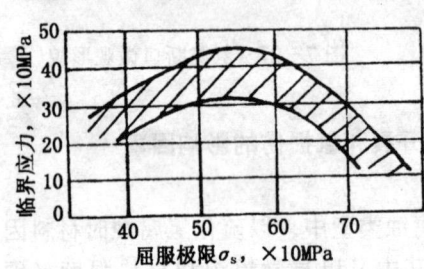

图 7-29 钢材的屈服极限 (σ_s) 与临界应力的关系

从对许多硫化物应力腐蚀开裂和氢致开裂事故的分析发现,随着钻柱强度升高,断裂的敏感性变大。图 7-29 是在 35℃ 的 0.5% 醋酸饱和硫化氢溶液中测得的材料屈服强度 σ_s 与硫化氢应力腐蚀开裂临界应力之间的关系。试验结果表明,随屈服强度的升高,临界应力和屈服强度的比值下降,即应力腐蚀敏感性增加。在屈服强度超过 600MPa 后,即已变得很敏感。到 700MPa 时,临界应力只有屈服强度的 20%~40%。

与强度有密切关系的是硬度,在给定条件下,硬度低于某值时,不发生断裂。现场破坏事故分析表明,材料的断裂大多出现在硬度大于 HRC22 的情况下,因此,通常 HRC 22 可作为判断钻柱材料是否适合于含硫油气井钻探的标准。

图 7-30 是硬度与到达断裂所需时间之间的关系,显然断裂所需时间越短,材料对硫化氢应力腐蚀开裂越敏感。图中结果表明,材料硬度的提高,对硫化物应力腐蚀的敏感性提高。

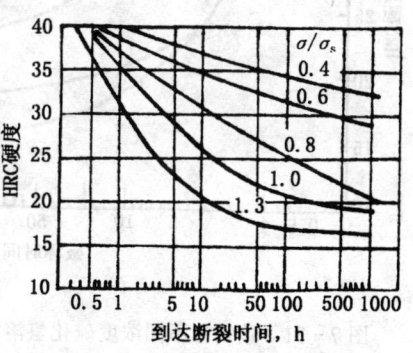

图 7-30 在 5% NaOH、H_2S 体积分数为 30mL/L 溶液中碳钢硬度对应力腐蚀断裂敏感性的影响

7.4.3.2 环境因素

(1) 硫化氢浓度:溶液中硫化氢浓度对硫化物应力腐蚀的影响见图 7-31。由图中可以看出,硫化氢体积分数小于 5×10^{-2} mL/L 时碳钢的破坏时间都较长。NACE MRQ175-88 标准认为发生硫化氢应力腐蚀的极限分压为 0.34×10^{-3} MPa(水溶液中 H_2S 浓度约 20mg/L),低于此分压不发生硫化氢应力腐蚀开裂。但是,对于高强度钢即使在溶液中硫化氢浓度很低(体积分数为 1×10^{-3} mL/L)的情况下仍能引起破坏,硫化氢体积分数为 $5\times10^{-2}\sim6\times10^{-1}$ mL/L 时,能在很短的时间内引起高强度钢的硫化物应力腐蚀破坏,不过这时硫化氢的浓度对高强度钢的破坏时间已经没有明显的影响了。硫化物应力腐蚀的下限浓度值与使用材料的强度(硬度)有关。

国外有人经试验认为,硫化氢体积分数低于 $2\times10^{-3}\sim5\times10^{-3}$ mL/L 时,对材料的硬度要求可以从小于 HRC22 放宽一些。

(2) pH 值:pH 值对硫化物应力腐蚀的影响如图 7-32 所

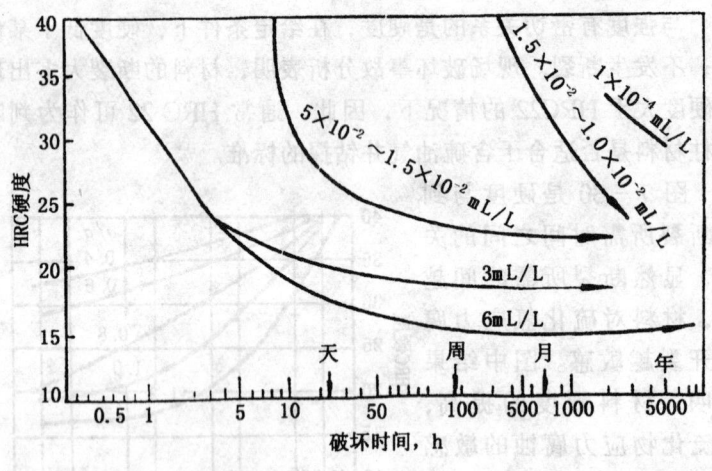

图 7-31 碳钢在不同浓度硫化氢溶液中的破坏时间（5%NaCl）
注：应力水平为屈服强度的 130%

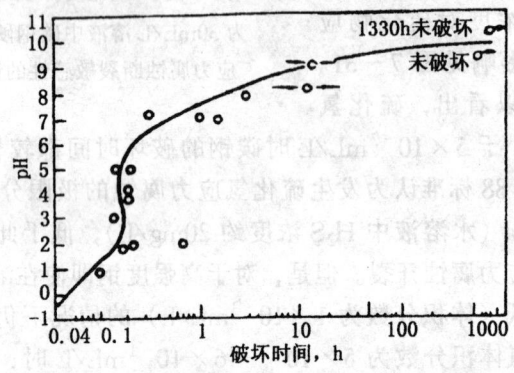

图 7-32 在含 H_2S 的溶液中钢的破坏时间
与 pH 值的关系（5%NaCl 溶液中
含 0.17%~0.19% 硫化氢）

示。图中全部应力腐蚀试样硬度为 HRC33±1，拉伸载荷为材料屈服强度的 115%。从图中可以看出，在 pH≤6 时，硫化物应力腐蚀很严重；在 6＜pH≤9 时，硫化物应力腐蚀敏感性开始显著下降，但达到断裂所需的时间仍然很短；pH＞9 时，就很少发生硫化物应力腐蚀破坏。

(3) 温度：在一定温度范围内，温度升高，硫化物应力腐蚀破裂倾向减小。温度对硫化物应力腐蚀的影响示于图 7-33，从图中可以看出，在 22℃ 左右硫化物应力腐蚀敏感性最大。温度大于 22℃ 后，温度升高硫化物应力腐蚀的敏感性明显降低。有资料表明，某钢材不发生断裂的最高硬度值可以从 24℃ 的 HRC15 增加到 93℃ 时的 HRC35。

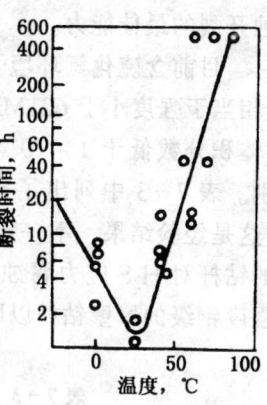

图 7-33　温度对硫化物应力腐蚀的影响

对钻柱来说，由于井底钻井液温度较高，因此电化学失重腐蚀严重，而上部温度较低，加上钻柱在上部承受的拉应力最大，因此钻柱上部易发生硫化物应力腐蚀开裂。

7.4.4　硫化氢应力腐蚀开裂和氢损伤的预防

(1) 选用抗硫化氢材料：

在可能遭受硫化氢侵蚀条件下作业时，钻柱应选用抗硫化氢材料，否则，一旦出现硫化氢应力腐蚀断裂，将蒙受巨大损失。

所谓抗硫化氢材料主要是指对硫化氢应力腐蚀开裂和氢损伤有一定抗力或对这种开裂不敏感的材料。

大量实验室数据和现场经验都证明，采用低硬度（强度）和完全淬火＋回火处理工艺对材料抗硫化氢有利。美国国家腐蚀工程师学会（NACE）标准 MR-01-75（1980 年修订）中规定：含硫化氢环境中使用的钻杆、钻杆接头、钻铤和其它管材的最大硬度不许高于 HRC22；钻杆接头与钻杆的焊接及热影响区应进行淬火＋595℃ 以上温度的回火处理；对于最小屈服强度大于 655MPa 的钢材应进行淬火＋回火处理，以获得抗硫化物应力腐蚀开裂的最佳能力。

目前含硫化氢环境下使用的钻柱材料仍是硬度低于HRC22（相当于强度小于621MPa）的低强钢，除非硫化氢含量相当少（体积分数低于1×10^{-3}mL/L）时才可有限地提高钻柱强度级别。表7-3中列出了现用API钻杆在含硫环境中的使用情况（这是经验结果，不一定适用于任何情况）。由于强度大于X级的钻杆对H_2S应力腐蚀比较敏感，因此在深井钻探时可采用低强度钢级的厚壁钻杆以防止出现硫化氢腐蚀问题。

表7-3 硫化氢作业条件下钻杆性能

钢 级	硫化氢作业
D	好
E	较好
X-95	尚可
G-105	较差
S-135	差

我们知道，随环境温度的上升，硫化氢应力腐蚀开裂和氢脆有减轻的趋势，一般认为至少高于65℃后这种趋势才值得考虑，在高温下，这种硫化物脆性断裂的危险甚至完全消除，因此在较高温度下可以适当放松对钻柱的强度要求。

为了确保抗硫性能，对钢的基本要求是：

1) 成分设计合理，其设计思想是材料的抗H_2S应力腐蚀开裂性能主要与材料的晶界强度有关，因此常常加入Cr、Mo、V、Nb、Ti、Cu等合金元素细化原始奥氏体晶粒度。最新研究表明，超细晶粒原始奥氏体经淬火回火后，形成超细晶粒铁素体和分布良好的超细碳化物组织，是开发抗硫化物应力腐蚀的高强度钢最有效的途径。有些研究指出，控制A值（$A = Mn\% + 4.3P\% + 17.0Mn\%\cdot P\%$）在适当范围内，可使材料断裂时出现穿晶断口，而不出现沿晶断口，有利提高材料的抗硫化氢应力腐蚀开裂抗力；

2）采用有害元素（包括氢、氧、氮等气体）含量很低的纯净钢；

3）良好的淬透性和均匀细小的回火组织，硬度波动尽可能小；

4）回火稳定性好，回火温度高（>600℃）；

5）良好的韧性；

6）消除残余拉应力。

为了进一步提高抗硫性能，还可采用改变夹杂物形状和分布等方法。为了满足油气田开发对抗硫钻柱构件的需要，世界各国已进行了大量的试验研究，开发出专门用于含硫油气层钻探的高强度钻杆和钻杆接头，如住友金属的 SM-75DS、SM-95DS 和 SM-105DS 钻杆及 SM-95DTS 钻杆接头，德国曼内斯曼的 MW-CE-75、MW-CX-95 钻杆，美国 Grant T.FW TSS-95 钻杆等，这些产品对硫化氢应力腐蚀开裂和氢致开裂均具有较高抗力。

(2) 脱除钻井液中的硫化氢：

所有钻柱的硫化氢应力腐蚀开裂及氢损伤都是由于含硫化氢油气浸入钻井液引起的，因此可通过脱除钻井液中的硫化氢来达到防硫化氢应力腐蚀和氢损伤的目的。

去除钻井液中硫化氢的方法主要有加入硫化氢清除剂和对硫化氢气侵钻井液进行地面脱气处理。

硫化氢清除剂是一种钻井液添加剂，它的种类很多，而且至今仍有大量关于新型硫化氢清除剂的专利不断出现。现场常使用的硫化氢清除剂主要是金属铜、锌和铁的化合物。

硫化氢气侵的钻井液在返出地面后，硫化氢可自行从钻井液中释放出来，但这种释放是不完全的。如果使用各种脱气器则可使硫化氢在地面被消除。

(3) 添加缓冲剂：

在硫化氢钻井液中添加一定量的缓冲剂可以防止钻柱的硫化

氢腐蚀，虽然目前这种方法采用不多，但确实会收到一定效益。

(4) 控制钻井液 pH 值：

提高钻井液 pH 值可提高钻井液对硫化氢污染的耐受能力，中和侵入钻井液中的部分硫化氢。在有硫化氢气侵的情况下，应经常检测钻井液 pH 值，并努力维持 pH 值在 9～11 之间。这样不仅可有效预防硫化氢腐蚀，而且可同时提高疲劳寿命。

(5) 避免机械伤痕：

我们知道在硬度超过 HRC22 时，钻柱构件易发生应力腐蚀，冷加工对材料抗硫性能有害。在作业过程中，如果操作不当，即可因管体表面的磕撞拉划在局部造成硬度升高，此外，在上、卸扣时大钳用力过紧会使管体外表面留有牙痕，甚至有压扁钻杆现象。在这些机械损伤处，可诱发应力腐蚀裂纹而造成钻柱断裂失效。

(6) 涂层保护：

钻柱的内涂层可使钻柱材料与腐蚀环境隔离从而起保护作用。钻柱内涂层应经常检查，保持涂层的连续性。

(7) 防止热降解作用：

硫化氢的来源之一是磺化物钻井液添加剂的热降解作用，对钻井液最高温度点估计要高于 150℃ 时，应采用热稳定性较好的钻井液添加剂。并且作业过程中尽量避免钻井液循环停滞，造成钻井液过热，此外在进行钻井测试、解卡、酸化及事故处理时，应限制在 1 小时之内完成（钻井液中含 H_2S），否则应尽量避免此类操作。

(8) 钻井液选择：

水相是硫化氢起作用的必要条件，所以在有硫化氢存在时应尽量考虑选用油基钻井液或是以油为连续相的反乳化钻井液，并用熟石灰处理。

(9) 防止气侵：

调整好钻井液相对密度，以使钻井液柱压力稍高于地层液体压力，以防含硫油气流浸入钻井液。此外在起钻时动作应缓慢，以防含硫油气流吸入井筒。

(10) 自然时效：

在含硫化氢环境中吸了氢，但未在材料内部形成微裂纹或应力腐蚀开裂的钻柱构件，再次使用前应在室温下放置半年以上（自然时效），以便氢从材料内部逸出，经无损检测证实没有裂纹缺陷存在方可继续使用。

7.5 无磁钻铤应力腐蚀开裂失效及其预防

定向井、水平井、丛式井钻进时，为保证井下测量仪器的最佳性能，要求借助无磁的钻铤、转换接头和扶正器使仪器与磁化物质（如钢构件）分离。这类钻柱构件，其价格昂贵，一旦断裂失效会引起高昂费用的打捞作业，甚至使全井报废。

7.5.1 无磁钻铤应力腐蚀开裂的特征

无磁钻铤应力腐蚀开裂裂纹一般均起源于内孔，远离螺纹根部，并且在钻铤内孔纵向和横向都可能出现裂纹。

横向裂纹常出现于外螺纹端，而纵向裂纹沿钻铤的长度方向发展。

由于无磁钻铤尺寸大，如果应力腐蚀开裂没有导致实际上的刺穿或扭断，应力腐蚀开裂是能够预先觉察的。

起源于内壁的应力腐蚀开裂失效主裂纹两侧有分支裂纹。金相分析表明，无磁钻铤的应力腐蚀开裂都是沿晶界发展，这是一个值得注意的特征，这里起决定作用的是无磁钻铤的显微组织而不是环境条件。

7.5.2 无磁钻铤敏化态沿晶应力腐蚀开裂

无磁钻铤的沿晶应力腐蚀开裂的特征为大量分支裂纹沿敏化晶界扩展。

通常，应力腐蚀开裂需要特定的环境介质，但是沿晶应力腐蚀开裂在低温及非常弱的腐蚀条件下也能够发生。

产生沿晶应力腐蚀开裂的重要条件是存在敏化态的显微组

织。通常敏化态的显微组织中，铬的碳化物在材料的晶界沉淀，这是由于溶解在合金中的铬和碳在约 427~816℃ 温度范围内结合形成铬碳化物。铬是提高耐腐蚀能力所必须的元素，当合金敏化后，晶界区缺少足够的耐蚀性，它们比晶粒本身以更快的速度被优先溶解。敏化是在制造过程中产生的，如上所述，在还原性或不含强氧化剂的氧化性介质中铬碳化物的形成使晶界产生了贫铬的狭窄区域，如图 7-34 所示，这种铬碳化物所含的碳与铬的

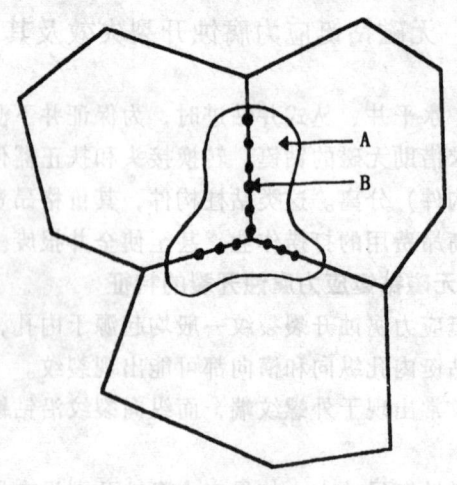

图 7-34 晶界附近铬的分布示意图
A—$(FeCr)_{23}C_6$ 碳化物；B—贫铬区

重量比为 1:17，在钢中碳的扩散速度明显大于铬的扩展速度。这样，当碳化物形成时，晶界处的铬要消耗，晶间附近的铬要向晶界扩散，而离晶界稍远处的铬不能快速地向晶界附近扩散，从而使得晶界附近成为贫铬区。当晶界附近铬含量低于使纯铁钝化的最低铬含量（12%）时，在介质中便会形成晶界及其附近金属为阳极，晶内金属为阴极的大阴极—小阳极微电池，使贫铬区快速溶解。一旦晶界被优先溶解，裂纹便形成，裂纹造成一个狭窄的几何缝隙，并且建立一个"微区"环境，使微区环境内即裂纹尖端附近的 pH 值下降，并且使加速沿晶腐蚀的氯离子富集，低

pH值和氯离子急剧地加速了沿晶应力腐蚀开裂。

例如，某油田φ159无磁钻铤在某井随钻过程中因刺穿失效导致测量仪器报废，直接经济损失约51万元，分析表明该刺孔起源于钻铤内表面一纵向裂纹处，图7-35（a）是钻铤内表面纵向裂纹及刺孔形貌。该纵向裂纹打开后在扫描电镜上对断口形貌进行观察分析，其断口微观形貌为沿晶+少量准解理。

该井钻井液为三磺饱和盐水钻井液，钻铤材料化学成分（重量百分比）为：0.10%C，0.46%Si，19.58%Mn，0.015%P，0.005%S，13.62%Cr，0.57%Mo，2.11%Ni，0.080%Cu。金相分析表明该钻铤显微组织为奥氏体，但晶界上分布有大量的含Cr碳化物（图7-35（b）），呈现明显的敏化态组织，这是一起典型的敏化态显微组织产生的应力腐蚀开裂失效的事故。

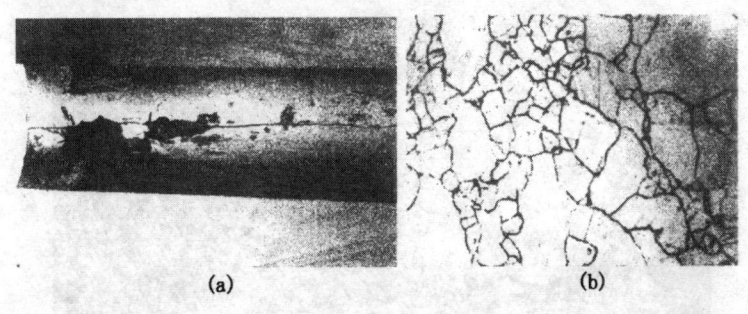

(a)　　　　　　　　　　(b)

图7-35　φ159无磁钻铤敏化态显微组织产生的应力腐蚀开裂
(a) 钻铤内表面纵向裂纹及刺孔形貌；
(b) 奥氏体晶界存在大量含Cr碳化物敏化态组织

7.5.3　非敏化无磁钻铤的晶间应力腐蚀开裂

1992年3月某油田使用一根日本大同产的无磁钻铤，在累计使用198h后发现钻铤出现许多纵向裂纹（图7-36），裂纹起始于内壁向外壁扩展，裂纹扩展路径以沿晶为主，局部为穿晶。裂纹分叉较多（图7-37），具有应力腐蚀开裂特征。该钻铤的化学成分：0.06%C，0.50%Si，18.02%Mn，0.022%P，0.001%S，13.20%Cr，0.43%Mo，1.82%Ni，0.07%V，

图 7-36 日本大同钻铤的裂纹形貌

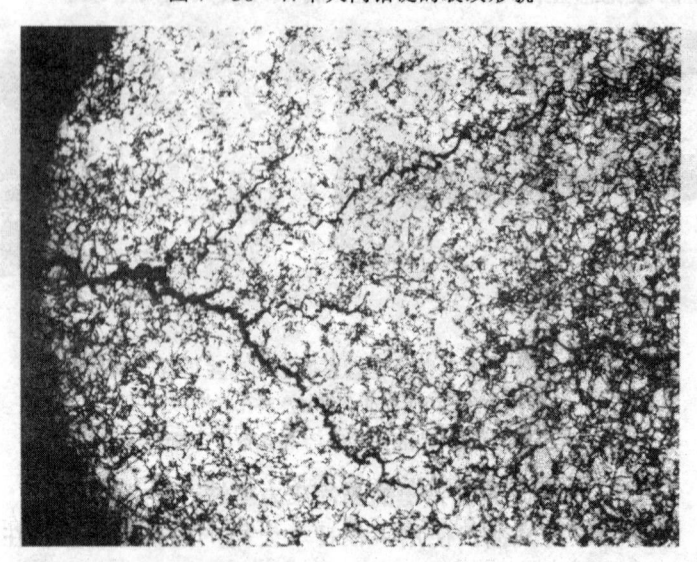

图 7-37 大同钻铤裂纹扩展形态

0.18%Nb。电子探针分析未见晶界附近贫铬,也未见晶界沉淀相存在。俄歇电子能谱分析,发现晶界上存在较高含量的氧和钙,而晶内无这两种元素,该无磁钻铤的沿晶应力腐蚀开裂可能是氯化物应力腐蚀所致。

7.5.4 拉伸应力对无磁钻铤应力腐蚀开裂的影响

根据无磁钻铤应力腐蚀开裂的裂纹位置和取向可以看出,拉伸应力引起裂纹,而高的残余应力产生纵向裂纹。拉伸应力对沿晶应力腐蚀开裂具有重要影响,因为它们牵引腐蚀溶解的晶界分离。

最大的外加应力是接头螺纹上紧时引起的应力,在正确上紧状态可产生 490MPa 的拉伸应力;在钻铤热锻强化过程中产生高的残余应力,钻铤内壁残余周向应力最大。据测量,钻铤内壁残余周向应力为 245~735MPa(因制造过程不同而异)。在上紧后,接头上紧时产生的拉应力和制造时产生的残余拉应力会有些变化,但总是存在的。

例如,某油田一根 ϕ203.2(8in)的无磁钻铤,在钻铤的中部至外螺纹端沿纵向开裂约 1.22m,钻井采用的是低固相淡水粘土基钻井液,该井为定向井(60°),垂直深度 957.4m,最大狗腿角 6.5°。分析表明该钻铤失效属于沿晶应力腐蚀开裂,该钻铤处于敏化状态,存在高的残余周向拉应力,故在含水腐蚀环境中发生应力腐蚀开裂。

7.5.5 无磁钻铤应力腐蚀开裂的预防

无磁钻铤应力腐蚀开裂的必要条件是:

(1)敏化态的显微组织或者晶界某些元素偏聚的非敏化态组织;

(2)拉应力;

(3)腐蚀环境。

在理论上,消除上述三个条件中任意一个,沿晶应力腐蚀开裂就能够防止。在实际上也有一些措施能够提高开裂抗力甚至使问题消除。如通过改变螺纹脂或加工应力消失槽减少上紧应力、降低钻井液腐蚀性、使用缓蚀剂降低材料抗晶间应力腐蚀敏感性;又如通过消除敏化,利用表面处理方法在表面产生压应力也可以消除这一问题。

消除敏化是防止沿晶应力腐蚀开裂有效和最可行的简便措施。由于钻铤敏化与制造过程有关，可采取以下措施：

1) 降低碳含量；

2) 加入较强的碳化物形成元素；

3) 控制温度。

降低碳含量，可适应铬碳化物形成；强碳化物形成元素如Ti、Nb、Ta可优先与碳作用，因此铬被保留下来；在使用低碳含量钢时，控制半热锻强化的温度及在该温度下的加工时间也是切实可行的措施。

除了在制造过程中消除敏化的措施外，在使用之前，也可按ASTM A262-E实验室试验方法或现场草酸浸蚀试验法对钻铤进行检查，尤其是草酸浸蚀法可对现场钻铤进行筛选检查，把敏化的钻铤挑选出来，避免使用中发生应力腐蚀开裂。

参 考 文 献

1　左景伊. 应力腐蚀破裂. 西安：西安交通大学出版社，1985年

2　黄淑菊. 金属腐蚀与防护. 西安：西安交通大学出版社，1988年4月第1版

3　John.P.Richert, Louis.P.Zylstra Jr. 冯耀荣译. 无磁钻铤失效类型分析. 见石油专用管（2）. 西安：陕西科技出版社

4　M.G.方坦纳等著，左景伊译. 腐蚀工程（第2版），北京：化学工业出版社，1982年

5　Akio Ikcda, Strength and Environmental Embrittlement of Carbon steel. The Sumitomo Scarch. No.48, January 1992

6　黄汉仁，杨坤鹏，罗平亚著. 泥浆工艺原理. 北京：石油工业出版社，1981年7月第1版

7　[美] P.L.穆尔等著，刘希圣等译. 钻井工艺技术. 北京：石油工业出版社，1982年8月第1版

8　中国腐蚀与防护学会. 金属腐蚀手册. 上海：上海科学

技术出版社，1987年6月第1版

9　蒋锁力，张佩芬，高满同编．金属腐蚀学．国防工业出版社，1986年4月第1版

10　四川石油管理局编．天然气工程手册．北京：石油工业出版社，1984年10月第1版

11　刘希亚等编．钻井工艺原理．北京：石油工业出版社，1981年8月第1版

12　［美］M.G.Fontana．N.D.Gveene 著，右景伊译．腐蚀工程．北京：化学工业出版社，1982年8月第1版

13　张玉芳等．用于油气田的抗 CO_2 腐蚀缓蚀剂及其评定技术的研究进展．石油专用管，1995，No.3

8 钻柱其它类型失效的分析及预防

8.1 钻柱的过量变形失效分析

钻柱构件的过量变形失效是由于工作载荷超过构件的屈服强度引起的；或者是构件的屈服强度低或者是工作载荷过大。其主要特征是产生了影响使用的过量塑性变形。

常见的钻柱过量变形失效有：外螺纹拉长、内螺纹接头端部的"钟口"变形或钻杆的扭曲变形、顿弯变形、接头台肩的凹陷失去密封等。

1986年3月上旬，华北油田 $\phi 114.3$（$4\frac{1}{2}$ in）钻杆外螺纹接头因内螺纹拉长而失效，见图8-1。此接头是美国休斯公司生产，进货时间为1983年9月23日，接头类型为 $4\frac{1}{2}$ inIF，对焊钻杆钢级 G105。该接头在留70-30井使用，钻井进尺3329m，纯钻进时间569.5h，没有发生卡钻、顿钻等现象。

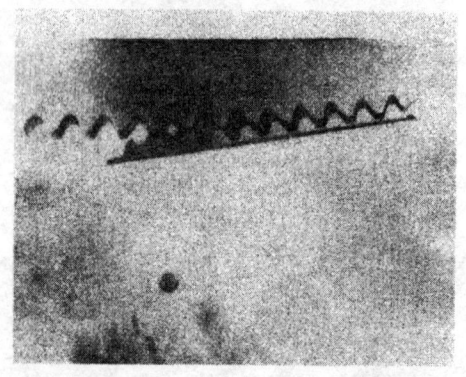

图8-1 接头螺纹过量变形

将该接头螺纹部分纵向剖开，用标准 NC50 梳齿规与该接头螺纹对比，结果发现螺纹发生严重拉长变形。经实测，螺纹总拉长20.7mm。

分析表明，该接头材料相当于 AISI 4137H，接头壁厚中部金相组织以上贝氏体为主，并有少量铁素体和索氏体，晶粒度2级，屈服强度仅相当于 API 标准下限值的 76%～86%。

8.2 钻柱的机械损伤失效分析及预防

8.2.1 钻柱的机械损伤失效案例分析

钻柱构件的机械损伤失效是指构件因机械损伤引起性能降低。钻柱构件的机械损伤通常有表面碰伤、烧伤、大钳或其它工具咬伤。

1986年9月5日和9月22日，大港油田相继发生两起钻杆管体断裂事故，这两起事故分别发生在划眼作业、上下活动钻具并配合转动的作业过程。如图3-32所示，钻杆沿纵向裂开长度分别为 1370mm、1175mm，管体与接头对焊处断裂，断裂处距地面约 1747m。两根钻杆纵裂口长，在纵向裂口中部有明显的膨胀塑性变形。观察发现，在靠近外螺纹接头处的管体上有长约 100～150mm、深约 1～2mm 的尖锐牙印，这些牙印是由大钳打到管体上造成的咬伤。从断口上可以看到，纵向开裂恰好起源于大钳咬伤牙印的底部，裂纹向外螺纹接头侧和另一侧沿管体纵向扩展（图8-2），最后在外螺纹接头与管体对焊处扭转撕裂断裂。对前一起事故失效钻杆的化学成分、机械性能、金相分析的研究表明它们均符合有关标准要求，未见异常；断口的微观分析表明，裂纹扩展途径是穿晶的，并且扩展过程中晶粒发生了大的塑性变形，晶粒变形方向与轴向约成45°（图8-3）。裂纹沿带状组织中的夹杂物扩展。

这两起事故均起因于纵裂，最后因扭转断裂，纵裂是由于大钳牙咬伤而造成的机械损伤，在钻杆划眼或上下活动及转动的扭矩载荷下，周向拉应力及大钳牙印底部的应力集中使钻杆管体纵

图 8-2 钻杆管体上大钳牙印和裂纹源关系

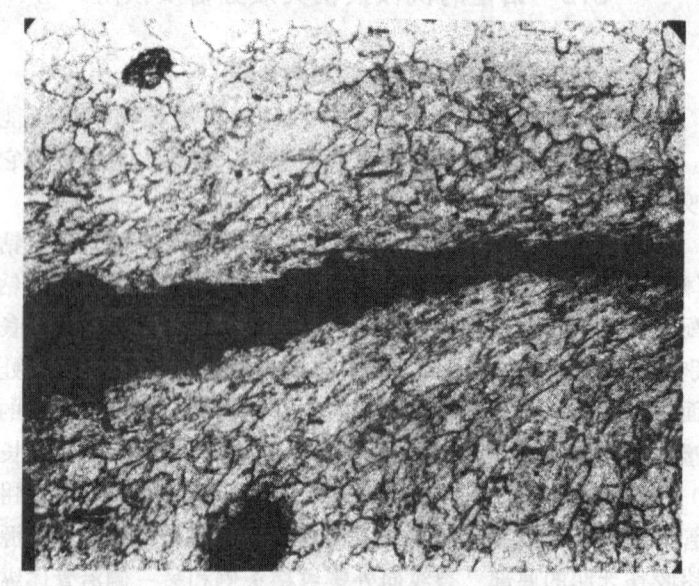

图 8-3 裂纹两侧晶粒拉长变形形貌

裂。

8.2.2 钻柱机械损伤失效的原因及预防措施

钻柱构件机械损伤失效与损伤的部位、严重程度（缺口应力集中）、材料的性能及损伤后的使用载荷有关。

上述钻杆承受扭矩作用，其材料应力状态软性系数 $\alpha=0.8$，因此在纵向开裂前发生塑性变形，断裂为正断式的韧性断裂（这与断口特征是一致的）。

上述钻杆材料有明显的带状和拉长的 MnS 夹杂物,其横向的塑性变形抗力及开裂抗力比纵向低。大钳牙印不仅使周向承载面积减少,而且大钳牙印根部还有应力集中,于是钻杆管体在扭矩产生的周向拉应力作用下,在大钳牙印根部产生塑性变形并萌生裂纹,继而迅速发生正断。

机械损伤大多在搬运、提升、下放或上卸连接过程中产生,因此预防事故的发生主要是严格操作规程,避免或减轻损伤。钻杆在上卸连接过程中,严禁将大钳打在管体上。对钻柱构件要定期检查,对有表面损伤的钻柱构件应及时修复方可下井,严重损伤不能修复的要坚决报废,修复时不许采用电焊方法。

8.3 钻柱的过载断裂失效分析

钻柱构件的过载断裂是由于工作载荷超过构件的承载能力引起的,这主要有两方面的原因:其一是构件的承载能力低,包括选材及热处理不当造成材料组织不良,导致材料强度下降、构件承载面积减小使结构强度下降两种情况;其二是工作载荷过大,如钻柱构件遇卡提升、单吊环起吊等。

过载断裂断口的主要特征是:

(1) 宏观断口上塑性变形较大,存在较明显的颈缩现象;

(2) 断口微观形貌以韧窝为主。

1984 年 5 月上旬,我们从江汉油田取回一截断裂失效钻杆,该钻杆为日本产的 ϕ127×9.19mmE 级钻杆。该钻杆从 1982 年 11 月 12 日下井,1983 年 5 月 31 日遇卡提升时靠近外螺纹接头部位断裂,落鱼长 926.92m,当时井深 2678m,到断裂共使用 3583h,处理卡钻时的最大拉力达 160t,处理事故长达 715h,造成很大的经济损失。

该断裂钻杆宏观断口见图 3-11,从图可以看出,断口处有明显颈缩,最小平均直径 107.4mm;断口附近变形严重,并向一侧弯曲;管体内外表面已严重锈蚀;用 50% 的盐酸水溶液热蚀15分钟后，可以看出断口位于距焊缝约25mm的接头一侧，距内螺纹接头端部约540mm；断口附近截面呈椭圆形，长轴方向外径约126mm，短轴方向外径约120mm，断面为与管壁呈45°的倾斜断口。经扫描电镜观察，断口微观形貌为韧窝，具有过载断裂的特征，钻杆断口附近未发现明显的腐蚀及其它缺陷。管体化学成分和机械性能试验未见异常。进一步分析表明，在断口附近，焊缝及焊缝两侧的金相组织均为索氏体＋铁素体，与管体及接头基体组织明显不同，该区是钻杆强度的薄弱区。

可见该断裂钻杆为发生于焊缝热影响区的过载断裂，主要原因是由于钻杆遇卡拉伸时的工作应力超过材料的屈服强度和抗拉强度引起的。

8.4 钻柱的磨损失效分析及预防

8.4.1 钻柱的磨损失效案例分析

新疆克拉玛依油田送来德国曼内斯曼生产的钻杆内螺纹接头3件（编号分别为1、2、3），均有偏磨现象，其中2号接头偏磨最为严重。我们对接头进行了宏观检查、金相分析、化学成分分析及硬度和冲击试验。

(1) 宏观检查：

1、2、3号失效接头的螺纹牙顶均磨损变尖，磨损表面有沿纵横向分布的深浅不同的交叉磨沟，未发现宏观裂纹。为定量比较接头的偏磨程度，分别将接头沿径向等分为8等份（图8-4），检查其端部壁厚尺寸，结果见表8-1。从检查结果来看，1号和3号接头磨损较轻；2号接头偏磨十分严重，镗孔处最小壁厚只有2.451mm，最大最小壁厚差Δt_{max}达5.789mm。

(2) 金相分析：

在距接头端面120mm处取样观察，发现1号、2号接头螺纹表面有一白亮层，白亮层表面凹凸不平，形状很不规则（图3-27），有的区域有明显的白亮层剥落迹象，在螺纹表面形成剥

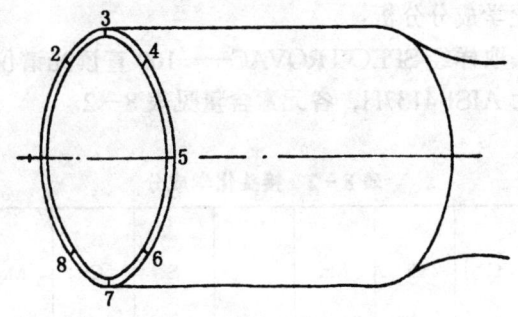

图 8-4 壁厚测量部位示意图

落坑,剥落坑与白亮层相间分布,整个螺纹表面呈凹凸不平状。经测量,1 号接头白亮层深约 0.09mm,2 号接头白亮层深约 0.04mm。这种白亮层组织的形式,与内外螺纹接头使用过程中螺纹部分的高度摩擦有关,摩擦热使螺纹表面温度瞬时高于相变温度,在随后冷却时便得到二次淬火组织。对白亮层及内部显微硬度进行了测量,白亮层内为 HM673~707,内部 HM312~325。由此判断白亮层为二次淬火形成的马氏体。

表 8-1 镗孔部位壁厚测量结果

壁厚编号 \ 位置	1	2	3	4	5	6	7	8	最大最小壁厚差 Δt_{max}
1	10.510	10.670	10.900	11.250	10.270	11.110	10.860	10.380	0.980
2	2.451	6.065	6.458	7.750	8.240	7.891	7.263	4.067	5.789
3	10.080	10.200	10.450	11.320	11.630	11.500	11.330	10.690	1.550

3 号接头螺纹部分经检查,螺纹表面比较平整,未发现二次淬火马氏体。

对 3 个接头组织进行了检查,均为回火索氏体,夹杂物按 YB25-37 评定均小于 1 级,带状组织轻微。

(3) 化学成分分析：

各接头取样经 SPEC TROVAC——100 直读光谱仪分析，接头材料均为 AISI 4137H，各元素含量见表 8-2。

表 8-2 接头化学成分

元素 含量 编号	C	Si	Mn	P	S	Cr	Mo	Ni
1	0.36%	0.29%	0.83%	0.010%	0.011%	1.02%	0.19%	0.15%
2	0.38%	0.27%	0.94%	0.009%	0.009%	1.04%	0.19%	0.19%
3	0.41%	0.32%	0.92%	0.010%	0.022%	1.00%	0.17%	0.08%

(4) 硬度和冲击试验：

在各接头螺纹全长的纵向截面上测定布氏硬度，1号试样为 HB288～317；2号试样为 HB283～306；3号试样为 HB309～321。

从钻杆内螺纹接头的磨损可看出，钻柱构件的磨损失效主要包括粘着磨损和磨料磨损。

粘着磨损是摩擦副相对运动时，由于固相焊合，接触表面的材料从一个表面转移到另一个表面的现象。钻柱构件的粘着磨损主要发生在螺纹部位，俗称"粘扣"。螺纹部位的粘扣失效主要取决于螺纹连接情况、上扣和使用扭矩大小、螺纹脂特性和润滑情况及螺纹几何尺寸等因素。螺纹部位粘扣后，会引起螺纹牙形、几何尺寸变化，从而影响再次使用。

磨料磨损是指硬的颗粒或凸起物在摩擦过程中引起材料脱落的现象。钻柱构件的磨料磨损主要发生于钻柱构件的外表面，即在钻井过程中，钻柱构件与井壁或套管接触时，尤其是在截面较大的部位如钻杆接头、加重钻杆中间加厚部位等磨料磨损更为严重。钻柱构件磨料磨损的后果是引起钻柱构件壁厚减薄，承载能力下降，同时会在钻柱构件表面产生擦伤痕，或因剧烈摩擦引起钻柱构件（如钻杆接头）外表面温度反复升高，产生裂纹。

8.4.2 钻柱磨损失效的主要影响因素及预防

钻柱在工作过程中，其外壁尤其是接头部位要与井壁或套管接触，承受剧烈的磨料磨损；由于钻柱工作于钻井液之中，而钻井液是一种含砂量多（含砂量有时高达 5%～10%）、粘度大、相对密度大，并且有一定腐蚀性的工作液，因此，钻柱在承受磨料磨损的同时，还承受钻井液循环时的冲蚀磨损。从磨损机理来说，钻柱的磨损主要是显微切削，同时兼有腐蚀作用。井壁和钻井液中一般都有硬度很高的相如石英砂，其硬度为 HV900～1280，而钻杆接头硬度一般为 HV300 左右，因此钻柱在旋转钻井过程中，接头外壁很容易发生磨料磨损失效。磨料磨损失效与材料的硬度和地层硬度的相对值大小、钻柱构件与井壁的相对运动速度、材料特性、载荷情况、表面粗糙度、温度及润滑等因素密切相关。

接头镗孔处壁厚的测量结果表明，接头的磨料磨损是非常显著的。如 2 号接头使用后镗孔处的剩余壁厚从 API 规定值减少到 2.451mm。

接头螺纹部分的磨损主要是粘着磨损。在润滑不良、上扣扭矩不足或接头连接松动的情况下极易发生粘着磨损。如果内外螺纹接头螺纹连接部分的油膜破坏，两接头螺纹部分金属直接接触相互摩擦并引起升温，导致金属表面相互连接焊合，则产生严重的粘着磨损。在接头连接松动的情况下，粘着磨损加剧。前面的检查结果表明，在螺纹部分表面存在淬火马氏体，这说明当金属直接接触摩擦时，其摩擦热是非常大的，摩擦热引起的温升可达到相变点以上，结果在冷却过程中表层金属便发生马氏体相变。表层马氏体区的显微硬度高达 HB673～707，超过基体硬度（HB312～325）的一倍。此薄层硬而脆，硬度梯度变化大，同基体结合不够紧密，在使用过程中极易剥落。继续使用时，剥落金属会充当磨料粒子，这时磨损机理由粘着磨损转化为磨料磨损。表层马氏体薄层剥落后的磨料磨损是非常剧烈的，因此会引起接头的快速失效。

钻柱在井眼中工作时,一方面要围绕其本身的轴线旋转(自转),另一方面,在离心力和钻压的作用下,钻柱会发生弯曲,围绕井眼轴线旋转(公转)。一般认为,自转引起均匀磨损,公转引起偏磨。在井眼偏斜和弯曲的情况下,偏磨更加严重。另外,接头的偏磨也受地层因素的强烈影响,地层硬度越高,偏磨越严重。

前已述及,接头外表面的磨损机理以显微切削为主,同时兼有腐蚀作用,对于这种磨损,其基本对策是大幅度提高接头工作面的硬度。为了提高接头的使用寿命,目前外表面喷涂或堆焊耐磨合金带的方法在国外已被广泛采用,这种合金一般含有大量的WC等高硬度碳化物颗粒,能够显著地减少接头的磨损。如华北油田一套美国钻具,在使用近5年、钻井五万多米的情况下,钻具仍然完好,其原因之一是在内螺纹接头外表面涂敷有含WC的高合金耐磨带。近年来,这种工艺在国内各油田也得到了不同程度的应用,但还不够广泛,有必要进一步推广。

接头螺纹部分以粘着磨损为主,为了避免或减少这种失效,宜采取以下措施:

(1) 保证良好的螺纹加工精度;
(2) 螺纹部分镀铜或磷化;
(3) 采用 API 规定的标准丝扣油,并保证其清洁度;
(4) 保证足够的上扣扭矩。

8.5 钻柱的冲蚀失效分析及预防

8.5.1 钻柱的冲蚀失效案例分析

钻柱构件的冲蚀失效是指含有固体离子流的冲击磨损,从大的分类来说属于腐蚀磨损的范畴,由于其特殊性,单独提出进行讨论。

冲蚀失效主要发生于钻杆内加厚过渡区和螺纹连接部位。为了过滤钻井液中的固体颗粒,一些油田在钻杆内加厚过渡区放置管状多孔滤清器,导致此处冲蚀失效事故屡次发生,在螺纹连接部位常常发生的刺漏也属冲蚀失效。钻柱构件冲蚀失效的主要特征是含有固体粒子的高压钻井液以高速沿一定的方向冲击钻柱构件表面,造成金属的流失。最常见的是钻杆内加厚过渡区表面的冲蚀坑、冲蚀孔洞及螺纹连接部位冲蚀造成的螺纹及密封面损伤。

1989年5月,我们收到某油田送来的一件失效钻杆样品,该样品系日本产φ127E75内加厚钻杆,无涂层,NC50内螺纹接头,失效日期为1988年2月18日。

该钻杆管体材料为中碳Mn-V钢,接头材料为4137H(或4140)。管体金相组织为珠光体+铁素体,带状组织为3级,显微硬度$HV_{0.2}$ 230~245,接头金相组织为回火索氏体。

失效位置距内螺纹接头密封端面0.2~0.4m,如图8-5所示。钻杆接头及管体加厚部位内壁上被刺出数十个深坑,但未刺穿。

图8-5 冲蚀失效钻杆形貌

另据现场提供的资料,该油田在钻井过程中使用了滤清器。滤清器是利用外径为63.5mm(2½in)的外加厚油管(废油管)

改制的,其全长 100mm,底部焊有一块 6mm 厚的盲板,上部焊有一块坐板和一个手提环(见图 8-6),在滤清器管体上,共钻有 33 圈小孔,纵向孔距 30mm,每圈均布 8 个孔,共计 264 个孔,孔径 8mm。

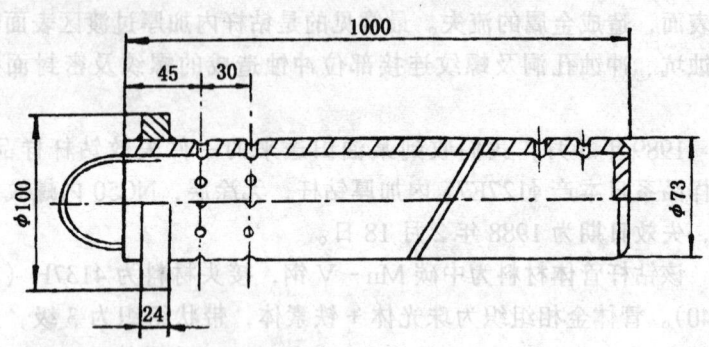

图 8-6　滤清器结构示意图

将试样剖开后发现,在钻杆接头水眼至管体加厚部位范围内,有数十个直径在 30mm 左右的马蹄状深坑,在内加厚过渡区至管体段 150mm 范围内也有数个较浅的坑。这些坑大都集中在距内螺纹接头密封端面 170~320mm 范围内,圆周方向整齐排列成 8 排,间距大体相等。马蹄形坑最大深度达 16.4mm。

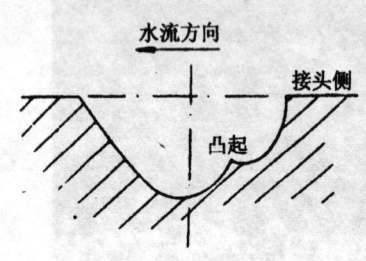

图 8-7　测量位置示意图

测量钻杆接头内壁表面马蹄状坑的几何尺寸,结果见表 8-3(测量位置见示意图 8-7)。从测量结果分析,这些坑有以下几个特征:

(1) 这些深坑内壁光滑,无任何宏观可见的腐蚀产物存在;

(2) 在坑的底部,大都存在一个坑底"凸起",坑越深,"凸起"部分越大,呈马蹄状;

(3) "凸起"大多呈现出沿管壁周向长,轴向短,坑愈深,表现愈明显；

(4) 这些"凸起"并不在坑的中心，而是向接头端部方向偏移，随着坑深度的增加，其偏移量越大；

(5) 沿轴向剖面看蚀坑形状，坑底曲线分两部分，坑深的一侧在流体流动下游方向，其坑底曲线呈抛物线状（见图8-8）。

表8-3 冲蚀坑尺寸测量结果

排号	序号	冲蚀坑中心距接头端面距离，mm	冲蚀坑直径，mm	坑深 mm	冲蚀坑内凸起尺寸 mm×mm	凸起中心与冲蚀坑中心偏差，mm
A	1	169.4	28.2	3.30	11×13.5	+3.4
	2	199.9	25.4	3.50	3.5×7	+2.6
	3	233.0	24	2.80	5×10	+4.0
	4	259.2	29.2	5.70	7.5×10	+2.2
	5	314.5	29	1.60		
B	1	171.5	33×36	16.40	9×12	+7.9
	2	204	28×34	10.10	6×11	+8
	3	232	28.5×33	11.80	7.5×10	+5.10
	4	260.5	29×32	7.6	6.2×12	+2.10
	5	289.5	31×34	6.9	5.5×10	+1.5
	6	474	23	1.3		
C	1	165.8	29.6	3.0	7×8	+2.2
	2	201.5	26×28	4.0	5×8	+1.5
	3	230.5	25×28	3.6	5.5×8	+1.5
	4	265	17	0.8		
	5	288	20	0.9		
	6	320	24×28	1.9	4×6	+1.0
	7	410	27×30	2.9	4×7	0
	8	474	27	1.9		

续表

排号	序号	冲蚀坑中心距接头端面距离，mm	冲蚀坑直径，mm	坑深 mm	冲蚀坑内凸起尺寸 mm×mm	凸起中心与冲蚀坑中心偏差，mm
D	1	169.5	26×28	4.2	7.5×11	+2.3
	2	227	22	0.9		
	3	260	34×32	9.4	8×8	+3.0
	4	317	26	1.0		
	5	347	23	1.1		
	6	415	23×28	1.5	5×7	+4.0
	7	501	25	1.2		
E	1	168.8	28.5	6		
	2	198	27.1	6		
	3	229	31	12.1		
	4	260	23	4.9		
	5	320	27.6	5.8		

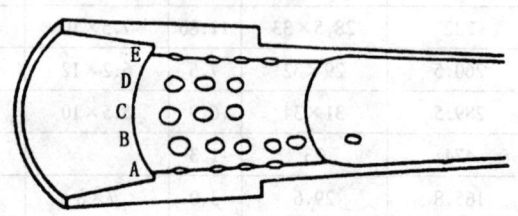

图 8-8 马蹄状深坑示意图

除存在"马蹄状"蚀坑以外的其余钻杆内壁，布满密集的鱼鳞状小坑，在加厚过渡区及管体部位表面更加明显，小坑相互重叠，坑四周尖锐清晰，直径多在 3~5mm，少量可达 10mm 左右，坑深在 0.15~0.30mm 之间，测量接头水眼和加厚部位内径尺寸，均比制造尺寸增大 3.8~4.8mm，在有鱼鳞状小坑的管体部分取样进行扫描电镜观察，发现其表面形貌如碎石状，部分视域可见到被腐蚀的金相组织（见图8-9）及晶体被腐蚀或裂纹形式，其中铁素体组织已基本被腐蚀掉。

由现场提供的滤清器资料和失效钻杆宏观测量结果（表8-3）可以看出，钻杆内壁形成的数十个深坑的位置排列与滤清器上水眼位置完全一致。这说明，该钻杆的失效与钻杆中加入滤清器有着直接关系。由图8-5可看出，靠近内螺纹部分的5排孔最深，说明滤清器上33排水眼的80%以上都已堵塞，仅剩最上面5排水眼（40孔左右）畅通冲蚀形成了这些深的马蹄状坑。在加厚过

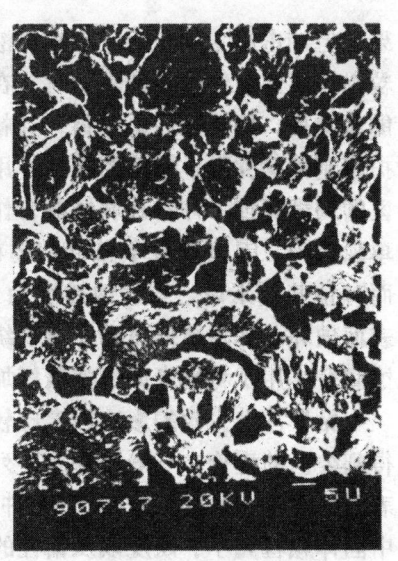

图8-9 腐蚀形貌

渡区和管体上还有少量很浅的圆坑，是在滤清器部分水眼被堵塞时冲蚀形成。在最上面5排孔中有些也较浅，说明即使最上面5排水眼到最后也不是完全畅通的。

当钻杆内装入滤清器后，钻井液的流动方向突然发生变化，由与钻杆内壁平行变为直接射向钻杆内壁。当滤清器上水眼全部畅通时，从每个水眼流出的钻井液的流速低于未加滤清器时该部位的钻井液流速，这时对钻杆内壁的冲蚀作用较小，但当滤清器上部分水眼被堵后，特别是象该钻杆中滤清器水眼仅剩40余孔时，由水眼中喷出的钻井液高速射向钻杆内壁，其冲击功率可能比正常值高出很多。这种射流冲蚀相当于工程中的"水力钻孔"，钻井工程中的"喷射钻井"，而在材料科学中，这种破坏形态叫"冲蚀"。

8.5.2 钻柱冲蚀失效的影响因素

钻柱冲蚀失效是由钻井液冲击和腐蚀两大因素共同作用的结

果，但冲击起主导作用。当钻井液液体及钻井液中携带的固体颗粒以一定速度冲击钻柱表面时，在钻柱内表面相应部位不断进行能量交换，即施加冲击载荷，材料表面发生破损，使金属表面保护膜剥落及变形；液体的腐蚀作用促使形成差异电池，造成阳极区的局部腐蚀。冲击和腐蚀联合作用，其破坏速度远大于各自的单独作用。固体颗粒单独冲蚀的破坏其速度需要100m/s以上，而对钻井液来说，当冲蚀速度为3～5m/s时，就足以造成钻柱表面破坏。如果液体流动中出现绕流，还可引起气蚀，冲蚀和气蚀联合作用于材料表面而使破坏加剧。

钻柱冲蚀失效的影响因素比较复杂，到目前为止还没有形成得到公认的理论。一般认为与下列因素有关：钻井液冲蚀在钻柱表面的角度 θ（称为攻角）、钻井液速度、钻井液浓度、钻井液中固体颗粒大小、硬度以及钻柱的抗冲蚀性能等。

钻井液流速对钻柱冲蚀量的影响可用下式表示：

$$E = Kvn \qquad (8-1)$$

式中 K——系数；

E——钻柱冲蚀率；

v——钻井液速度；

n——速度指数，随钻柱材料而异。

为计算出加入滤清器后在钻杆内各部位钻井液的流速，我们假定钻杆内部的钻井液流动是稳流，其平均流速可根据排量和截面积求出：

$$V = \frac{Q}{A} \times 1000 \qquad (8-2)$$

式中 Q——钻井流排量，L/s；

A——供钻井液流动的截面积，cm^2；

V——钻井液流速，m/s。

通常，当钻井液排量 $Q = 20～30L/s$ 时，求出的在127mm钻杆内钻井液流动速度为2.16～3.24m/s。

当钻杆内部装入滤清器后，使该部位内腔有效截面减少，钻井液流速和流动方向将发生改变。根据图8-6所示，由滤清器尺寸和E级钻杆加厚段内径尺寸（93.7mm）可计算出滤清器水眼射出的钻井液流速、滤清器与加厚段环空空间及滤清器与管体段环空空间的钻井液流速，计算结果见表8-4。

由计算结果可知，当滤清器上的水眼全部畅通时，由各水眼中流出的钻井液流速仅为钻井液在钻杆柱内平均流速的70%左右。当滤清器水眼的80%被堵，仅剩40个孔时，水眼中射出的钻井液速度高达9.94～14.92m/s，是钻柱内平均流速的4.5倍左右。

试验表明，攻角θ在90°时钻井液对钻柱的冲蚀最严重，即当钻井液垂直射向钻柱时钻柱的冲蚀率最大。

表8-4 钻井液流速计算结果

项目 结果 部位	滤清器与管壁距离 cm	供钻井液流动的截面积 cm^2	钻井液流速，m/s		
			排量20L/s	排量25L/s	排量30L/s
钻井液在钻柱内平均流速		92.66	2.16	2.70	3.24
滤清器水眼全通	1.035	132.7	1.5072	1.8840	2.2607
滤清器100个水眼通	1.035	50.27	3.9789	4.9736	5.9684
滤清器40个水眼通	1.035	20.11	9.9473	12.4341	14.9209
滤清器与钻杆加厚段环形空间内	1.035	27.1	7.3795	9.2244	11.0693
滤清器与钻杆管体段环形空间内	1.781	50.81	3.9362	4.9203	5.9044

此外，钻井液浓度越大、相对密度越大、钻井液固体颗粒越大及固体颗粒的硬度越高，钻柱冲蚀率越大。

钻井液对碳钢材料钻柱的冲蚀率可用如下实验公式近似描述（未考虑腐蚀因素）：

$$E = 1.342 \times 10^{-5} C_V \cdot 0.602 \left(\frac{H_1}{H_2}\right) n \cdot d \cdot 0.616 v \cdot 2.39$$

$$\cdot \left\{ 1 + \sin\left[\left(\frac{\theta - \theta_1}{90 - \theta_1}\right) \cdot 180 - 90\right] \right\} T(g) \quad (8-3)$$

式中 C_V——钻井液浓度，$C_V = \dfrac{\text{混合液密度} - \text{液相密度}}{\text{固体粒子密度} - \text{液相密度}}$；

$\dfrac{H_1}{H_2}$——粒子与钻柱材料硬度比，$\dfrac{H_1}{H_2} > 2$ 时，n 值为

0.208，$\dfrac{H_1}{H_2} < 2$ 时，n 值为 3.817；

d——固相粒子直径；

v——钻井液流速；

θ——攻角；

θ_1——开始出现冲蚀的角度，一般令 $\theta_1 = 0$；

$T(g)$——考虑其它因素影响的函数。

滤清器对钻杆冲蚀的影响：通常，钻井液是以层流或湍流形式在钻杆内流动的，在靠近管壁附近，其钻井液流动速度较低，且流动方向平行于管壁，故钻杆内壁受到钻井液的冲蚀作用很少。当钻杆内加入滤清器后，钻井液的流动状态发生改变。由于钻杆内壁与滤清器外壁间距离很小（10~17mm），钻井液在此空间以一种混乱无序的多次反射形式流动，钻井液与钻杆内壁间存在夹角（即攻角 θ），使钻杆内壁直接受到钻井液冲击和固体颗粒的切削，而在与滤清器水眼相对应的钻杆局部内壁上，直接受到高速钻井液流的垂直攻击冲蚀，损坏程度更加严重。

从图 8-5 可看到，管体内壁布满 3~5mm、坑深 0.15~0.3mm 的鱼鳞状小坑，又由表 8-4 结果可知，钻井液在该段流速仅为 3.93~5.90m/s，假设冲蚀攻角为 30°，则在该段形成冲蚀坑的钻井液垂直管壁速度分量仅为 1.96~2.95m/s，对照表 8-4，与滤清器水眼全部畅通时射向管内壁的钻井液流速大体相

当。这说明,在钻杆内装有滤清器后,无论水眼是否全部畅通,都会对钻杆造成冲蚀破坏。畅通水眼越少,造成的破坏越严重。

从滤清器射向管壁的钻井液不会是稳流,而可能是一种旋转流,由于钻井液多次冲击作用,形成圆形冲蚀坑内存在一"凸起",其原因是射流中心存在滞流点,流速较低。随着坑逐渐加深,管柱内钻井液流动方向变化,"凸起"逐渐上移,坑的下游边缘逐渐平坦,形成"马蹄形"坑。

钻杆内加滤清器除了使钻井液流速急剧增加,冲蚀钻杆以至造成钻具失效外,还具有如下的不利影响:

(1) 使钻井液循环装置(如钻井液泵等)的磨损加快,缸套、活塞、阀体、阀座等更换频率加快。

(2) 使钻井液相对密度增加,沉砂严重,而且泥饼粗而厚,摩擦系数增大,钻井时易造成卡钻事故。

(3) 由于钻井液流动方向改变直接冲蚀钻杆,消耗动能,降低了钻井功率。经估算,钻杆中加入滤清器后,在该部位造成的功率损耗占总功率的 $1.5\% \sim 2\%$。对钻井速度产生影响。

(4) 给油田管理带来困难。由于滤清器很易沉砂,每次接钻杆时都应清理除砂,但往往井队怕麻烦事实上作不到。

因此本书作者主张需要过滤钻井液时,应采用地面固控设备,而不使用滤清器。

9 钻柱的适用性评价

9.1 概 述

钻柱构件的失效是缺陷或裂纹的产生、发展直至最后断裂的过程。理想的、无缺陷的钻柱是不存在的，钻柱中的缺陷可分为制造缺陷和运行损伤缺陷两大类。相应地，对这两类缺陷允许程度的控制标准也有两类，一类是以产品质量控制为原则的标准，称为"质量控制标准"或"建造标准"，主要用于产品制造过程中发现的各种可能影响结构完整性的缺陷的判别；另一类是以符合使用要求为原则的标准，称为"合于使用"或"适用性"(Fitness for Service 或 Fitness for Purpose) 评价标准。适用性评价是对含有缺陷结构能否适合于继续使用的定量工程评价。结构、装备在运行过程中发现的超出质量控制标准规定尺寸的漏检缺陷和运行损伤造成的缺陷，若根据质量控制标准判断，往往需要进行返修，这不仅造成经费、人力与时间上的巨大消耗，而且由于现场条件与建造时的条件有很大不同，还可能带来更坏的后果。为解决这一矛盾，随着现代断裂力学在工程上的广泛应用，逐步形成了以"适用性"为原则的评价方法。适用性评价包括定量检测结构中的缺陷、依照严格的理论分析做出评定，即确定缺陷是否危害安全可靠性，并对缺陷的形成、发展及结构的失效过程以及后果等作出判断，最后可按下面4种情况区别对待：

(1) 对那些不含对安全生产造成危害的缺陷将允许存在；

(2) 对那些含有目前虽不造成威胁但可能进一步发展的缺陷，需要进行寿命预测，并允许在监控下使用；

(3) 对含有缺陷的结构若降级使用可保证安全可靠性，则可考虑降级使用；

(4) 对那些所含缺陷已对安全可靠性构成危险的结构或构件，必须立即采取措施，返修或停止使用。

这样就可以延长设备的检测周期，避免不必要的甚至有潜在危险的维修，减少无用的、无计划的设备更换。所以，适用性评价标准是对质量控制标准的必要补充和完善，既保证了安全生产，又提高了经济效益。据报道，美国石油化工由此每年可节约数亿美元。

在过去的 20 年中，各国学者提出了许多结构完整性的评价方法，尽管这些评价方法在应用中还存在一些问题，但是，采用"适用性"概念的益处愈来愈被广泛地接受。除"适用性"评价的巨大经济效益外，由于人们的注意力被转移到结构整体质量的更重要的方面即设计和材料选择方面，因此，采用这种方法可使结构更为安全。

国内外已公布的一些结构完整性和适用性评价方法或标准见表 9-1，其中包括含裂纹型和体积型两类缺陷结构完整性和适用性评价方法。含裂纹型缺陷结构的安全评价建立在断裂力学基础上，多数采用了失效评价图（Failure Assessment Diagram——FAD）技术；而含体积型缺陷结构的安全评价可采用以断裂力学为基础的评价方法或采用以极限承载能力为基础的非断裂力学方法，前者是将体积型缺陷当作裂纹型缺陷来处理，往往会得出过于保守的结论，而后者是兼顾安全性与经济性的评价方法，既能保证结构安全，又具有较好的经济效益。

表 9-1 结构完整性或适用性评价标准/规范

名 称	提出单位或国家	适用范围
BSI PD6493（1980）焊接接头缺陷验收水平推荐的若干方法指南	英国标准学会	主要为平面型缺陷
弹塑性断裂力学分析的工程方法（1981）	美国电力研究院（EPRI）和通用电器公司（GE）	裂纹型缺陷

续表

名 称	提出单位功或国家	适用范围
含缺陷核压力容器及管道的完整性评定方法（1982）	EPRI/GE	裂纹型缺陷
WES2805 焊接接头中缺陷的脆断评价方法	日本焊接工程学会标准	平面型缺陷
CADA-1984 压力容器缺陷评定规范	中国压力容器学会 化工机械与自动化学会	裂纹型缺陷
形变塑性失效评价图（1985）	美国材料与试验学会	
含缺陷结构的完整性评价（1988）	英国中央电力局（CEGB）	平面型缺陷
IIW 焊接结构适用性评价指南（1990）	国际焊接学会	主要为平面型缺陷
SA/Fou-Report 91/01 带裂纹构件安全评定规范手册	瑞典	裂纹类缺陷
BSI PD6493-1991 焊接结构缺陷可接受性评价方法指南	英国标准学会	主要为平面型缺陷
ASME B31G-1991 确定腐蚀管线剩余强度的手册	美国机械工程师学会	体积型缺陷
焊接接头脆性破坏的评定 JB/T 5104—91	中国机械电子工业部	主要为裂纹型缺陷
ASME Section XI-1995 核动力电站构件在役检测的规则	美国机械工程师学会	裂纹型缺陷
MPC-FFS-1995 石油化工中的适用性评价程序-1995	美国材料性能委员会（MPC）	石油化工裂纹型+体积型缺陷

石油钻柱的质量控制是按相应的标准和规范进行的，如 API SPEC 5D 钻杆规范，API SPEC 7 旋转钻柱组件规范等。对带有使用过程中产生的各种缺陷的钻柱构件的适用性评价，目前仍停留在现场经验的基础上，还没有建立在严格理论基础之上的适用

性评价方法或规范,这也是今后需要加以解决的重要课题。

9.2 失效评价图与断裂评定方法

9.2.1 结构的失效模式

根据运行环境和施加载荷性质的不同,结构的失效模式包括脆性断裂、塑性失稳、疲劳、蠕变、腐蚀、屈曲。静态加载结构导致失效的不同加载路径见图9-1(不考虑蠕变和腐蚀)。加载路径分布在从名义弹性加载(施加应力远低于材料屈服强度)下的脆性断裂到塑性失稳(剩余韧带的过载)的范围。在低施加应力下发生脆性破坏时,可采用线弹性断裂力学(LEFM)概念——即应力强度因子(K)法进行评价,而当失效机理为塑性过载时,应采用极限载荷或塑性失稳分析方法进行评价。在这两者之间,可采用弹塑性断裂力学(EPFM)方法评价结构的完整性。目前,已经开发出了采用裂纹尖端张开位移(COD)和J积分(J)两个最常用的弹塑性断裂力学特性参量的适用性评价方法。

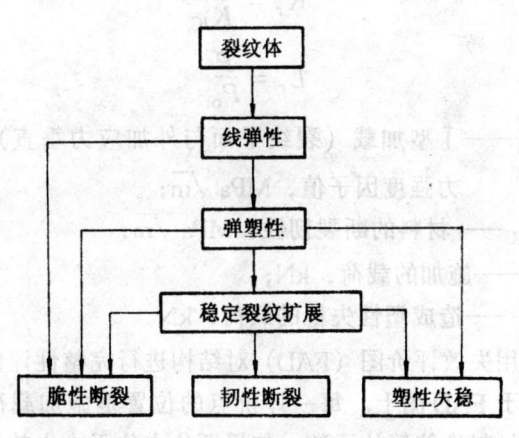

图9-1 加载至失效的路径

9.2.2 失效评价图

表 9-1 所列的适用性评价方法中绝大多数是建立在断裂力学概念基础上的。在过去的近 20 年中,失效评价图技术已越来越被肯定,目前已成为评价结构断裂风险最广泛采用的方法。

采用失效评价图进行适用性评价的概念是在 1975 年首先被提出来的,失效评价图提供了一种方便的评价结构由脆断至塑性失稳整个范围的失效风险评估方法。失效评价图见图 9-2,纵坐标(K_r 轴)代表结构对脆性断裂的阻力,横坐标(L_r 轴)代表结构对塑性失稳的阻力(见图 9-2)。按照 Dugdule 模型做出的推导,失效评价曲线可用下式表示:

$$K_r = S_r \left\{ \frac{8}{\pi^2} \ln \left[\sec(\frac{\pi}{2} S_r) \right] \right\}^{-1/2} \qquad (9-1)$$

在计算评价点的坐标时,对所考虑的实际几何条件,需要恰当的应力强度因子和极限载荷(塑性失稳)解,而且需要知道材料的拉伸性能和断裂韧性。评价点的纵坐标和横坐标为:

$$K_r = \frac{K_I}{K_{IC}} \qquad (9-2)$$

$$L_r = \frac{P}{P_o} \qquad (9-3)$$

式中 K_I——Ⅰ型加载(裂纹平面与外加应力垂直)时裂尖应力强度因子值,MPa $\sqrt{m}$;

K_{IC}——材料的断裂韧性,MPa $\sqrt{m}$;

P——施加的载荷,kN;

P_o——造成塑性失稳的载荷,kN。

当采用失效评价图(FAD)对结构进行完整性评价时,可将评价点描于 FAD 图上。每一评价点的位置是施加载荷条件、缺陷尺寸、材料性能等的函数,如果评价点位于由失效评价图的坐标轴和失效评价曲线所构成的区域,认为结构安全,反之,如果评价点落在失效评价曲线外侧,结构被认为不安全。利用 FAD

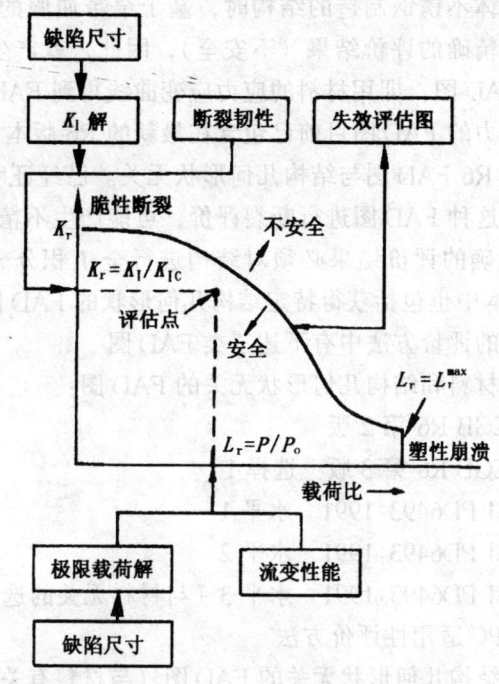

图9-2 失效评价图示意图

图也可确定结构中的极限缺陷尺寸。由不同裂纹尺寸对应的一系列评价点构成的曲线与失效评价曲线交截点所对应的缺陷尺寸即为结构的极限缺陷尺寸。

9.2.3 断裂评价方法

使用最广泛的以 FAD 图为基础的断裂评价方法是由英国中央电力局（CEGB）开发的 R6 方法。最初的 R6 FAD 图由窄带屈服模型而来且与材料和结构几何形状无关（对材料和结构几何形状的依赖被自动地包含在用来确定 K_r 和 S_r 坐标的流变应力、应力强度因子和屈服极限载荷解的定义中）。对于从低到中等加工硬化铁素体材料制造的结构的评价，基于窄带屈服模型的 R6 FAD 图能提供简单、较精确的方法，但是，应用于高加工硬化材料如奥氏体不锈钢制造的结构时,基于窄带屈服的 FAD 图显然会产生不精确的评价结果(不安全),因此,就产生了基于参考应力的 FAD 图,即用材料的应力应变曲线得到 FAD 图。这种基于参考应力的 FAD 图目前已包含在最新的 R6 版本中。

最初的 R6 FAD 图与结构几何形状无关。已经证明,在某些情况下运用这种 FAD 图进行断裂评价,可能产生不精确的结果,为了得到精确的评价结果必须对结构进行全 J 积分分析。在最新的 R6 版本中也包括获得特定结构几何形状的 FAD 图的选择。

在发表的评价方法中有下述三类 FAD 图

(1) 与材料和结构几何形状无关的 FAD 图:

——CEGB R6 第 2 版

——CEGB R6 第 3 版 选择 1

——BSI PD6493:1991 水平 1

——BSI PD6493:1991 水平 2

——BSI PD6493:1991 水平 3(与材料无关的选择)

——MPC 适用性评价方法

(2) 与结构几何形状无关的 FAD 图(与材料有关):

——CEGB R6 第 3 版: 选择 2

——BSI PD6493:1991 水平 3

(3) 与材料和结构几何形状有关的 FAD 图:

——CEGB R6 第 3 版: 选择 3

——DPFAD(形变塑性失效评价图)

尽管上述三种 FAD 图可给出稍有不同的评价结果,但是重要的是所有 FAD 图提供了下述基本特征,即纵坐标表示脆性断裂的风险,横坐标表示塑性失稳的风险。

9.3 钻柱适用性评价方法

9.3.1 基本思路

传统的钻柱设计是以钻柱构件的强度指标为基础进行的,即钻柱的抗拉、抗挤、抗内压等强度指标（包括抗拉强度和屈服强度）与工作应力之比大于规定的安全系数即认为安全。实际上，钻柱构件是经过冶炼和各种冷热加工处理的机械产品，不可避免地会存在各种宏观和微观缺陷，钻柱在使用过程中造成的各种损伤缺陷也是难以避免的，所以，在钻柱设计中应将钻柱构件当作缺陷体或裂纹体来对待。如果将存在缺陷的钻柱构件仍按传统的强度设计方法计算，会得出不安全的结论。

断裂力学方法将构件的工作应力、断裂韧性和缺陷尺寸三者有机地联系起来，若已知三者中的任意二者，第三者即可按严密的理论计算获得。在一定载荷下工作的构件只要裂纹尖端的应力强度因子 K_I 小于材料的断裂韧性 K_{IC} 或材料中的缺陷尺寸 a 小于允许的临界裂纹尺寸 a_c，则认为构件不会发生脆性断裂。

同时，对承受交变载荷的钻柱构件来说，采用传统的光滑试样得到的 $\sigma - N$ 曲线方法进行疲劳寿命设计时，由于疲劳曲线受材料表面粗糙度、结构上的应力集中和平均应力的强烈影响，也难以得出准确的结果，而断裂力学方法从理论上来说可以准确地定量估计钻柱构件裂纹扩展至临界尺寸时的寿命。

适用性评价所涉及的技术领域包括有机联系的三个方面：即检测（包括内眼检验、壁厚测量、裂纹检测、水压试验、腐蚀检测、声发射等）、材料（材料性能、工厂试验报告、韧性数据、下限性能等）和力学（包括工程评价、应力分析、有限元分析、断裂力学分析等）。

钻柱构件的适用性评价可采用失效评价图来进行。评价内容应包括以下几个方面：

(1) 评价含已知或假定缺陷钻柱构件的极限载荷；

(2) 评价钻柱构件在规定的加载条件下的极限缺陷尺寸；

(3) 评价所评价状态（载荷、温度、材料性能、缺陷尺寸等）对上述两种极限状态的安全系数；

(4) 评价安全系数对所评价状态和分析细节（应力强度因子函数、屈服载荷表达式等）的敏感性。

9.3.2 评价程序

失效评价程序包括以下方面（见图9-3）：

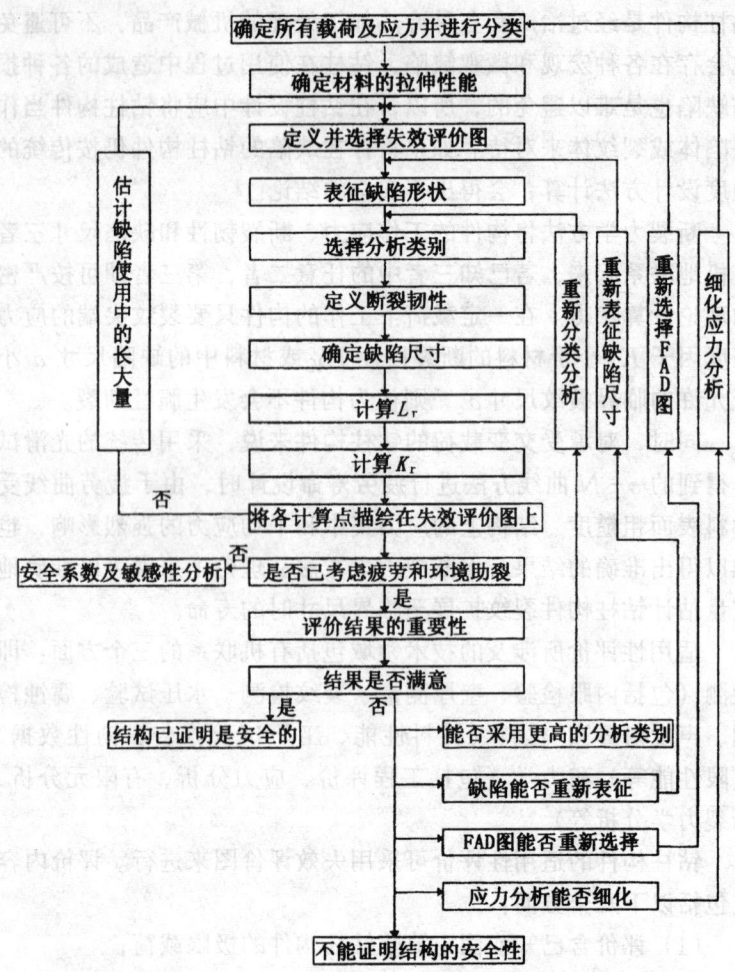

图9-3 失效评价程序流程图

(1) 缺陷表征；
(2) 应力分析；

(3) 确定材料性能;
(4) 计算 L_r;
(5) 计算 K_r;
(6) 失效评价图的选择;
(7) 安全系数和敏感性分析;
(8) 剩余寿命验测。

9.3.3 缺陷表征

存在于钻柱构件中的缺陷可大体上分为体积型缺陷和平面型（裂纹型）缺陷两大类。对于体积型缺陷如点蚀坑、局部减薄区域，可按平面型（裂纹型）缺陷来处理，这样可得到偏于安全的评价结果。

对穿透型缺陷，如穿透裂纹可简化为矩形裂纹;内部裂纹可简化为椭圆裂纹;表面裂纹可简化为半椭圆裂纹;边角裂纹可简化为1/4椭圆裂纹，如图9-4所示。在断裂力学分析时，假定裂纹处于与主应力轴正交的平面上，即为Ⅰ型加载。

如果裂纹所在平面不与主应力轴正交，如图9-5，缺陷会承受复杂加载，这时，可定义一个与主应力轴正交的当量Ⅰ型裂纹。对双轴加载，在与 σ_1 垂直的平面上，当量裂纹长度可按下式确定：

$$C/C_o = \cos^2\beta + 0.5(1-B)\sin\beta + B^2\sin^2\beta \quad (9-4)$$

式中 β——缺陷与主平面间的夹角;
C_o——原裂纹长度或之半（对边部裂纹）;
C——当量裂纹长度或之半（对边部裂纹）。

$$B = \frac{\sigma_2}{\sigma_1} \quad (\sigma_1 > \sigma_2)$$

σ_2 为与 σ_1 垂直方向的正应力。

当将裂纹投影到与 σ_2 垂直的平面上时，当量裂纹可按下式确定：

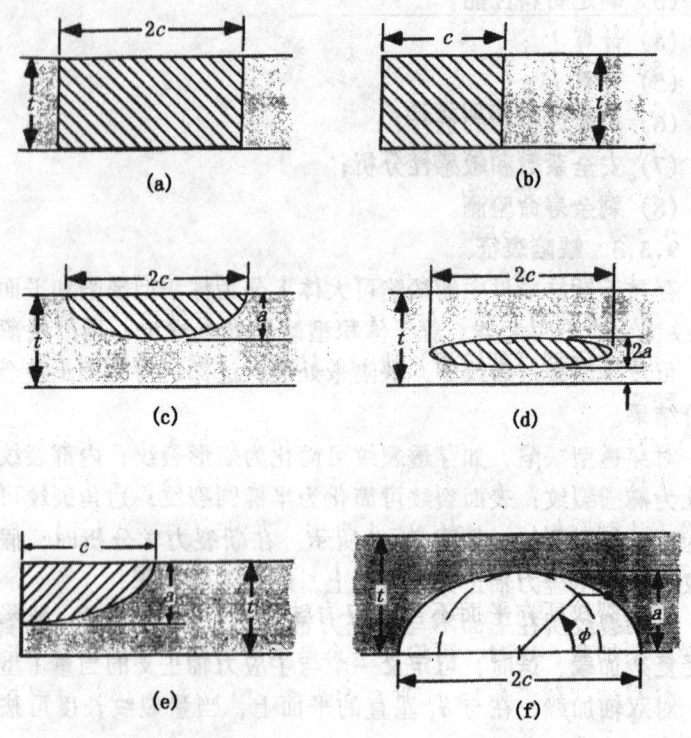

图 9-4 典型的理想化的裂纹形状
(a) 穿透裂纹;(b) 边部裂纹;(c) 半椭圆表面裂纹;(d) 椭圆形埋葬裂纹;
(e) 1/4 椭圆形边角裂纹;(f) 半椭圆形表面裂纹周边角 ϕ 的定义

$$C/C_o = \frac{1}{B^2}\cos^2\beta + \frac{0.5(1-B)}{B^2}\sin\beta\cos\beta + \sin^2\beta \quad (9-5)$$

上式只有在 σ_1、σ_2 为正时成立,当 σ_2 为压缩应力时,应取 $B=0$。对单轴加载,$B=0$,这时,

$$C/C_o = \cos^2\beta + 0.5\sin\beta\cos\beta \quad (9-6)$$

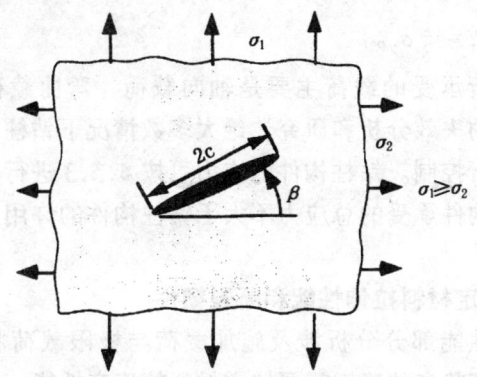

图 9-5 裂纹平面承受双轴应力状态

如果钻柱构件上存在多个缺陷，必须考虑它们之间的交互作用。缺陷交互作用判据可采用 PD6493 和/或 ASME 锅炉和压力容器规范第 XI 章中的判据。

9.3.4 应力分析

在进行应力分析时，一般假定构件不含缺陷，产生于裂纹处的局部应力集中用应力强度因子来考虑。

施加应力可分为主要应力和二次应力。为了进行断裂分析，二次应力被定义为局部自平衡应力，不满足这一定义的所有应力被认为是主要应力。二次应力对结构的塑性失稳没有影响。

某一截面上的实际应力分布可能是比较复杂的，在进行断裂评价或极限载荷分析时，必须对截面上的应力分布进行简化：

(1) 假定最大应力 σ_{max} 均匀地分布于截面上；

(2) 假定应力差线性分布，并可分为弯曲应力分量和薄膜应力分量；

(3) 假定应力分布可用多项式来表达。

当缺陷存在于焊缝附近时，必须考虑残余应力。对于给定的焊件，通过截面上的残余应力很少已知，所以需要进行保守的假定。对焊接状态的构件，一般假定残余应力等于材料的屈服强度 ($\sigma_r = \sigma_y$)，并均匀地作用于截面上。对已进行过消除应力处理的焊件，一般取 $\sigma_r = \frac{1}{3}\sigma_y$。

钻柱构件所承受的载荷主要是轴向载荷、弯曲载荷和扭转等。根据大量的失效分析和研究，绝大多数情况下钻柱构件的失效由Ⅰ型载荷所控制。钻柱构件的应力可按4.5.3进行分析。设计时应使钻柱构件承受的总应力不大于钻柱构件的许用应力，即 $\sigma \leqslant [\sigma]$。

9.3.5 确定材料拉伸性能和断裂韧性

(1) 拉伸性能部分分析涉及施加载荷与极限载荷状态的比较，而极限载荷状态的确定需要知道材料的流变性能。焊接残余应力的估计也需要知道流变性能。材料的流变性能可用流变应力来表示；这里定义流变应力为抗拉强度和屈服强度之和的1/2。

在大多数情况下，为应用失效评价图方法需要知道焊缝和母材抗拉强度和屈服强度。如果可能，希望进行特定炉批材料的拉伸性能试验。否则，可用规定的母材和焊缝材料屈服强度和抗拉强度的最低值来计算载荷比，而估算残余应力时，应采用估计的屈服强度的上限值。

在少数情况下，需要知道材料的应力应变曲线。例如，用户可能对结构细节进行弹塑性有限元分析，当缺陷在焊缝附近时，这种分析应模拟焊缝和母材的流变性能。

(2) 断裂韧性：

采用临界应力强度因子 K_{IC}、J 积分和裂纹尖端张开位移COD。对脆性材料和大截面结构可获得有效截面尺寸较小的结构和 K_{IC}，对塑韧性较好的材料，只能用 J 和 COD 来作为韧性指标。根据平面应力线弹性条件下三者之间的关系，可将 J 积分和 COD 转换成相当的 K_{IC}，例如：

$$K_{IC} = \sqrt{\frac{J_C E}{1 - \mu^2}} \qquad (9-7)$$

式中　J_C——用 J 积分表示的材料断裂韧性，MN/m；

E——杨氏弹性模量,MPa;

μ——泊松比。

J 积分和 COD 有如下近似关系:

$$J_C \approx 1.6\sigma_f \delta_c \qquad (9-8)$$

式中 δ_c——临界 COD 值;

σ_f——流变应力。

根据这些关系,断裂力学分析可表示为三个参数中的任何一个。

当材料的断裂韧性数据不能用试验得到时,可采用一些经验公式来确定。

9.3.6 载荷比 L_r(或应力比 S_r)的计算

L_r 是特征加载参数(如施加应力、弯矩、远处应力等)与屈服时这些参数值之比。确定 L_r 需要知道主要应力、屈服强度和所考虑结构的屈服载荷解。

屈服载荷分析可为局部屈服载荷分析或整体屈服载荷分析,前者更为保守。局部屈服载荷分析考虑缺陷处剩余韧带的屈服,整体屈服载荷,分析考虑遍及结构的屈服。一些典型含裂纹类缺陷构件的极限载荷解可参考有关资料查阅。

对于加工硬化材料,当净截面屈服时,塑性屈服不会发生。假定的局部屈服或整体屈服失稳条件由下式给出:

$$L_{r(max)} = \frac{\sigma_f}{\sigma_y} \qquad (只考虑主要应力) \qquad (9-9)$$

对非穿透缺陷,推荐采用基于剩余韧带局部屈服的方法计算 L_r,如果 $L_r \geqslant L_{r(max)}$ 或评价点落在 FAD 之外,可对缺陷再分类,重新计算 L_r。

9.3.7 韧性比 K_r 的计算

韧性比通常定义为施加线弹性应力强度因子 K_I 与断裂韧性 K_{IC} 之比:

$$K_r = \frac{K_I}{K_{IC}} \text{ 或 } \frac{K_I}{K_{JC}} \text{ 或 } \frac{K_I}{K_{\delta C}} \qquad (9-10)$$

这里 K_{JC} 和 $K_{\delta C}$ 是根据 J 积分和 COD 试验得到的相当的 K_{IC} 值。韧性比也可能根据 J 或 COD 来表示。

$$K_r = \sqrt{J_r} = \sqrt{\frac{J_e}{J_c}} \qquad (9-11)$$

$$K_r = \sqrt{\delta_r} = \sqrt{\frac{\delta_e}{\delta_c}} \qquad (9-12)$$

式中,J_e 和 δ_e 分别是施加 J 和 COD 的弹性分量,在平面应变加载条件下,它们与 K_I 有如下关系:

$$J_e = \frac{K_I^2(1-\mu^2)}{E} \qquad (9-13)$$

$$\delta_e = \frac{K_I^2(1-\mu^2)}{1.6\sigma_f E} \qquad (9-14)$$

所考虑结构中的实际加载可能与平面应力更为接近,这时在 K_I-J 关系中应去掉 $1-\mu^2$,在 J-COD 关系中的常数接近 1。由于 K_r 是一个比,所以只要分子和分母以一致的方式处理,其应力状态是不重要的。

结构中的塑性变形可改变二次应力对断裂行为的影响,这种影响可籍改进韧性比来表达,即:

$$K_r = \frac{K_I}{K_C} + \rho \qquad (9-15)$$

式中 K_C 为断裂韧性(K_{IC}、K_{JC}、$K_{\delta C}$),ρ 为塑性校正因子,取决于主要应力和二次应力,计算 ρ 的方法如下(PD6493

和新 R6）：

(1) 计算 X： $X = \dfrac{K_I^S}{K_I^\rho} L_r$

(2) 根据图 9-6 确定 $\rho_{1(X)}$

(3) 估算 ρ

$\rho = \rho_1 \quad L_r \leqslant 0.8$

$\rho = 4\rho_1 (1.05 - L_r) \quad 0.8 < L_r \leqslant 1.05$

$\rho = 0 \quad L_r > 1.05$

根据前面所述，可归纳出确定 K_r 的步骤：

(1) 估计断裂韧性；

(2) 获得所考虑结构缺陷几何形状的应力强度因子解，考虑膨胀效应、有限宽度、局部应力集中；

(3) 分别计算主要加载和二次加载的 K_I^ρ 和 K_I^S；

(4) 确定塑性校正系数 ρ；

(5) 计算 K_r（$K_r = \dfrac{K_I}{K_C} + \rho$）。

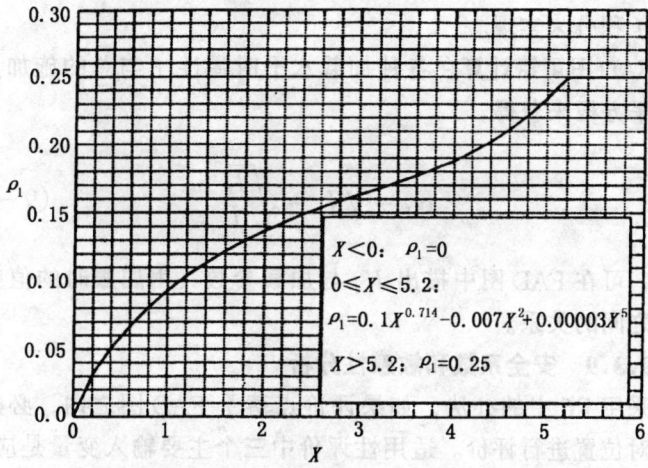

图 9-6 二次应力塑性校正因子

9.3.8 失效评价图的选择

对结构中所考虑的缺陷，其坐标（L_r，K_r）可描于失效评价图中，假定满足某些条件，如果评价点落于图内，缺陷是可接受的，如果评价点落在图外，可能需要细化分析以消除过分的保守性，失效评价图可有几种选择。

(1) 下限 FAD：下述方程描述大范围结构和材料保守的下限失效评价：

$$K_r = (1 - 0.14 L_r^2)[0.3 + 0.7\exp(-0.65 L_r^6)] \qquad (9-16)$$

对有屈服平台的材料在估计的失稳极限处切断：$L_{r(\max)} = 1.0$。

对其它材料在 $L_{r(\max)} = \dfrac{\sigma_f}{\sigma_y}$ 处切断。

(2) 弹塑性 J 积分分析：如果发现下限 FAD 过于保守，用户可选择对特定材料和特定结构几何形状，开发便于应用的 FAD 图，这种 FAD 图可籍计算线弹性、弹塑性和全塑性加载的施加 J 积分来实现。

FAD 图可籍计算在各种加载水平时弹性 J 与总的施加 J 之比的平方根来获得。

$$K_r = \sqrt{J_r} = \sqrt{\dfrac{J_e}{J}} \qquad (9-17)$$

这时，可在 FAD 图中描出 K_r 与加载参数（由屈服时的值归一化）之间的关系。

9.3.9 安全系数和敏感性分析

采用 R6 中的办法，如果评价点落于 FAD 图之内，必须对其相对位置进行评价。适用性评价中三个主要输入变量是应力、韧性和缺陷尺寸，安全系数可根据三个参数中的任意一个来定义。

(1) 载荷（或应力）安全系数：

$$F^L = \frac{\text{产生极限条件的载荷}}{\text{施加载荷}} \qquad (9-18)$$

（2）韧性安全系数：

$$F^K = \frac{\text{材料的断裂韧性}}{\text{产生极限条件的断裂韧性}} \qquad (9-19)$$

（3）缺陷尺寸安全系数：

$$F^a = \frac{\text{产生极限条件的缺陷尺寸}}{\text{评价中假定的缺陷尺寸}} \qquad (9-20)$$

给定参数的极限条件是以另二个参数固定来计算的。

建立规定载荷条件下可接受的可信度所需要的安全系数可通过敏感性分析来确定。这种分析应评估安全系数对输入参数变化的敏感性，应考虑所有不确定性和已知的变化，这些相关参数是：施加载荷、热应力和残余应力、缺陷尺寸和特征、材料性能数据和计算的输入等。图 9-7 是非长大缺陷的缺陷尺寸和断裂韧性与载荷系数 F^L 之间的变化曲线，可以看出这些参量的变化对 F^L 的影响程度即敏感性。

9.3.10 长大裂纹的评价

对于使用中可能长大的裂纹类缺陷，首先应作为非长大裂纹进行评价，如果作为非长大裂纹是不可接受的，作为长大裂纹当然也是不可接受。另一方面，如果作为非长大裂纹是可以接受的，作为长大裂纹的可接受性需要进一步评价，处理长大裂纹的供选择做法如下：

（1）防止缺陷进一步长大；
（2）用恰当的裂纹长大方程分析剩余寿命；
（3）如果适用，采用先漏后破方法；
（4）现场监测缺陷以检测进一步长大。

9.3.10.1 当前缺陷的评价

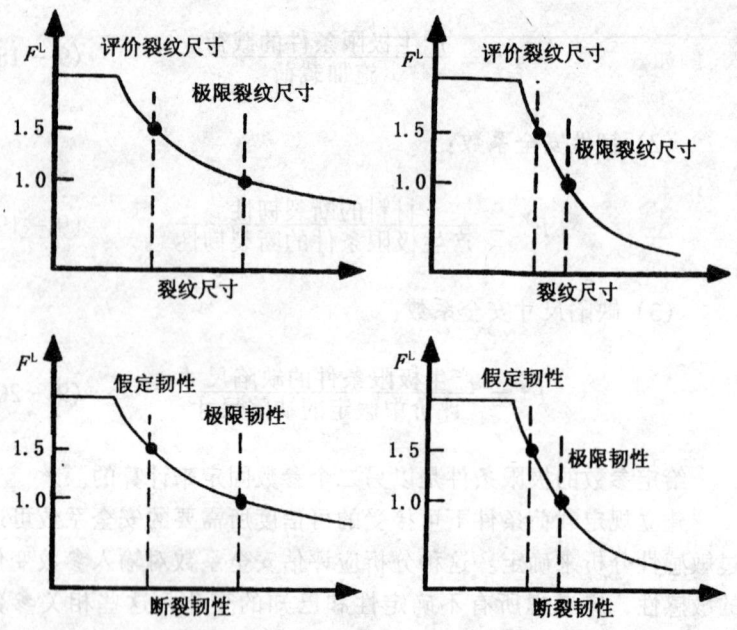

图 9-7 裂纹尺寸和断裂韧性输入对载荷安全系数 F^L 的相对敏感性评价

对现有缺陷评价以确定缺陷是否对结构的完整性造成重要影响，作为这种评价的一部分，应当计算出极限缺陷尺寸。当前缺陷尺寸和极限缺陷尺寸之间的差异对应于允许的缺陷长大量。

9.3.10.2 剩余寿命计算

需要知道存在缺陷的结构在某一环境中的裂纹扩展速率，结合极限裂纹尺寸，可按裂纹长大方程估算出含缺陷结构的剩余寿命。

裂纹扩展方程有多种形式，采用哪种形式取决于开裂机理。例如，开裂速度可能取决于应力强度因子：

$$da/dt = f_1(k_1)$$

式中 a——裂纹尺寸；

t——时间。

例如,疲劳裂纹扩展速率可为 Aaris 公式:

$$da/dN = C\Delta K^m$$

式中,C 和 m 为材料常数,N 是循环次数,裂纹扩展速率取决于 ΔK 的变化。如果考虑疲劳门槛、应力比及其它因素,还可采用更复杂的裂纹长大方程。

分离变量,可得到剩余寿命的简单积分方程:

$$t_c = \int_{a_o}^{a_c} \frac{da}{f_1(k_1)} \quad (9-21)$$

式中 t_c——估计的剩余寿命;
a_o——当前裂纹尺寸;
a_c——极限裂纹尺寸。

开裂速度与时间有关时,裂纹长大方程为:

$$da/dN = f_2(t)$$

分离变量得:

$$a_c - a_o = \int_0^{t_c} f_2(t)dt \quad (9-22)$$

在大多数情况下,积分上述式子不可能,可采用数字积分方法。最简单的方法是将上述积分转换为一系列梯形面积之和:

$$\int_{X_1}^{X_N} f(X)dX = \sum_{i=1}^{N} \left[\frac{f(X_{i+1}) + f(X_i)}{2}(X_{i+1} - X_i) \right]$$
$$(9-23)$$

某些裂纹长大方程可能明显取决于 K_I、t 及其它变量,$da/dt = f_3(K_I, t\cdots\cdots)$,这时,采用变量分离方法是不可能的,可采用数值积分法,如图 9-8。

9.3.10.3 先漏后破（LBB）分析

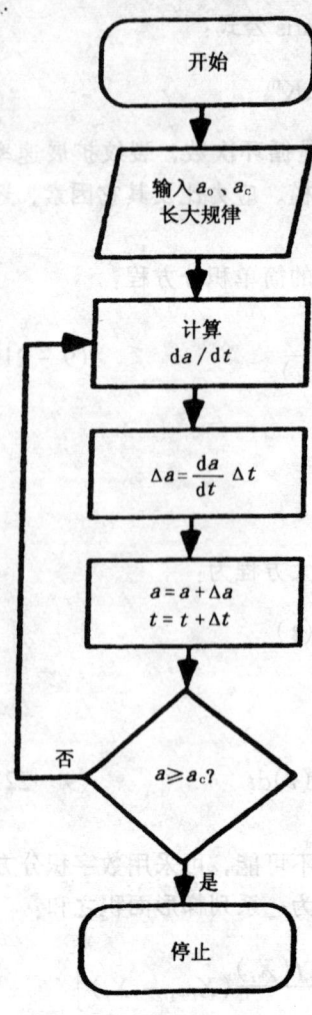

图 9-8 含长大裂纹结构
剩余寿命数值积分流程图

在不引起结构灾难性失效的情况下，可允许缺陷扩展穿透构件管壁，在这种情况下，必须对泄漏进行探测，并采取改进措施。当部分穿透缺陷的扩展速率未知时，先漏后破方法是有用的，尽管不能确定剩余寿命，但检测泄漏可作为早期的预告。

LBB 分析可先将缺陷作为穿透缺陷，根据新的几何尺寸，用非长大裂纹评价方程进行评价，如果假定的穿透缺陷是可接受的，只要结构中的缺陷不穿透管壁，现有缺陷可在使用中保留。LBB 缺陷尺寸可定义为 $2c_{LBB} = 2c + 2t$，其中，c 为裂纹半长，c_{LBB} 为假定的穿透裂纹半长。

采用 LBB 方法有一些限制，这些限制是：

（1）泄漏论证与探测。如裂纹被覆盖或产生闭合裂纹，裂纹穿透壁厚后不泄漏，这时不可采用 LBB 方法；

（2）不适用于接近应力集中的缺陷或有高残余应力的区域；

（3）不适用于高裂纹扩展速率的情况；

（4）泄漏的后果必须考虑，尤其是当结构内含有危险区域时。

9.4 钻柱构件适用性评价举例

假定一根 φ127×9.19mm×29.0kg/m G105 钻杆管体外表面存在最大深度为 3.0mm、最大长度为 30mm 的片状腐蚀缺陷,试评价该钻杆继续使用的可能性。

(1) 缺陷表征评价:

该钻杆外表面的片状腐蚀缺陷属于体积型缺陷,为得到偏于安全的评价结果,可按裂纹型缺陷来处理。将缺陷简化为 $a = 3.0$mm、$2c = 30$mm 的半椭圆形横向表面裂纹。

(2) 应力分析:

钻杆承受的工作应力可分为主薄膜应力 σ_m 和弯曲应力 σ_w。

σ_w 可根据钻具重量和钻杆截面积进行计算,这里假定 $\sigma_m = 285$MPa;

σ_w 可根据井眼曲率、材料弹性模量和截面惯性矩进行计算,假定井眼曲率为 6°/30.48m,可计算出 $\sigma_w = 52$MPa。

二次应力这里只考虑残余应力,其值为钻杆最小规定屈服强度(724MPa)的 1/3,即 $\sigma_r = 241.3$MPa。

(3) 确定材料性能:

根据 API SPEC 5D,G105 钻杆的最小屈服强度 σ_y 和抗拉强度 σ_b 分别为 724MPa 和 793MPa,流变应力 σ_f 取屈服强度和抗拉强度的平均值即 $\sigma_f = \frac{1}{2}(\sigma_y + \sigma_b) = 758.5$MPa。

根据实验测定,G105 钻杆的断裂韧性可取 $K_C = 110$ MPa$\sqrt{m}$。

(4) 计算载荷比 L_r:

钻杆材料具有加工硬化的特性,其载荷比 L_r 可按下式计算:

$$L_r = \frac{\sigma_m}{\sigma_f}$$

代入有关数据可求得 $L_r = 0.38$。

(5) 计算韧性比：

$$K_r = \frac{K_I}{K_C} + \rho$$

其中 $K_I = K_I^\rho + K_I^S$

K_I^ρ 可根据表面裂纹线性应力分布的应力强度因子表达式来计算：

$$K_I^\rho = (\sigma_m + H_S \sigma_w) F_S \sqrt{\frac{\pi a}{Q}} f_w$$

式中 H_S——弯曲应力因子；

F_S——表面裂纹几何修正因子。

H_S 和 F_S 是 $a/2c$ 及 a/t 及裂纹形状角的函数，可查有关图表求出。

Q 是缺陷形状参数，可按下式计算：

$$Q = 1 + 1.464 \left(\frac{a}{c}\right)^{1.65}$$

f_w 是有限宽度校正因子，$f_w = \left[\sec\left(\frac{\pi}{2}\frac{c}{W}\sqrt{\frac{a}{t}}\right)\right]^{1/2}$，其中，$W$ 是裂纹中心至板一边的距离。

对本例缺陷尺寸，裂纹形状角取 90°，即裂纹最深处，$F_S = 1.28$，$H_S = 0.63$，$Q = 1.10$，$f_w = 1.06$，代入数据求得：

$$K_I^\rho = 40 \text{MPa}\sqrt{m}$$

$$K_I^S = \sigma_r F_S \sqrt{\frac{\pi a}{Q}} f_w = 31 \text{MPa}\sqrt{m}$$

用前文介绍的方法求得 $\rho = 0.042$。

$$K_r = \frac{K_I^\rho + K_I^S}{K_C} + \rho = 0.70$$

(6) 安全性评价结果:

为安全起见,选择下限失效评价图。将 K_r、L_r 描于 FAD 图中(见图 9-9)。可见评价点位于失效评价曲线内侧,所以该钻杆在给定条件下是安全的。

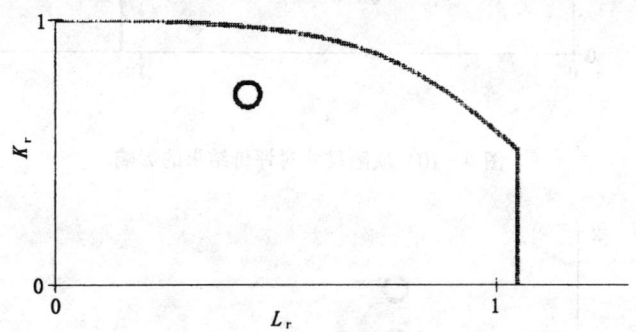

图 9-9 假定缺陷的失效评价图

(7) 敏感性分析:

1) 假定钻杆材料性能和受力状态不变,缺陷形状因子 a/c 不变,a 分别为 3、3.5、4.0、4.5、5.0mm 时,对评价结果的影响见图 9-10。随缺陷尺寸的增大,评价点逐渐向曲线外移动。可见,缺陷尺寸对钻杆的安全性影响很大。

2) 假定缺陷尺寸和受力状态不变,断裂韧性分别为 50、70、90、110、130MPa $\sqrt{m}$ 时,对评价结果的影响见图 9-11。随着断裂韧性的降低,评价点逐渐向曲线外侧移动。可见,断裂韧性对钻杆的脆性倾向有很大影响,而对塑性失稳没有影响。

3) 假定缺陷尺寸、断裂韧性和主要应力不变,残余应力分别为 241.3、270、300、350、400、450、500、600MPa 时,对评价结果的影响见图 9-12。可见,随着残余应力的增加,评价点逐渐向曲线外移动,残余应力对塑性失稳没有影响,而对脆性断裂有较大影响。

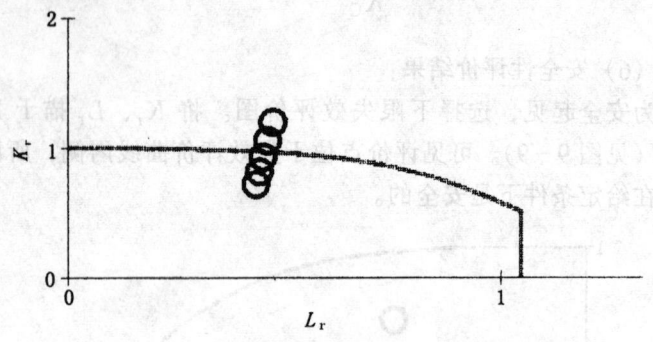

图 9-10 缺陷尺寸对评价结果的影响

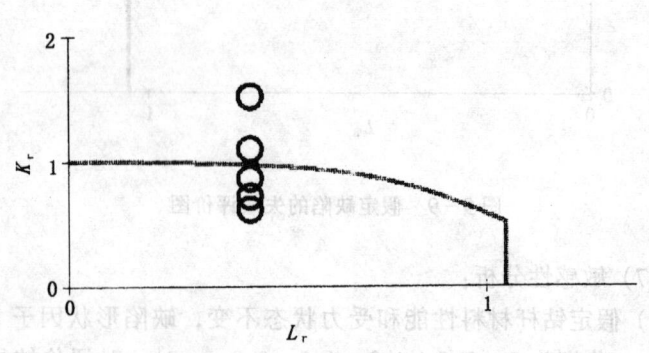

图 9-11 断裂韧性对评价结果的影响

4) 假定缺陷尺寸、断裂韧性不变,不考虑残余应力,主要应力分别为 285、300、350、400、450、500、550、600、700MPa 时,对评价结果的影响见图 9-13。可见,主要应力对钻柱的安全性影响很大。

5) 假定缺陷尺寸、断裂韧性和主要应力不变,不考虑残余应力,材料强度 σ_b 分别为 550、650、750、850、950MPa,σ_y 分别为 500、600、700、800、900MPa 时,对评价结果的影响见

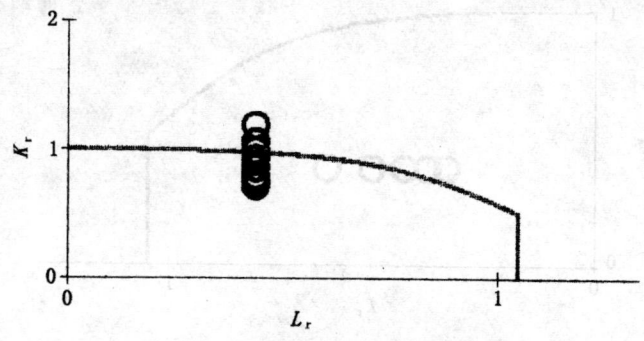

图 9-12 残余应力对评价结果的影响

图 9-14。可见，材料强度对脆断倾向没有影响，而主要对塑性失稳倾向有影响。

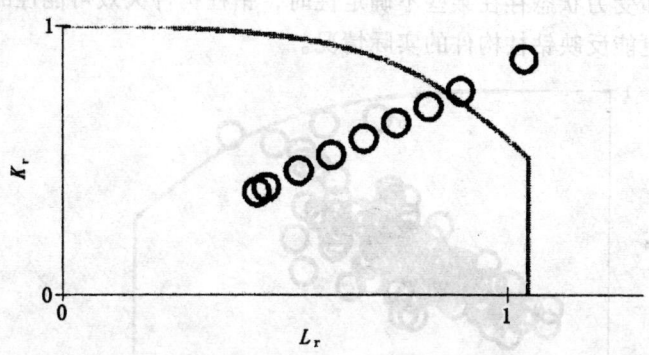

图 9-13 主要应力对评价结果的影响

(8) 不确定性分析：

考虑到材料断裂韧性，缺陷尺寸和主要应力等的不确定性，需要进行概率安全性评价。假定 $K_{IC} = 110 \text{MPa} \sqrt{m}$，标准偏差为 20MPa $\sqrt{m}$；$a = 3\text{mm}$，标准偏差为 1mm，$P_m = 285\text{MPa}$，标准偏差为 100MPa，且均服从正态分布。采用 Monte carlo 模拟方法编制的计算机软件经 10000 次模拟分析，其失效概率为

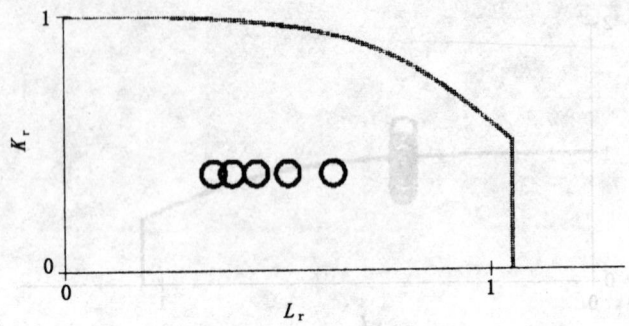

图 9-14 材料强度对评价结果的影响

0.0112。用失效评价图表示的前 100 次评价结果见图 9-15。与确定性评价相比，概率性评价可定量给出当钻杆材料性能、缺陷尺寸和受力状态存在某些不确定性时，钻柱构件失效可能性的大小，更能反映钻柱构件的实际情况。

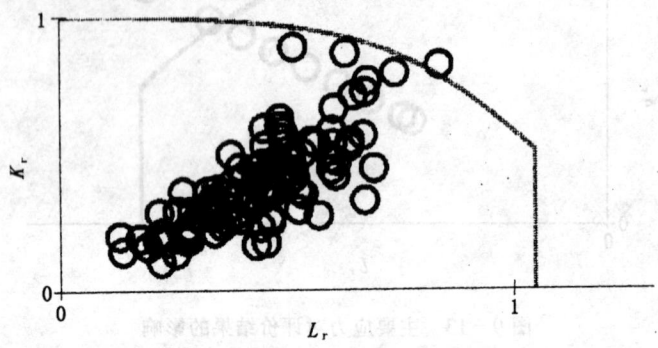

图 9-15 材料韧性、缺陷尺寸和主要应力
呈正态概率分布时对评价结果的影响

关于载荷或应力安全系数：

$$F_L = \frac{P_{m(y)}}{P_m} = 2.65$$

— 258 —

关于韧性安全系数:

$$F^k = \frac{K_C}{K_I} = 1.52$$

(9) 剩余寿命估算:

为安全起见,将腐蚀缺陷仍当作裂纹来处理,这也符合钻杆腐蚀疲劳失效的一般过程。为进行寿命估算,首先应确定钻杆上的交变应力幅引起的应力强度因子变化幅 ΔK 是否大于钻杆材料的疲劳裂纹扩展门槛值 ΔK_{th}(已知 $\Delta K_{th} = 4\text{MPa}\sqrt{m}$)。

$$\Delta K = (\sigma_{max} - \sigma_{min}) F_S \sqrt{\frac{\pi a}{Q}} f_w$$

$$= [(\sigma + \sigma_w + \sigma_r) - (\sigma - \sigma_w + \sigma_r)] F_S \sqrt{\frac{\pi a}{Q}} f_w$$

代入有关数据求得 $\Delta K = 12.7\text{MPa}\sqrt{m}$。

由于 $\Delta K > \Delta K_{th}$,所以在使用过程中,裂纹会发生腐蚀疲劳扩展。

疲劳寿命估算可采用 $\frac{da}{dN} = C(\Delta K)^m$ 来求解,分离变量并积分,可得:

$$N = \frac{2}{(2-m)C\Delta K^m}(a_c^{1-m/2} - a_o^{1-m/2}) \quad (m \neq 2)$$

式中,a_c 是未知数,待确定。

$$a_c = \frac{Q}{\pi}\left[\frac{K_{IC}}{(\sigma_m + \sigma_w + \sigma_r) f_w F_S}\right]^2$$

代入有关数据求得 $a_c = 140\text{mm}$。

由于 a_c 大于管壁厚,故裂纹可扩展穿透管壁仍不会发生失稳断裂,估算寿命时可取 $a_c = 9.19\text{mm}$(管壁厚)。实际测量结果钻杆在钻井液介质中的裂纹扩展规律为:

$$\frac{da}{dN} = 2.1 \times 10^{-12} (\Delta K)^{3.16} \text{m/a}$$

不考虑残余应力时,裂纹尺寸与寿命曲线如图 9-16 所示。考虑残余应力时,裂纹尺寸寿命曲线如图 9-17 所示。可见,残余应力对钻杆疲劳裂纹扩展寿命有显著影响。

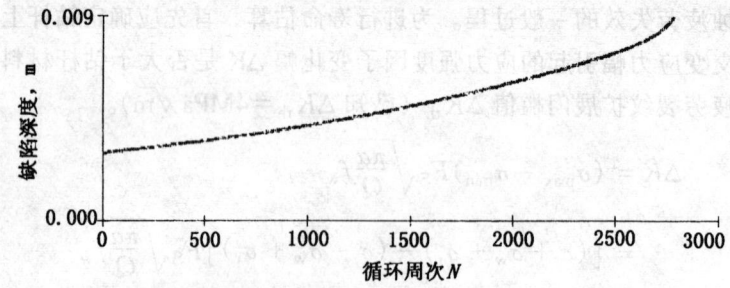

图 9-16 不考虑残余应力时缺陷强度后疲劳裂纹扩展次数之间的关系

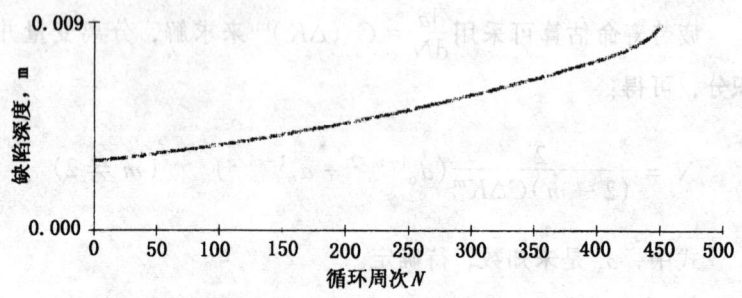

图 9-17 考虑残余应力时缺陷强度与疲劳裂纹扩展次数之间的关系

以上用具体实例简要说明了钻柱构件适用性评价的基本过程。由于钻柱的适用性评价目前尚未有非常成熟的方法,而且正处于发展之中,有许多问题还需进一步研究。但适用性评价概念的建立及在石油钻柱中的应用,是对传统观念的挑战,对于进一步提高石油钻柱失效分析、预测及预防水平,加强钻具管理,以及进行宏观决策是非常重要的,在确保钻柱构件安全使用的前提下,定会发挥巨大的经济效益潜力。

参 考 文 献

1 PD6493. "Guidance on Methods for Assessing the Acceptability of Flaws in Fusion Welded Structures". British Standards Institution, August 1991.

2 Milne, I, Ainsworth, R. A. Dowling, A. R. and Stewart, A.T. "Assessment of the Integrity of Structures Containing Defects". Central Electricity Generating Board Report R/H/R6 - Rev.3, May 1986.

3 MPC FS-26. Fitness for Service Evaluation Procedures for Operating Pressure Vessels, Tanks, and Piping in Refinery and Chemical Service Draft#5-Consultants Report, October, 1995.

4 Miller, A.G. "Review of Limit loads of Structures Containing Defects". International Joural of Pressure Vessels and Piping, Vol.32, 1988. PP 197-327.

5 李鹤林,张平生. 加强应用基础研究,提高石油管材失效分析预测预防水平. 石油专用管, 1995, 3 (2): 1~8

6 Kermani. M.B., 韩勇译. 井下管材的韧性要求. 见: 石油专用管论文集. 西安: 陕西科学技术出版社, 1992

10 钻柱使用管理与失效预防

钻柱失效的原因是多种多样的,从大的方面来分类,一类属于产品质量方面的问题,另一类属于管理与使用方面的问题。石油管材研究所对 1989~1996 年钻柱失效原因的统计分析表明,属于钻柱管理和使用方面的问题占总失效数的 21.4%~36.1%。可见,钻柱管理与合理使用已成为影响钻柱使用寿命的主要因素之一。本章主要讨论钻柱的合理选择与使用、钻柱构件的修复、钻柱的维护和管理等内容。

10.1 钻柱构件的合理选择与使用

10.1.1 钻柱构件选用的一般原则

(1) 钻柱构件应符合 API 规范及有关行业标准最新版的规定。如 API SPEC 5D 钻杆规范、GB4775 钻杆接头、SY/T5948 钻杆国外订货技术条件、SY/T5561 摩擦焊接钻杆焊区技术条件、SY5144 钻铤、API SPEC 7 旋转钻井钻柱构件规范等。

(2) 钻柱构件除应符合有关标准外,还应满足用户补充技术条件的要求。

(3) 非 API 标准系列的特殊用途钻柱构件,应执行专门的采购规范。

(4) 钻柱构件类型、规格、尺寸、钢级的选择应以各油田各类钻井工程设计中井深、钻头尺寸、钻柱设计与钻柱下部组合为依据。

(5) 钻柱构件选用时,应尽量采用结构变化较小和具有较低应力集中的构件。

(6) 从钻柱整体角度考虑,钻柱应采用塔式结构。

(7) 在选用钻杆时,在能满足使用要求的前提下,应尽可能选用较低强度的钻杆。完钻井深在 3000m 或 3000m±500m 时,应选用 E 级钻杆;完钻井深在 4000m 或 4000±500m 时,应选用 G 级钻杆或 E 级 + G 级钻杆的复合钻柱;完钻井深超过 4500m 时,应选用分级钻杆或 G 级 + S 级钻杆的复合钻柱。

(8) 在腐蚀严重的特殊井况中,可选用各种非 API 标准系列的特殊材料和牌号的耐腐蚀钻杆。

10.1.2 钻柱构件的合理搭配

由于钻柱结构不合理引起的失效事故时有发生,钻杆、钻铤及其它钻柱构件的合理搭配,有利于改善钻柱的受力条件,减少井下事故。为了防止钻柱的疲劳破坏,钻柱转换区的抗弯强度比不应超过 5.5(抗弯强度比 = I/R,I 为钻柱构件惯性矩,R 为钻具管体外半径)。为此,钻柱应采取管外径由下至上逐步缩小的结构。

我国各油田钻柱组合一般采用"方钻杆 + 钻杆 + 钻铤"结构,钻铤用量一般在 12 根左右,钻铤数量少,钻压低,对提高机械钻速极为不利。以 ϕ215.9(8½in)牙轮钻头为例,按每英寸钻头直径需 3t 钻压计算,合理钻压为 22.5t,折算成钻铤重量,需 ϕ177.8(7in)钻铤 18 根。考虑钻井液浮力需用钻铤数量还要多。一些井队在钻铤用量少的情况下,为提高机械钻速,常常采用钻杆加压,致使钻柱事故增多。

据华北油田和其它油田的经验证明,将现有钻铤用量增加一倍,即由 12 根增加到 24 根,机械钻速提高 15% 左右,个别地区可提高到 34%。

增加钻铤用量可以提高钻井效益,但随着钻铤用量的加大,钻铤事故相应增多,修扣量也随之加大。华北油田勘探二公司 1983 年钻铤用量比 1982 年增加 30%,钻铤螺纹断裂事故由 1982 年的 5 起增加到 1983 年的 17 起。过去每个钻井队钻铤用量为 12 根时,每钻完一口中深井,钻铤回收修扣量为 30% 左右,现在钻铤用量增加到 18~24 根后,每钻完一口中深井,钻铤回收修扣量为 60%~80%。

四川石油管理局近年来钻铤用量也有增加，修扣量也随之增大。钻铤修扣量 1981 年为 19256m，1982 年增加到 30998m，净增 11742m（1300 根）。

国外统计资料表明，当钻铤用量超过 15 根后，钻铤事故会急剧增加，而且当钻柱重量接近钻机大钩安全负荷时，不可能再增加钻铤数量。以大庆Ⅱ型钻机为例，大钩安全负荷为 150t，当井深为 3500m 时，若钻柱由 3300m 长的 ϕ127（5in）钻杆和 200m 长的 ϕ177.8（7in）钻铤组成，钻柱重 143t，已接近大钩安全负荷，不可靠。因此，使用大庆Ⅱ型钻机的井队，当井深钻至 3000m 后，不得不把钻铤数量减下来。若在钻柱中加入加重钻杆，上述问题就会得到圆满解决。

加重钻杆是用厚壁钢管制造的新型钻柱构件，管体两端和中部有超长的外加厚接头或外加厚段，兼有钻铤和钻杆的功能。它具有以下几个特点：

(1) 超长的整体接头可以提供较大的耐磨表面和重量，接头螺纹可以多次修复；

(2) 比同尺寸的钻杆重，管体和接头外径与普通钻杆一致，内孔是内平的，内孔直径至少等于钻铤的内径。

(3) 中部外加厚段起小型稳定器作用。受压时管体可以挠曲，只有两端和中部加厚段接触井壁，管体本身不受磨损。

(4) 耐磨表面是用硬质合金加固的接头，寿命可以延长 4 倍。

钻柱疲劳失效常发生在钻铤以上数根钻杆上，因为从钻铤过渡到钻杆时断面急剧变化，弯曲应力集中在这部分钻杆上。如果在钻铤和钻杆之间加入加重钻杆，则可以缓和断面的变化，减少应力集中，从而减少钻具事故。另外，与钻铤相比，加重钻杆还有打捞容易、可缩短起下钻时间、搬运方便等优点，并能保持定向井的方位，起到稳斜作用。在大钩负荷和钻压相同的情况下，使用加重钻杆，还可提高钻机的钻深能力。

国外加重钻杆已广泛用于直井和斜井，据统计已超过数百万根，但我国很少使用。现就国外使用情况分述如下：

（1）用于直井：在钻铤和普通钻杆之间连接 15～30 根加重钻杆，就可防止与钻铤连接的钻杆发生疲劳破坏；

（2）用于定向井：定向井钻柱中接上加重钻杆后，可使钻铤和加重钻杆不紧贴在井壁上，从而减少发生泥饼卡钻的可能性，减少卸扣扭矩，在起钻时上提拉力也不会超过井内重量太多。此外，还能更好地控制井斜角和方位角，减少定向工作的次数，从而缩短定向井的建井周期。

在定向井中，为了保证足够的钻压，所需的加重钻杆长度比直井在同样钻压下所需长度大，一般在 30°井眼中需加长度 15%，在 45°井眼中需增加长度 40%，在 60°井眼中需增加长度 100%。

10.1.3 铝合金钻杆的选用

铝合金钻杆是一种轻合金钻杆，由于这类钻杆在钻进中具有明显的优越性，20 多年来在国外得到了迅速的发展。这种钻杆与钢钻杆相比，有以下三个优点：

（1）在强度相同的情况下，重量轻得多。相同规格的钻杆，铝合金钻杆为钢钻杆重量的一半。因而在设备、动力、运输和劳力方面都可大大节约，而且由于壁厚的增加，使耐磨性增强，寿命延长。铝合金钻杆的寿命几乎是普通薄壁钢钻杆的两倍多；

（2）铝合金钻杆有较大的回弹力，因而其抗冲击能力增加，从而改善了钻头（特别是金刚石钻头）在井底的工作条件，使其寿命延长；

（3）抗腐蚀性强，除不易氧化外，还不易受酸性物质的侵蚀，在酸性井（含硫化氢、二氧化碳等）使用可节省大量管材费用。

国外资料表明，使用铝合金钻杆，一般可增加钻机钻进能力 20%～50%，提高生产率 35%～40%（这是由于机械钻速提高了 10%～30%），同时钻杆寿命延长一倍多，金刚石钻头寿命延长20%~30%。用铝合金钻杆代替钢质钻杆，每吨铝合金钻杆可取得经济效益近2000美元。

10.1.4 高抗扭钻柱接头的选用

现场调查及失效分析表明，因钻柱构件螺纹连接部位扭矩过大而引起的外螺纹接头变形伸长或内螺纹接头胀裂事故时有发生。扭矩过大时，内外螺纹接头螺纹根部的应力集中增大，疲劳失效增加。为了减少这种失效，可采用高抗扭接头。这种接头与普通接头相比具有外螺纹基底和外螺纹凸缘，外螺纹凸缘部分形成第二台肩（图10-1）。当接头在工作过程中使用超扭矩上扣或井下扭矩过大（超过规定扭矩）时，内外螺纹接头密封面、内螺纹镗孔部分和外螺纹基底发生变形，第二台肩处的间隙减少以至完全消失（顶上）。第二台肩顶上后，不但会对继续上扣产生阻滞作用，而且接头部分形成一个刚性体，提高了抗弯能力，有利于减少接头的疲劳失效。

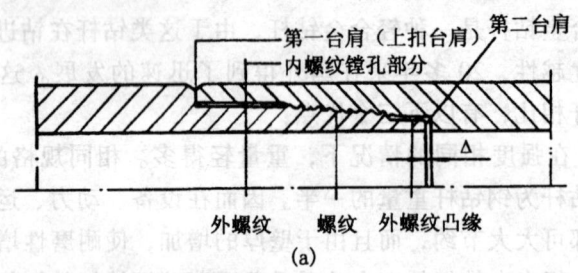

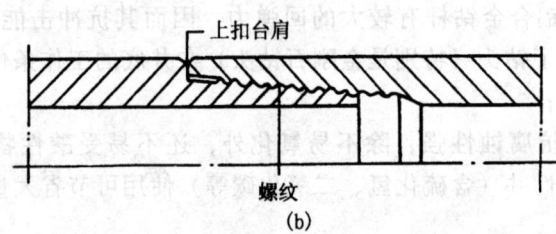

图10-1 高抗扭接头与普通接头比较
(a) 高抗扭接头；(b) 普通接头

与普通接头相比,这种接头的抗扭能力可提高40%,同时抗弯能力也有提高。特别适用于大斜度的定向井和含H_2S的气井。大斜度定向井钻井时,钻柱所承受的扭矩比较大,钻含有H_2S的气井时,为了防止H_2S应力腐蚀和氢脆断裂,要求钻柱具有低强度、低硬度而同时又要保证足够的传递扭矩的能力,采用高抗扭螺纹接头尤为合适。

德国曼内斯曼最近开发了一种用于气井的优质钻杆接头,如图10-2所示,这种接头由外台肩、密封元件、螺纹和内台肩几部分构成。外台肩为承受反扭矩的主台肩,同时安全地保护密封圈室;密封元件采用与API规定的钻铤应力分散槽相类似的形状,在槽内放置特殊的最佳形状的聚四氟乙烯密封圈,按照特殊的规范进行处理,用专利方法使其收缩,利用具有改进的API内孔的内螺纹接头的内密封面使密封室与外表面封闭;螺纹均采用API钻杆螺纹,内台肩为90°,连接后为内平表面,在使用过程中内部液压可密封螺纹。

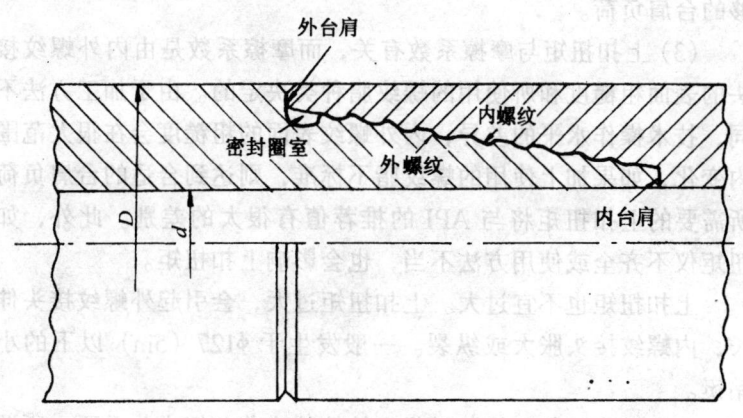

图10-2 曼内斯曼气井用优质接头

试验研究表明,这种优质钻杆接头在静态和动态内压载荷、拉伸和弯曲应力及温度变化的各种组合情况下,气密封性可达70MPa(10000psi),光滑、无缺口的内平连接可得到优异的流动条件，防止涡流、侵蚀及腐蚀，即使在经多次上卸扣后仍具有良好的性能。密封圈在经多次上卸扣使用损坏后可更换。采用API粗扣连接在粗糙的操作和安装的条件下，螺纹也不致损坏，这种接头的钻柱可由钻井工作者用钻井大钳操作，也可作为普通钻杆按推荐的上扣扭矩连接后使用。

10.1.5 钻柱构件连接扭矩的控制

钻柱构件上扣连接扭矩不足往往会导致失效事故的增多，尤其是对尺寸较大的钻铤更是如此。造成上扣扭矩不足的原因有以下几点：

(1) 对于 $\phi177.8$（7in）以上的大钻铤，由于绞车能力受限制，又没有液压或气动紧扣装置，所以达不到API推荐的标准紧扣扭矩。

(2) 上扣扭矩与钻铤扣型有关，而API推荐的标准紧扣扭矩是对标准扣型而言的。国内各油田使用的钻铤扣型大都不标准，这样即使按API推荐的标准紧扣扭矩上扣，也不一定能产生足够的台肩负荷。

(3) 上扣扭矩与摩擦系数有关，而摩擦系数是由内外螺纹接头的表面粗糙度和所使用的螺纹脂种类决定的。由于加工方法不同，技术操作水平的差异，内外螺纹表面的粗糙度会在很大范围内变化，如果加上使用的螺纹脂不标准，则达到合适的台肩负荷所需要的上扣扭矩将与API的推荐值有很大的差别。此外，如扭矩仪不齐全或使用方法不当，也会影响上扣扭矩。

上扣扭矩也不宜过大。上扣扭矩过大，会引起外螺纹接头伸长，内螺纹接头胀大或纵裂。一般发生于 $\phi127$（5in）以下的小钻铤。

使用适当的紧扣扭矩对防止钻柱的疲劳破坏十分重要。所谓最佳紧扣扭矩，就是在弯曲力矩作用下能够防止台肩分离和外螺纹屈服或内螺纹胀大的扭矩。目前，国外已进入按最佳设计扭矩紧扣的阶段，为了实现用最佳扭矩紧扣，必须使用扭矩仪，测定上扣时的实际扭矩数值，使其达到设计要求数值。

10.2 钻柱构件的修复

10.2.1 螺纹修复及处理

钻铤、转换接头和钻杆接头螺纹根部疲劳断裂频繁。据统计，目前全国每年需修复钻具螺纹近一百万只，其中三分之一属于螺纹根部的疲劳破坏。尤其是对于钻铤和转换接头，由于其本体刚度大，疲劳断裂几乎全部集中于螺纹部位。因此，强化螺纹根部就显得更为重要。螺纹修复的工艺主要有螺纹冷滚压和镀铜：

(1) 冷滚压：

修复螺纹应尽可能地采用冷滚压工艺进行强化。螺纹冷滚压是用一个和螺纹剖面形状相同的滚轮滚压螺纹根部，使其发生塑性变形，同时产生一个残余压应力层。这样，使最易形成疲劳裂纹的螺纹根部表面在工作时产生的拉应力被抵消或减少，从而提高螺纹部分的疲劳抗力，使螺纹根部产生裂纹的几率大大减少。另外，螺纹冷滚压还可去除螺纹毛刺，改善表面粗糙度，从而延长接头的使用寿命。试验表明，当滚压参数选择适当时，接头螺纹部分的疲劳寿命可提高 2~5 倍。滚压强化效果与滚压参数（滚压力、滚轮半径等）有关。接头尺寸、形状不同，最佳滚压参数就不同。同时，材料本身的组织和性能对滚压参数亦有很大影响。最佳滚压参数应根据不同规格和尺寸的接头，用实验方法确定。

(2) 螺纹镀铜：

螺纹表面从微观上看呈现凹凸不平的刀痕。当螺纹工作面相互接触时，在接触应力作用下发生相对运动，螺纹表面微凸体承受的压力超过了材料的屈服应力，发生塑性变形，两表面将发生粘着，相对运动，继续摩擦使一部分表面材料分离、脱落。在工作表面继续运动时，进而发生严重磨损。如果螺纹修复加工后在其表面镀 $10\sim20\mu m$ 厚的铜，镀铜层较软，易变形，可使局部压力重新分布，并能吸收外来磨粒或杂质，因此，能有效地减少螺纹部分的磨损失效。另外，螺纹表面镀铜后可改善表面的应力分布状态，在螺纹表面产生残余压应力，减少钻柱的疲劳或腐蚀疲劳失效。螺纹镀铜后，钻具密封性能也有了提高。螺纹连接后，内螺纹端面与外螺纹台肩面接触形成的密封面之间约有 15~20μm 的镀铜软垫，既可防止台肩面的粘着磨损，又起到了一个薄密封软垫作用，提高了密封性能。

10.2.2 钻杆管体/接头摩擦对焊修复

（1）钻杆接头的技术要求与材料选择：

大量的失效分析结果表明，钻杆外螺纹接头的主要失效形式是沿螺纹根部的横向断裂，所以，除满足 API SPEC 7 等标准规定的强度要求外，室温纵向冲击韧性应达到 54J。对内螺纹接头，其主要失效形式是沿纵向的胀裂，应对其横向冲击韧性提出要求。建议采用 API 规范中对管体纵向韧性要求的数值。API SPEC 5D 规定钻杆管体纵向韧性为 -10℃时平均 $C_v \geqslant 41J$，最低 $C_v \geqslant 30J$。

为了达到这一要求，接头用钢应具备足够的淬透性，同时还应满足摩擦对焊对可焊性的要求。国际上目前采用的材料有 36CrNiMo4、4137H 和改进成分的 4137H。为了保证横向性能要求，应采用 P、S 含量少、有害气体和其它杂质含量低的纯净钢。

（2）防止焊接缺陷：

摩擦焊接是利用压力下的材料接触部分产生摩擦热而进行焊接的方法。由于其具有节约能源、控制简单、焊接工作效率高、焊接精度高等优点，因此被认为是钻杆接头与管体连接的最恰当的方法。但是，如果焊接工艺参数选择不当，很容易在焊缝产生焊接缺陷。焊缝缺陷主要表现为焊接裂纹、未熔合及灰斑，焊接裂纹可藉焊后探伤检查发现，而未熔合及灰斑尤其是灰斑缺陷检查比较困难，一旦在使用中发生断裂，会造成很大的经济损失。失效分析表明，焊区断裂事故绝大多数是由于焊缝存在未熔合及灰斑缺陷引起的。灰斑缺陷本质上是焊接过程中，摩擦焊接的两接触面金属形成的氧化物在焊缝残留造成的。从焊接工艺因素方面考虑，焊接加热不充分、顶锻过小是产生灰斑缺陷的常见原因。

为了防止灰斑缺陷的产生，必须保证焊区加热状态良好，并要有足够的顶锻压力。另外，摩擦焊接前，两对接面的原始状态对灰斑的形成也有重要影响。焊接表面应避免油污、氧化皮及铁锈，保持一定的平直度。如果两对接面严重不平，就会影响焊接加热的均匀性，增加局部氧化。在原焊接面氧化严重、而顶锻力又不足时，很容易使氧化物在焊缝残留。因此必须保证端面具有足够的垂直度，建议垂直度≤0.8%。

为了避免摩擦焊接过程中垂直端面突然接触引起的振动和扭矩突变，焊接表面亦可开一定角度的坡口，一般可取 $3°\sim10°$。

(3) 焊后热处理：

摩擦焊接钻杆焊缝及其热影响区脆性断裂事故时有发生，原因之一是摩擦焊接过程中，焊缝金属经受了强烈的塑性变形，近焊缝区金属流线近于与焊缝平行以及摩擦焊接热的热影响，使焊缝金属的性能尤其是韧性有较大的下降。当摩擦焊接工艺不当时，焊缝会产生粗大的过热组织，使焊区韧性进一步下降。因此，焊后必须进行适当的热处理，使焊缝金属性能恢复。

根据钻杆钢级要求的不同，焊后可采用正火、正火+回火、淬火+回火等不同形式的热处理。热处理工艺不同，所获得的显微组织就不同，不同的显微组织，具有不同的力学性能。表10-1列出了摩擦焊接钻杆焊区不同显微组织所对应的力学性能试验结果。可见，以粗大网状铁素体和珠光体的综合性能最差，单一细小均匀的回火索氏体综合性能最好。所以对摩擦焊接钻杆希望进行淬火+高温回火的调质热处理。

国内近年来的研究表明，钻杆摩擦焊接过程中采用形变热处理技术可使焊缝得到更为细密的显微组织，大幅度提高焊缝的强度和韧性，见表10-2所示。焊缝形变热处理能提高焊缝强度和韧性的原因有以下几点：

表 10-1　焊区不同显微组织所对应的力学性能

来源	σ_b MPa	$\sigma_{0.2}$ MPa	δ %	φ %	断口处显微组织	CVN 标准试样冲击功, J	冲击断口纤维区面积, %	断口处（焊缝）组织
玉门对焊9号	788	622	16.4	35.0	P+F网	13.3	5	P+F网
玉门对焊7号	732	533	19.1	40.2	回火S+T+F	35.1	30	回火S+B上
美国G级钻杆	768	642	16.3	55.2	回火S+T+F	37.3	74	回火S
美国E级钻杆	774	557	17.3	51.7	S+T+F	20.7	48	回火S+F+B上
华北对焊钻杆	770	607	13.7	60.8	回火S+T+F	53.3	100	回火S

表 10-2　焊缝形变热处理钻杆机械性能试验结果

项目	编号	σ_b MPa	$\sigma_{0.2}$ MPa	δ %	A_{KV} J	σ_{-1} MPa	K_{IC} MPa·m$^{-3/2}$
实验室试验钻杆试样	6	847	730	19.2	41.5		
	8	815	692	17.4	57.3		
	9	814	658	20.5	48.2		
	11	858	736	18.6	47.7		
	平均	834	704	18.9	48.7		
现场试验钻杆试样	7—8	860	715	20.0	35.5	402	110.0
	9—10	836	685	20.6	34.5	397	108.0
	3—18	866	721	21.3	28.0	392	103.0
	平均	854	707	20.6	32.7	397	107.0
推荐G105钻杆焊区要求	——	≥724	≥655	≥13.0	≥20.0		

1)摩擦焊形变热处理对高温形变奥氏体直接淬火,温度高,奥氏体化充分,这使奥氏体稳定性增加,相当于材料的C曲线右移。奥氏体稳定性的增加,有利于提高材料的淬透性,从而使回火后获得更好的综合性能。

2)中碳低合金钢在1200℃超高温淬火时会形成粗大的全板条马氏体,焊接形变热处理加热时间短,且加热在变形过程中进行,晶粒来不及长大。因此,采用焊接形变热处理,不但可保留板条马氏体的特征,而且由于形变的作用可细化晶粒,同时,奥氏体状态下的形变可使淬火所形成的马氏体的位错密度显著增加。这些均有利于提高钻杆焊区的强度和韧性。

3)摩擦焊接加热速度快,加热温度高,加热时间短,热影响区窄,同时,加热过程伴随有激烈的形变,特别是焊接形变热处理工艺,改善了形变条件,强化了焊区的形变程度,使顶锻焊接过程中应力状态发生了有利变化,形变量增大,形变区加宽,可扩大到回火区,从而可覆盖热影响区边界即摩擦焊的硬度低谷处。由于形变强化效应,抑制了热影响区加热回复软化的过程。这是焊接形变热处理焊缝热影响区的显著特点。

10.2.3 敷焊耐磨带

在钻井过程中,钻杆接头与井壁接触,遭受强烈的磨料磨损,是造成钻杆接头早期失效的原因之一。一般接头寿命约为管体寿命的几分之一,如果在接头外径部分敷焊耐磨带,可大幅度提高接头的耐磨性,延长使用寿命。如华北油田对接头外径部分进行等离子喷焊工艺,喷焊过的钻杆可进尺15000m,接头磨损少,一般进行4次喷焊,进尺60000m左右钻杆本体就基本上报废了。

常用的敷焊方法有以下几种:

(1)钻杆接头铠装焊:

钻杆接头的铠装面通过电弧的短暂高温加热呈熔融状态,与加入的耐磨材料(一般采用铸造WC)融合在一起,冷却后形成约3~6mm的耐磨带。

耐磨层略高出接头表面，硬度达 HRC55 以上，具有较高的耐磨性。在钻井过程中，耐磨层首先和井壁接触，接头其余部分就得到保护，不致迅速损坏。

(2) 硬质合金堆焊：

用氧-乙炔火焰将管装粒状 WC 焊条熔化后，在钻杆接头外表面堆焊成耐磨层。在堆焊过程中，铸造 WC 并不熔化，而是借助焊条钢管与接头基体金属的熔化被粘在一起的。堆焊温度一般为 1600~1700℃，在这样的温度下，WC 不会发生组织转变，因此仍保持其本身的高硬度和高耐磨性。

(3) 等离子堆焊硬质合金：

接头铠装焊和堆焊硬质合金所使用的硬面材料是铸造 WC，其硬度和耐磨性都比较好。但是它不适应电弧熔焊，用氧-乙炔堆焊时形成的耐磨层也有细小裂纹，铸造 WC 与基体金属结合不牢等缺陷。在冲击载荷作用下，耐磨层中的硬质点铸造 WC 就会剥落，严重时还会出现焊层掉块现象，这样就不能充分发挥铸造 WC 的优良性能。

近年来，随着等离子体在工业方面的应用和发展，国内许多单位试验成功了等离子堆焊硬质合金工艺。这种方法的基本原理就是使用特殊结构的焊枪产生等离子弧，在接头的表面融化堆上一层硬质合金。这种方法熔深小、堆焊硬度合金稳定、组织均匀、无夹渣、不易产生裂纹和气孔，已在许多油田现场获得成功的应用。

由于钨加硬层比较粗糙，容易划破套管，所以仅限于在裸眼井中使用。为了避免上述缺点，近年来开发了一种在钻杆接头表面敷焊铬加硬层的方法。这种方法的主要特点是表面光滑，不含钨颗粒，硬度接近原来的钨加硬层，而且成本较低，已在国内外应用。

近年来，超音速火焰喷涂技术异军突起，发展迅速。超音速火焰是利用丙烷、丙烯等碳氢系燃气或氢气与高压氧气在燃烧室内，或在特殊的喷嘴中燃烧产生高温高速燃烧焰流，燃烧焰流速度可达五马赫（150m/s）以上。将粉末沿轴向送进该火焰，可以将喷涂粒子加热至熔化或半熔化状态，并加速到高达 300~500m/s，甚至更高的速度，从而获得结合强度高、致密的高质量的涂层。

超音速火焰由于温度低（约为 300℃），速度高，对于 WC-Co 系硬质合金，可以有效地抑制 WC 在喷涂过程中的分解，涂层不仅结合强度高，且致密，耐磨损性能优越，其耐磨损性能大幅度超过等离子喷涂层，与爆炸喷涂层相当，也超过了电镀硬铬层和喷焊层，应用非常广泛。可以展望，这种技术在钻柱耐磨带中的应用，将会取得很好的效果。

10.3 钻柱的维护和管理

10.3.1 钻柱的维护

(1) 下井前的细心维护：

钻柱构件在存放、搬运、提升或下放时都应带上护丝。接头的螺纹必须完好，如果外螺纹接头螺纹有毛刺，就会损伤内螺纹接头螺纹，引起接头泄漏或造成冲蚀。

钻柱构件在搬运、提升或下放过程中，应仔细操作，防止碰伤，尤其是对接头的螺纹应更加注意保护。如果接头螺纹部分损坏，下井前应进行修理，避免发生事故。

(2) 充分清洗和润滑接头：

钻柱构件连接前应对螺纹进行清洗，并均匀涂抹钻具螺纹脂。螺纹脂主要具有两个方面的作用：一是在内外螺纹之间形成致密的油膜，可避免金属的直接接触，防止粘扣；二是当内外螺纹接头上紧后，螺纹脂中的金属颗粒受压变形，就会在两台肩之间形成环状"金属圈"。它除了防止台肩粘合在一起外，还能起密封作用。

螺纹脂必须具有承受高负荷和抵抗周围介质侵入的能力，一般由普通润滑油、特殊油脂和金属填充剂组成。为了提高其在高压力、高扭矩条件下对螺纹的保护性，金属填充剂应有足够的比例。API SPEC 7中建议使用的螺纹脂应含有质量分数为60%的细铅粉，或质量分数为40%～60%的细锌粉。

这是因为，铅和锌都不活泼，且延展性好，也不容易发生加工硬化现象，容易在台肩处形成环状固体薄膜，或在螺纹处形成致密的薄膜，以实现密封和防止金属表面的直接接触。如使用的螺纹脂不合适，金属填充剂也不符合标准，那么在极高的扭矩和压力作用下，油膜将消失或破裂，导致发生刺、粘扣现象。

钻具螺纹脂应妥善保管，如果螺纹脂保管不妥善，砂子、泥土等污物掉入其中，均会污染螺纹脂，造成钻柱接头的擦伤和密封不良。钻柱构件出井后暂时存放时或再次下井使用前，应将螺纹部分清洗干净，重新均匀涂抹螺纹脂。

(3) 重视钻柱构件的存放：

钻柱构件存放不当，会在其内外表面产生腐蚀坑，导致使用过程中发生早期腐蚀疲劳失效。因此，应重视钻柱构件存放期间的维护管理，尽量避免钻柱构件长期露天存放，迫不得已长期露天存放时应采取防腐蚀措施。在钻柱构件使用前或钻井间隙暂时存放时，应清除内外表面钻井液并干燥，存放的钻柱构件距地面的高度以及场地和设施应符合有关规定。

(4) 防止机械损伤：

钻柱构件表面的机械损伤常常会诱发疲劳、腐蚀疲劳或脆性断裂。因此，钻柱构件尤其是钻杆管体应尽量避免表面碰伤、烧伤、大钳、卡瓦及其它工具咬伤。在钻柱构件搬运、提升或下放以及连接过程中，应严格遵守有关操作规程。

10.3.2　钻柱的管理

(1) 钻柱成套固定使用：

即按钻机的可钻深度配备足够数量的一套钻柱（一般有20%的富裕量），固定井队管理使用。

钻柱成套配拨、定队使用，便于对钻柱进行维护和管理，可显著降低钻柱事故，提高经济效益。如华北油田勘探三公司钻柱成套队由 1982 年的 12 个队增加到 1985 年的 22 个队，钻柱事故由每年 15 起下降到了 3 起，损失时间由 949h 下降到 124h，钻井进尺由 28.8×10^4m 增加到 35.6×10^4m。

(2) 钻柱分级管理：

即将钻杆按外观尺寸、磨损情况、腐蚀情况及内外损伤情况等分成若干等级（目前分为四级，新钻杆不分级），不同级别的钻杆用于不同的井深。分级管理一般采用"分级排队、打字编号、单根建卡、编组使用"的方法。

分级排队就是将钻杆经外观检查、探伤、测量接头磨损、试压、校直、硬度测定、称重、拉力试验和检验后，根据各项检验指标分别定出这几个项目的级别。同时要进行可能的修复工作，如修扣、补焊、切头对焊等。将修复后的钻杆再按标准进行检验，其质量级别按几项检验中最低的一项确定。例如钻杆探伤检验后定为一级，管体检验定为二级，接头磨损为三级，那么这根钻杆最后就定为三级。

打字编号就是将钢印打在钻杆接头附近处的管体上作为标记。

单根建卡就是每根钻杆都建立一张卡片，一式两份，钻井队和管子站各保存一份。上面记有使用、修理等原始情况，钻杆到哪个单位，就由哪个单位负责填写和保管。

编组使用是为改善钻杆的使用受力情况，一套钻具分成三组，每口井倒换一次上中下次序。

根据分级情况，一级钻杆用于深井，二级钻杆用于中深井，三、四级钻杆用于浅井，力争做到物尽其用。

(3) 分级管理和成套租赁使用：

即钻杆使用前先进行分级，使用时根据不同的区块井深，租赁不同级别的钻杆，成套租赁给井队。在租赁期间，钻柱使用权归井队，节约的费用归井队，即综合了分级管理和定队管理的优点，克服存在的不足，这对于合理使用钻具，减少钻具失效事故，降低成本会起到良好的作用。例如辽河油田钻井二公司管子站从1992年7月，采用这种管理方法至1992年10月，钻杆损坏率以1992年1～6月的13.2%下降到6.2%，钻铤损坏率从52.7%下降到34.9%，仅少损坏钻具一项节约成本194.1万元。可见，这种科学的管理方法具有很大的潜力，宜大力推广。

10.3.3 钻柱质量监督及检验

失效分析表明，多数失效事故与钻柱构件的质量有关。为确保钻柱的安全使用，必须从各方面把关。最主要的是强化钻柱构件质量监督检验职能，主要措施有：

(1) 订货时除采用API标准外，还应附加补充技术条件，或者制定和采用采购标准。

(2) 向生产厂家批量订货前，要进行产品质量认证。即让专家对生产厂的生产条件、技术水平进行考察，并由厂方无偿提供样品进行较严格的质量评定，合格者方能订货。

(3) 对于长期固定的生产厂，每年对其主要产品的质量进行一次评级评价，确定来年是否订货及订货量，并与货价挂钩。

(4) 加强对石油钻柱构件的驻厂质量监督检验、巡回检验及商检工作。

除此之外，应进一步加强现场检验工作。世界各国对钻柱下井前的检验都非常重视，许多国家的钻井承包商和钻井公司都强调钻柱下井前应逐根检验，并且有许多专门从事检验的机构，在油田现场对钻柱定期进行检验，目前已成为世界各国钻井作业中的一项安全措施。相比之下，国内有些油田在现场检验方面与国外有较大差距，有的油田钻井第一线未配备检验人员或检验仪器，即使在修复单位，亦没有完善的磁粉探伤、超声波探伤等设备和手段。检验工作制度很不健全，且检验不严，不能及早发现损伤、缺陷及裂纹，当然也谈不上及时修复，这是造成钻具损坏严重、井下事故多的主要原因。为防止或减少钻柱失效事故，必须把好现场检验关。

参 考 文 献

1　李鹤林，冯耀荣．石油钻柱失效分析及预防措施．石油机械，1990，18（8）：38～44
2　冯耀荣．钻杆生产技术的进展．石油专用管．1995年，Vol3（4）：37～41
3　张建群编译．如何防止钻铤的疲劳破坏．石油钻采工艺．1982年第1期
4　张建诺．冷滚压工艺在加工钻具螺纹上的应用．石油矿场机械．1988年第4期
5　Steven D.Moore．Drillstrings Take on New Look．Petroleum engineer international 1986.4
6　How to extend your drillstring Service life.Drilling Contractor.April/May 1987
7　彭高华等．钻铤螺纹早期破坏的研究．石油机械．1988年第5期
8　大庆油田指挥部编．钻具的使用与维修．石油工业出版社．北京：1980年10月第1版

11 钻柱失效数据库及计算机辅助失效分析

为了掌握全国油田的钻柱失效情况，找出规律性的失效原因，进一步提高钻柱失效分析的水平、速度和准确性，我们建立了"全国钻柱失效分析网"、"钻柱失效案例库"、"综合统计分析库"及"计算机辅助钻柱失效分析系统"，形成了钻柱失效分析与预防的闭环系统，如图11-1所示。

11.1 全国钻柱失效分析网

11.1.1 钻柱失效分析网的性质与宗旨

钻柱失效分析网是中国石油天然气集团公司（后简称集团公司）钻柱失效分析和反馈的联络组织，是在集团公司所辖范围内推动钻柱失效分析、预防及研究工作的机构。其业务工作受集团公司有关司局指导和支持。钻柱失效分析网的宗旨是：

（1）推动钻柱失效分析、预防和研究工作的开展，减少或杜绝恶性事故，延长钻柱使用寿命，降低钻井成本，提高石油工业的经济效益和社会效益。

（2）交流钻柱失效分析方面的经验与信息，做好失效分析和预防经验的宣传报道及钻柱失效统计分析工作。

（3）通过失效分析，指导钻柱的采购、使用和管理。

（4）为钻柱生产厂改进产品质量提供依据，促进钻柱产品设计和制造水平不断提高，加快石油管材国产化进程。

11.1.2 钻柱失效分析网的组成

（1）集团公司设钻柱失效分析网（大网），常设机构（即秘书处）为石油管材研究所失效分析研究室，负责钻柱失效分析网的日常工作。

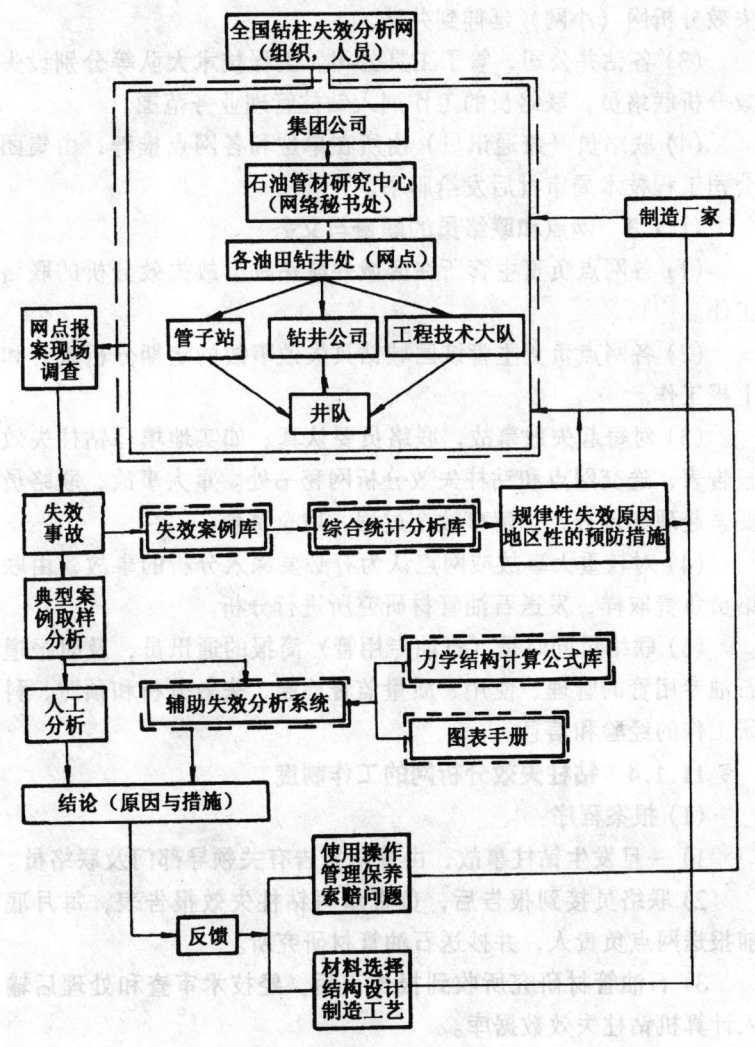

图 11-1 系统框图

(2) 各石油管理局（勘探局）设钻柱失效分析网点，由钻井处主管钻柱的技术人员负责。局下属有关机构（钻井公司、管子工具公司、工程技术大队等）均为网点成员单位。同时，各油田失效分析网（小网）延伸到井队。

（3）各钻井公司、管子工具公司、工程技术大队等分别设失效分析联络员，联络员的工作列入钻柱管理业务范围。

（4）联络员（兼通讯员）由所在单位和各网点推荐，由集团公司工程技术局审批后发给聘书。

11.1.3　网点和联络员的职责与义务

（1）各网点负责主管所在区域井队钻柱事故失效分析的联络工作。

（2）各网点负责主管该区域钻具失效事故的定期分析统计和上报工作。

（3）对每起失效事故，联络员要认真、如实地填写钻柱失效报告表，送交网点和钻柱失效分析网秘书处。重大事故，联络员要亲赴现场调查，了解事故全过程，取全资料。

（4）对较重大事故或网点认为有必要深入分析的事故，由联络员负责取样，发送石油管材研究所进行分析。

（5）联络员同时是《石油专用管》简报的通讯员，及时报道石油专用管的管理、使用、质量监督检验、失效分析和预防、科研工作的经验和信息。

11.1.4　钻柱失效分析网的工作制度

（1）报案程序：

1）一旦发生钻柱事故，由井队报告有关领导部门及联络员。

2）联络员接到报告后，负责填写钻柱失效报告表，每月底前报送网点负责人，并抄送石油管材研究所。

3）石油管材研究所收到报告表后，经技术审查和处理后输入计算机钻柱失效数据库。

4）每年石油管材研究所通过计算机数据库对全国钻柱失效情况进行统计分析，向集团公司工程技术局报告统计分析结果，并向各失效分析网点通报。

5）重大失效分析案例除按上述程序处理外，要及时上报网点和石油管材研究所。井队应负责保护好失效样品。联络员或石油管材研究所失效分析人员须及时赴现场调查，取全取准资料。管子站联络员负责取样和样品发送。石油管材研究所收到样品后在尽可能短的时间内，写出失效分析报告。

(2) 定期召开失效分析会议，交流钻柱管理、使用、失效分析及预防的经验和信息，发表学术论文。

(3) 石油管材研究所不定期地组织联络员进行业务知识的培训，不断提高联络员的业务素质。

(4) 石油管材研究所经常向各网点和联络员提供信息和《石油专用管》简报与杂志。

11.1.5 钻柱失效分析网的建立和运行

钻柱失效分析网从1988年开始筹备至1991年正式成立，经历了调查摸底、章程编制、人员培训、正式成立和试运行5个阶段。在对全国各油田钻柱失效情况、钻柱管理和使用情况及人员素质等进行全面调查的基础上，起草了钻柱失效分析网章程，聘任了失效分析网点负责人和联络员，并通过举办钻具失效分析及预防学习班，对网员进行了培训。

遵循边筹备边运行的原则，钻柱失效分析网从筹备之初一直在开展工作，钻柱构件失效报告表下发到各油田网点负责人和联络员后，联络员们填写认真，1990～1995年共收到钻柱构件失效分析报告表1500多份。这些失效案例和表格中的数据均被输入钻柱失效案例库和综合统计分析库。1992年、1994年和1996年，先后召开了3次钻柱失效分析网工作会议及学术研究会，标志着钻柱失效分析网的工作已走上正轨。

11.2 钻柱失效案例库和综合统计分析库

11.2.1 钻柱失效报告表

钻柱失效报告表内容包括钻柱的规格、历史、服役条件及现场失效情况等，可以为失效分析人员进行失效性质和原因的判断提供重要依据。钻柱失效报告表是贮存失效案例和数据，进而进行综合统计分析的基础。表 11-1、表 11-2、表 11-3 分别是钻杆、钻铤、转换接头失效报告表。

11.2.2 钻柱失效案例库和综合统计分析库的结构和功能

从钻柱失效报告表可见，其项目多、数据量大，这就要求系统除具有处理大量数据的能力外，还必须具备快速计算功能。钻柱失效案例库和综合分析库采用了新一代计算机核心语言 Turbo-Prolog (T-P)，为大量的数据管理提供了可靠的保证。同时，为了进行统计分析，我们采用了结构化 BASIC (S-B) 进行运算，利用它丰富的图形功能来输出统计结果。两种语言的接口如图 11-2 所示。两种语言的结合，吸收了 T-P 与 S-B 两个系统各自的特长，而且整个系统是纯结构化的。系统中的文件有独立的功能，有明确的接口，系统结构清晰，便于修改、扩充、生成，可以利用微机实现复杂的应用系统。采用 T-P 与 S-B 结合的系统，具备管理失效数据库和统计分析的能力。系统流程如图 11-3 所示。

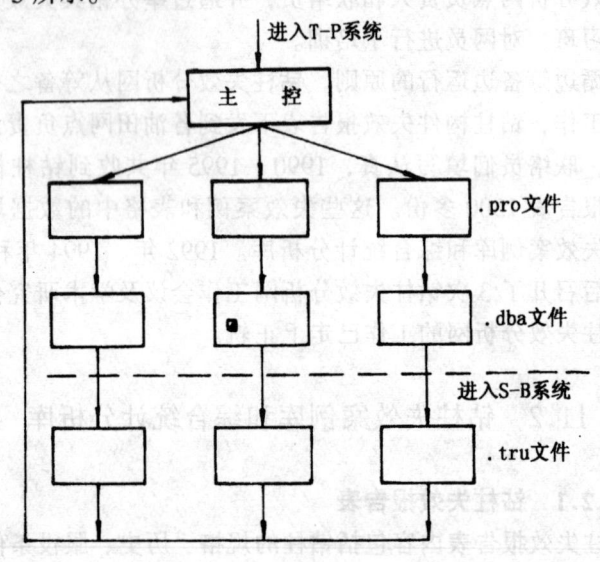

图 11-2　S-B 与 T-P 的接口

表 11-1 钻杆失效报告表[①]

A 钻井单位

- A_1 油田：　　　　　　　A_2 公司/矿区：
- A_3 井名：　　　　　　　A_4 井队号：

B 钻杆规格和历史

- B_1 生产厂：
- B_2 生产日期：——
- B_3 钻杆外径：——mm。
- B_4 壁厚：——mm。
- B_5 涂层：1 有　2 无
- B_6 钢级：
- B_7 加厚形式：1 内加厚　2 外加厚　3 内外加厚
- B_8 钻杆接头类型：
- B_9 接头外径：——mm
- B_{10} 接头内径：——mm
- B_{11} 使用日期：——
- B_{12} 修复钻杆接头焊接日期：——
- B_{13} 累计进尺：——m
- B_{14} 累计旋转时间：——h
- B_{15} 最后一次探伤后累计进尺：——m
- B_{16} 最后一次探伤后累计旋转时间：——h

C 钻井参数

- C_1 井泵：　　　　　　　　　　m
- C_2 最大井斜及对应的井深：
- C_3 最大井斜变化角及对应的井深：度/——　度/100m/——m
- C_4 最大方位角及对应的井深：度/——　m
- C_5 最大方位角变化及对应的井深：度/——　度/100m/——m
- C_6 最大全角及对应的井深：度/——　m
- C_7 最大全角变化及对应的井深：度/——　度/100m/——m
- C_8 泥浆类型：
  - 1 淡水　　　2 盐水
  - 3 油基　　　4 其它
- C_9 pH 值：
- C_{10} 钻压：　　　　kN
- C_{11} 转速：　　　　r/min
- C_{12} 钻铤组合（外径×长度）：
- C_{13} 加重钻杆组合（外径×长度）：

[①] 表 11-1、表 11-2、表 11-3 为原表的格式，未作改动。

表 11-2 钻链失效报告表

A 钻井单位

A_1 油田：　　　　　　　A_2 公司/矿区
A_3 井名：　　　　　　　A_4 井队号：

B 规格历史

B_1 生产日期：──────
B_2 生产厂：
B_3 外径：　　　　mm
B_4 内径：　　　　mm
B_5 名义长度：　　　　m
B_6 螺纹类型：
B_7 使用日期：──────
B_8 首次修复日期：──────

累计进尺 (m)	累计旋转时间 (h)	长度 (m)	外径 (mm)

B_9 修复历史

修复次数	修复日期	累计进尺(m)	累计旋转时间(h)	长度(m)	外径(mm)	修复原因 1 2 3 4 5 6
1						
2						
3						
4						

修复原因：1 螺纹磨损　2 螺纹断裂　3 螺纹剥蚀
　　　　　4 密封面损伤　5 外径磨损　6 其它

C 钻井参数

C_1 井深：　　　　　　　　　　　　　　　　m
C_2 最大井斜及对应的井深：　　度/_____m
C_3 最大井斜变化及对应的井深：　度/100m/_____m
C_4 最大方位及对应的井深：　　度/_____m
C_5 最大方位变化及对应的井深：　度/100m/_____m
C_6 最大全角及对应的井深：　　度/_____m
C_7 最大全角变化及对应的井深：度/100m/_____m
C_8 泥浆类型：　1 淡水　2 盐水　3 油基　4 其它
C_9 pH值：
C_{10} 钻压：　　　　kN
C_{11} 转速：　　　　r/min
C_{12} 钻铤组合（外径×长度）：

D 失效描述

D_1 失效日期：──────
D_2 从钻头上部至失效位置的钻铤数目：
D_3 失效发生处：1 外螺纹　2 内螺纹
　　　　　　　　3 密封面　4 管体
　　　　　　　　5 其它

表 11-3 转换接头失效报告表

A 钻井单位
- A_1 油田：　　　　　　　　　A_2 公司/矿区：
- A_3 井名：　　　　　　　　　A_4 井队号：

B 规格尺寸
- B_1 光坯生产厂：
- B_2 螺纹加工日期：
- B_3 螺纹加工厂：
- B_4 外径： mm
- B_5 内径： mm
- B_6 长度： mm
- B_7 接头类型：A 型　　B 型　　C 型
- B_8 螺纹类型：

C 历史参数
- C_1 累计进尺： m　C_2 累计旋转时间： h
- C_3 井深： m
- C_4 最大井斜及对应的井深：　　　度/　　　m
- C_5 最大井斜变化及对应的井深：　　　度/100m/　　　m
- C_6 最大方位角及对应的井深：　　　度/　　　m
- C_7 最大方位角变化及对应的井深：　　　度/100m/　　　m
- C_8 最大全角及对应的井深：　　　度/　　　m
- C_9 最大全角变化及对应的井深：　　　度/100m/　　　m
- C_{10} 泥浆类型：1 淡水　　2 盐水　　3 油基　　4 其它
- C_{11} pH 值：　　　　C_{12} 钻压： kN
- C_{13} 转速： r/min
- C_{14} 钻铤组合（外径×长度）：

D 失效描述
- D_1 失效日期：
- D_2 从钻头上部至失效位置的距离：
- D_3 失效发生处：1 内螺纹　2 外螺纹　3 密封面
- D_4 可能失效类型：1 螺纹断裂　2 螺纹粘结　3 脱扣　4 脱纹　5 密封面损伤　6 其它
- D_5 可能失效原因：1 材质不良　2 操作不当　3 井况异常　4 疲劳　5 弯曲强度变化不足　6 其它
- D_6 损失工时： h
- D_7 损失材料： 万元
- D_8 报废进尺： m
- D_9 失效样品保留：1 保留　2 未保留

填表者及日期：

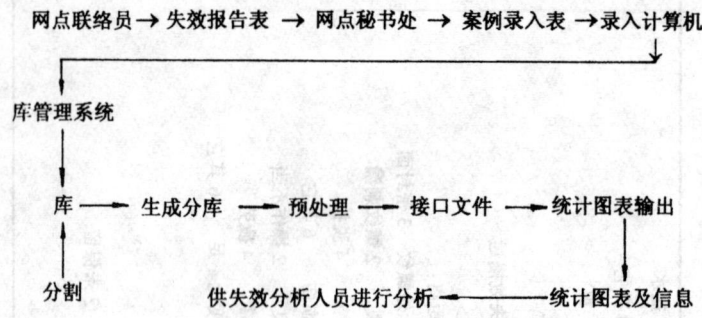

图 11-3 系统流程图

这里以钻杆为例，说明钻具失效案例和综合统计分析库的结构和功能。

本系统全部采用模块化结构，避免了传统语言所使用的语言顺序，因而是一种层次化结构。在失效数据库管理系统下，可以按失效调查表建库、修改、增删库中内容，打印调查表。本系统提供了极强的查询功能，能够从其中某一数据，查询出整个库中具有这种特征的所有数据。数据库管理系统采用菜单式层次结构，操作、使用极其方便。

本系统具有许多统计功能，可以按任一指定的时间区间对失效类型及原因、油田、生产厂、井深分段、进尺分数、累计旋转时间、钢级等进行案例总数统计并给出相应的百分比。还可对钻杆、钻铤及接头的失效总数及各自所占百分比进行统计。同时，对其中主要部分进行图形输出。

11.2.3 运转情况

图 11-4～图 11-10 为 1990 年钻柱构件失效情况的部分统计结果。以钻杆为例，其主要失效形式是管体刺穿，其次是管体断裂，接头螺纹刺漏后的断裂。主要失效原因是腐蚀疲劳。大部分累计进尺在 20000m 以内，属早期失效，而且 G105 和 S135 高强度钻杆失效频率较高。

建立的钻柱失效数据库运行情况良好，达到了原设计要求。

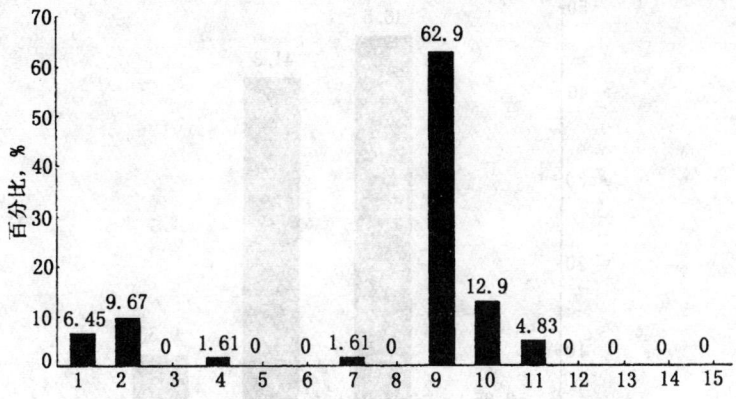

图 11-4 钻杆失效类型统计表

1—接头螺纹断裂；2—接头螺纹刺漏；3—内螺纹接头纵裂；4—接头螺纹磨损；5—接头偏磨；6—接头密封面损伤；7—内螺纹接头胀大；8—外螺纹接头螺纹拉长；9—管体刺穿；10—管体断裂；11—焊缝断裂；12—吊卡台肩失效；13—探伤报废；14—其它；15—未填

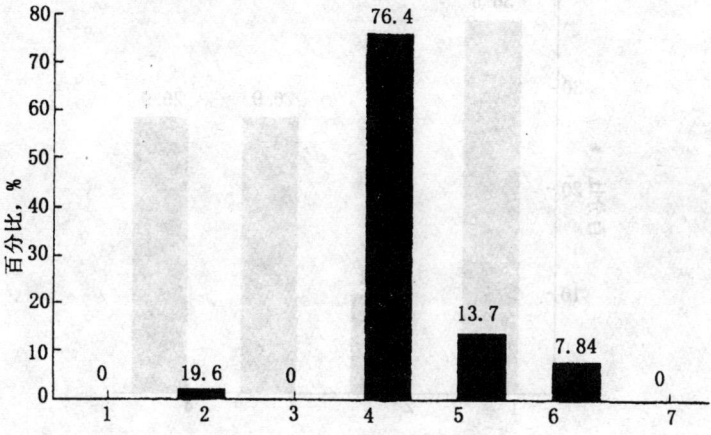

图 11-5 钻杆失效原因统计表

1—材质不良；2—操作不当；3—井况异常；4—腐蚀疲劳
5—疲劳；6—其它，7—未填

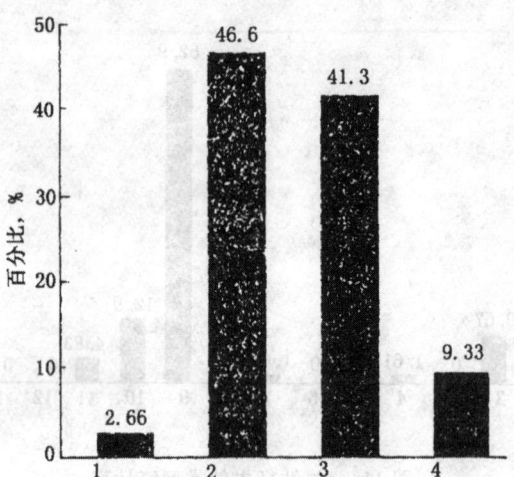

图 11-6 钻杆失效按井深统计
1—0~1000m；2—1001~2000m；3—2001~3000m；
4—>3001m

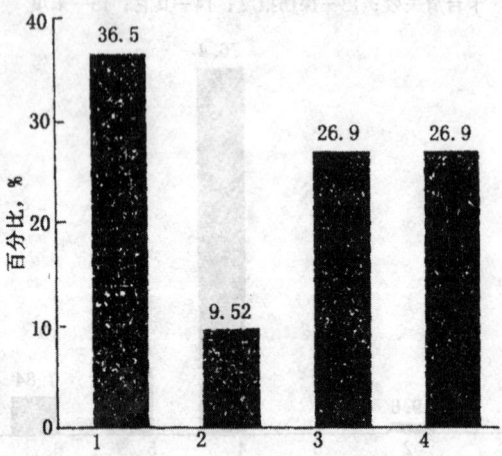

图 11-7 钻杆失效按累计进尺统计表
1—0~5000m；2—5001~10000m；
3—10001~20000m；4—>20001m

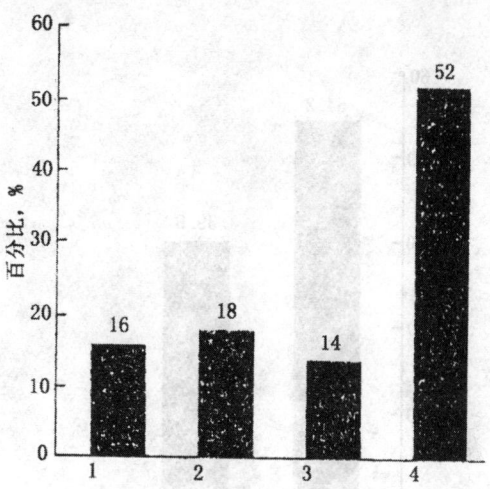

图 11-8 钻杆失效按累计旋转时间统计表
1—0~300h；2—301~1000h；
3—1001~3000h；4—3001h 以上

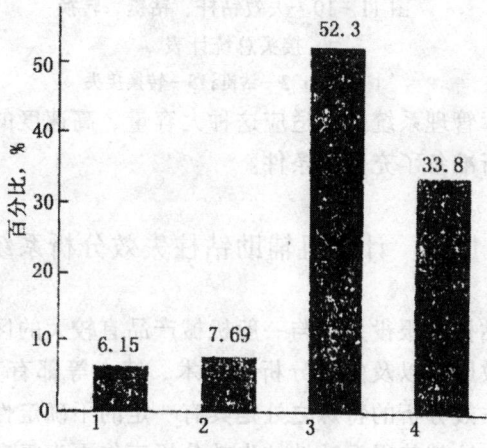

图 11-9 钻杆失效按钢级统计表
1—E75；2—X95；3—G105；4—S135

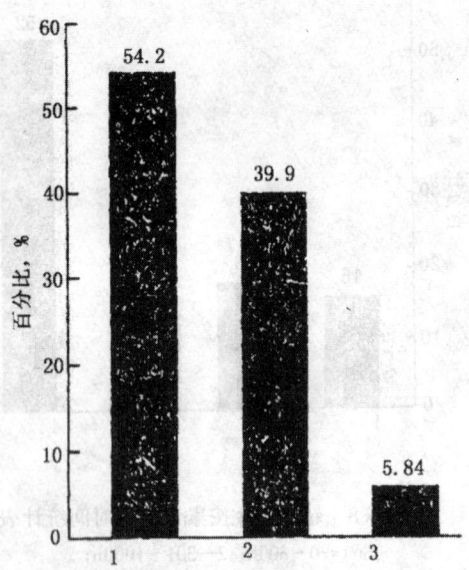

图 11-10 失效钻杆、钻铤、转换
接头总统计表
1—钻杆；2—钻铤；3—转换接头

整个数据库管理系统能够适应这种大容量、高速度的要求，为辅助失效分析准备了充分的条件。

11.3 计算机辅助钻柱失效分析系统

石油钻柱的服役条件与一般机械产品有较大的区别，其失效类型、失效原因以及失效分析的技术、特点等都有其独特之处。石油钻柱失效分析的特殊之处是具有一定的不确定性、含糊性和不完整性，这就使得石油钻柱失效分析工作更为复杂和困难。石油钻柱失效分析的特殊之处主要体现在以下几个方面：

（1）石油钻柱失效分析本身的理论体系不够完整，目前还没有统一、完整的理论体系；

(2) 失效案例的一些重要原始数据的收集不够完整,很难及时、准确、完整地收集、保留每起事故的井况及钻具的实际使用情况,而它们往往在后面的分析中能提供重要的判断依据;

(3) 石油钻柱发生失效的原因较为复杂,大都是综合因素所致,其失效类型也表现出多样性,导致多属性、多因素的不确定性和模糊性;

(4) 失效分析人员进行分析的过程也表现出一定的含糊和不确定性。对于同一种现象,不同的人可能从不同的角度出发去分析,有时得出的结论相差甚远。

因此,采用通常的方法很难彻底解决钻柱失效分析问题,应充分把握住其不确定性等特征,建立一个辅助性分析和诊断系统,使它能准确、迅速、客观、规范化、科学地解决问题。即把人工智能技术引入钻柱失效分析领域,为失效分析人员提供一个高效、准确、科学化、规范化的"计算机辅助钻具失效分析系统",或者说,提供一个基于知识的知识系统。

在一般的故障诊断、失效分析中,目前已有故障树、鱼骨图等知识总结技术并用产生式规则(或其变形)表达知识。考虑到钻柱失效分析过程及失效事故本身的特点,我们认为失效原因、失效特征与失效机理有密切联系,失效原因决定失效机理,失效机理决定失效特征,同时,失效特征又是失效机理与原因的反映。因此,在进行失效分析过程中,应首先抓住主要失效特征,根据特征找出相应的机理,再由机理判断失效原因。

首先,由失效分析专家们在取得一致意见的基础上共同提出发生某一失效所表现出的所有特征,称这些特征构成的集合为失效特征全集。同时,总结出失效特征与失效机理间的对应关系,并以规则:规则名(机理、特征表)的形式表示。为了从失效机理分析失效原因,我们以知识树的形式,总结出了 10 棵机理原因树和 5 棵措施树。失效分析人员可根据系统提示直接从这些树上找到原因及措施,对于更复杂的案例,则可通过系统提供的层次分析法及计算,在系统提示下,逐步找到失效原因。

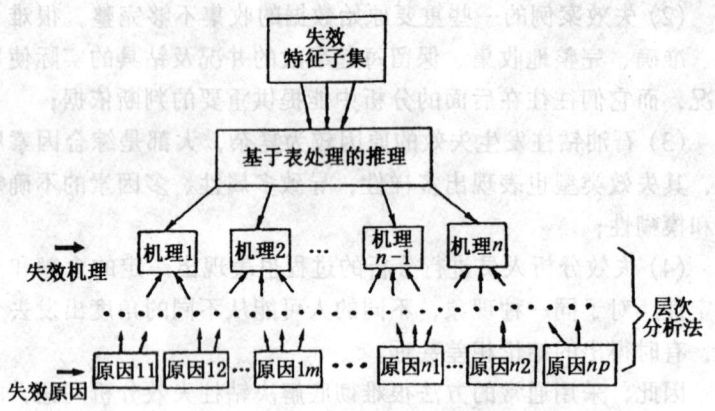

图 11-11 诊断分析过程

诊断分析过程如图 11-11。从图中看出,前半部分由 T-P 实现特征→机理的推理过程,后半部分有 S-B 实现机理←原因的判断过程,反映出 T-P 和 S-B 间完美的结合。

本系统将基于表处理的推理机制以及相应的知识表达、总结技术应用于故障诊断、失效分析之中,具有以下优点:

(1) 科学性。从整个诊断、决策过程可以看出,我们所提出的方法适合于故障诊断、失效分析这门特殊学科知识的总结与表达,推理过程科学、严谨,表达的思想自然、清晰。同时,利用表中套表结构灵活地解决了"与"特征中"或"特征的表达和处理。

(2) 系统中既有领域专家的群体知识,如失效特征全集、特征——机理集、机理——原因决策树,又能充分发挥和体现出领域专家个人的知识水平,如对于某一特定案例下特征子集的选定,各个专家可以从不同角度出发,得到不同的集合。进行层次分析时,各层元素的相对权重也可以由专家个人确定等。

当然,个人的知识和经验再丰富,毕竟还是有限的,不可避免地在一定程度上受个人局限,特别是对于复杂失效事件的分析。因此,应吸取其它失效分析专家的经验,寻求一个共同的知识经验集。这也是我们首先强调群体专家知识的原因所在。

(3) 充分体现出知识处理和数据处理相结合的思想。我们曾利用T-P与S-B结合开发了钻具失效案例库及综合统计分析库，说明了二者结合开发大型应用系统的好处。这里又采用这一思想，在T-P环境中实现推理诊断（知识处理），在S-B环境中实现决策分析（数据处理为主），避免在T-P中进行大量数据运算导致效率降低和实现上的困难，这又一次表明了两者相结合的优越性。

(4) 由于诊断和失效分析本身具有不确定性、模糊性等因素，因此其推理和决策结果一般不是唯一的。系统为失效分析人员提供的是一个已缩小范围的可能失效原因集，分析人员应当也可能在此基础上进行更深入的考虑，逐步求精，最终确定失效的准确原因。

(5) 易于实现，结构清晰。整个过程思路清晰明了，用T-P及S-B语言分别实现，人—机环境友善。

还应指出的是，为了帮助失效分析人员更好地确定特定案例

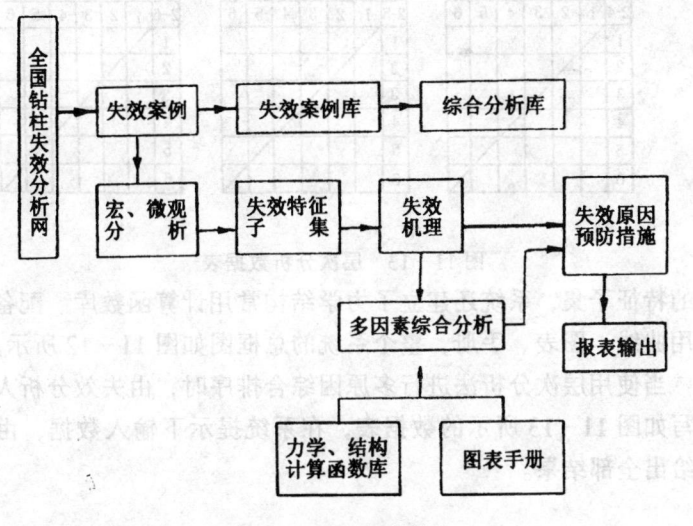

图11-12 总流程路

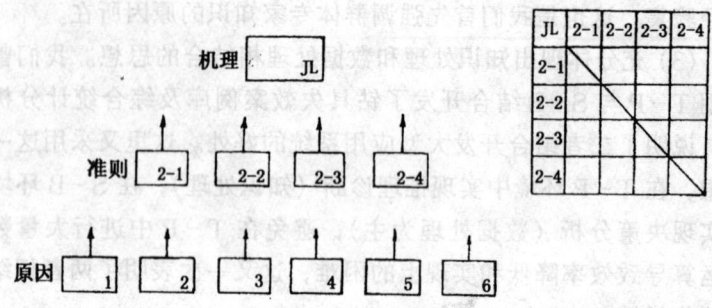

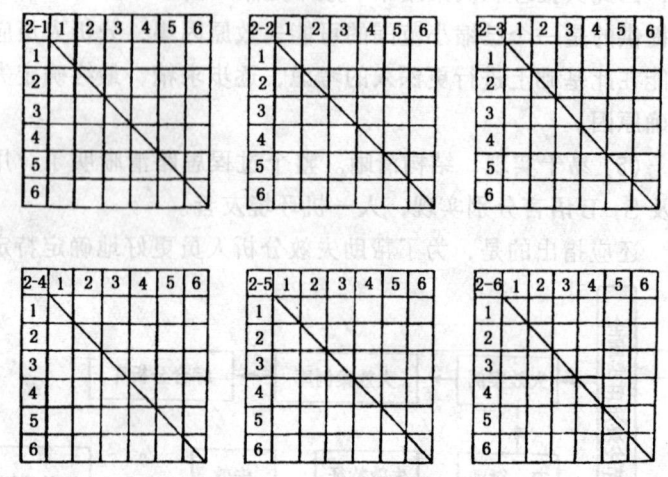

图 11-13 层次分析数据表

下的特征子集,系统还建立了力学结构常用计算函数库、配备了常用曲线、图表、手册,整个系统的总框图如图 11-12 所示。

当使用层次分析法进行多原因综合排序时,由失效分析人员填写如图 11-13 所示的数据表,在系统提示下输入数据,由系统给出全部结果。

参 考 文 献

1　李鹤林，冯耀荣．石油钻柱失效分析及预防措施．石油机械，1990，18（8）：38~44

2　冯耀荣．钻杆生产技术的进展．石油专用管，1995年，Vol3（4）：37~41

3　张建群编译．如何防止钻铤的疲劳破坏．石油钻采工艺，1982年第1期

4　张建诺．冷滚压工艺在加工钻具螺纹上的应用．石油矿场机械，1988年第4期

5　Steven D.Moore.Drillstrings Take on New Look.Petroleum Engineer International 1986.4

6　How to extend your drillstring Service life.Drilling Contractor.April/May 1987

7　彭高华等．钻铤螺纹早期破坏的研究．石油机械，1988年第5期

8　大庆油田指挥部编．钻具的使用与维修．北京：石油工业出版社，1980年10月第1版